U0202543

住房和城乡建设部"十四五"规划教材
高等学校土木工程专业系列教材

# 砌 体 结 构

## （第五版）

黄　靓　施楚贤　刘桂秋　编著
鲁懿虬　徐　军　主审

中国建筑工业出版社

**图书在版编目（CIP）数据**

砌体结构 / 黄靓，施楚贤，刘桂秋编著. -- 5 版.
北京：中国建筑工业出版社，2024. 8. --（住房和城乡
建设部"十四五"规划教材）（高等学校土木工程专业系
列教材）. -- ISBN 978-7-112-30031-0

Ⅰ. TU36

中国国家版本馆 CIP 数据核字第 2024181LV1 号

　　本书为住房和城乡建设部"十四五"规划教材、高校土木工程专业规划教
材，按照《高等学校土木工程本科专业指南》，现行国家标准《砌体结构通用
规范》GB 55007、《砌体结构设计规范》GB 50003、《建筑与市政工程抗震通
用规范》GB 55002 和《建筑抗震设计规范》GB 50011 编著，重点论述现代砌
体结构的基本原理和设计方法。全书内容有：绪论，砌体力学及物理性能，砌
体结构可靠度设计原理，无筋砌体结构构件，砌体结构房屋墙体，墙梁、挑梁
及过梁，配筋砌体结构，砌体结构房屋抗震。

　　本书为土木工程专业本科教材，也可作为土木工程技术人员的参考用书。

　　为支持教学，本书作者制作了多媒体教学课件，选用此教材的教师可通过
以下方式获取：1. 邮箱：jckj@cabp.com.cn；2. 电话：(010) 58337285。

＊　　　＊　　　＊

责任编辑：赵　莉　吉万旺　王　跃
责任校对：芦欣甜

住房和城乡建设部"十四五"规划教材
高等学校土木工程专业系列教材
## 砌体结构
### （第五版）
黄　靓　施楚贤　刘桂秋　编著
鲁懿虬　徐　军　主审
＊
中国建筑工业出版社出版、发行（北京海淀三里河路 9 号）
各地新华书店、建筑书店经销
北京红光制版公司制版
北京圣夫亚美印刷有限公司印刷
＊
开本：787 毫米×1092 毫米　1/16　印张：13¾　字数：339 千字
2024 年 9 月第五版　　2024 年 9 月第一次印刷
定价：**40.00** 元（赠教师课件）
ISBN 978-7-112-30031-0
（42924）

# 出 版 说 明

党和国家高度重视教材建设。2016 年，中办国办印发了《关于加强和改进新形势下大中小学教材建设的意见》，提出要健全国家教材制度。2019 年 12 月，教育部牵头制定了《普通高等学校教材管理办法》和《职业院校教材管理办法》，旨在全面加强党的领导，切实提高教材建设的科学化水平，打造精品教材。住房和城乡建设部历来重视土建类学科专业教材建设，从"九五"开始组织部级规划教材立项工作，经过近 30 年的不断建设，规划教材提升了住房和城乡建设行业教材质量和认可度，出版了一系列精品教材，有效促进了行业部门引导专业教育，推动了行业高质量发展。

为进一步加强高等教育、职业教育住房和城乡建设领域学科专业教材建设工作，提高住房和城乡建设行业人才培养质量，2020 年 12 月，住房和城乡建设部办公厅印发《关于申报高等教育职业教育住房和城乡建设领域学科专业"十四五"规划教材的通知》（建办人函〔2020〕656 号），开展了住房和城乡建设部"十四五"规划教材选题的申报工作。经过专家评审和部人事司审核，512 项选题列入住房和城乡建设领域学科专业"十四五"规划教材（简称规划教材）。2021 年 9 月，住房和城乡建设部印发了《高等教育职业教育住房和城乡建设领域学科专业"十四五"规划教材选题的通知》（建人函〔2021〕36 号）。为做好"十四五"规划教材的编写、审核、出版等工作，《通知》要求：（1）规划教材的编著者应依据《住房和城乡建设领域学科专业"十四五"规划教材申请书》（简称《申请书》）中的立项目标、申报依据、工作安排及进度，按时编写出高质量的教材；（2）规划教材编著者所在单位应履行《申请书》中的学校保证计划实施的主要条件，支持编著者按计划完成书稿编写工作；（3）高等学校土建类专业课程教材与教学资源专家委员会、全国住房和城乡建设职业教育教学指导委员会、住房和城乡建设部中等职业教育专业指导委员会应做好规划教材的指导、协调和审稿等工作，保证编写质量；（4）规划教材出版单位应积极配合，做好编辑、出版、发行等工作；（5）规划教材封面和书脊应标注"住房和城乡建设部'十四五'规划教材"字样和统一标识；（6）规划教材应在"十四五"期间完成出版，逾期不能完成的，不再作为《住房和城乡建设领域学科专业"十四五"规划教材》。

住房和城乡建设领域学科专业"十四五"规划教材的特点：一是重点以修订教育部、住房和城乡建设部"十二五""十三五"规划教材为主；二是严格按照专业标准规范要求编写，体现新发展理念；三是系列教材具有明显特点，满足不同层次和类型的学校专业教学要求；四是配备了数字资源，适应现代化教学的要求。规划教材的出版凝聚了作者、主审及编辑的心血，得到了有关院校、出版单位的大力支持，教材建设管理过程有严格保障。希望广大院校及各专业师生在选用、使用过程中，对规划教材的编写、出版质量进行反馈，以促进规划教材建设质量不断提高。

住房和城乡建设部"十四五"规划教材办公室
2021 年 11 月

# 第五版前言

施楚贤教授主编的《砌体结构》，具有深入浅出、条理清晰、易学易懂等特点，一经出版便被许多院校所采用，多次被评为规划教材。自本教材第四版出版以来已有五年的时间了，为了符合新的国家规范以及相关标准的要求，适应新技术的发展，特对本教材进行修订。

《砌体结构（第五版）》在保留第四版的体系和特点的前提下，做了部分修订，主要包括以下内容。

（1）根据本书第四版出版以来国家颁布的有关规范、标准，对于书中所涉及的相关内容，逐一进行了更新。

（2）刚弹性方案房屋经济效益有限，且设计计算较为烦琐，为了简化计算和提升砌体结构的质量，进一步删减了全书有关刚弹性方案砌体结构房屋的论述。

（3）墙梁设计的项目多、计算十分烦琐，该设计计算方法在实际工程中的应用尚不普遍，有待简化。因此，本书第五版删除了有关墙梁设计计算的内容。

（4）强调了绿色发展是时代所需，增写了"双碳"目标和推进县域绿色发展的要求。

（5）增写了有关装配式砌体结构、碳排放计算与分析、结构鲁棒性和可恢复性的内容。

本书的修订，特别要感谢施楚贤教授的支持和重要意见。希望广大教师和学习者在今后的使用过程中，对本书提出宝贵意见，为提高我国高等教育教学质量共同努力！

黄靓

2023 年 10 月

# 第四版前言

本书在普通高等教育土建学科专业"十二五"规划教材、高等学校土木工程专业规划教材《砌体结构（第三版）》的基础上进行修订。为与时俱进，提升本书的特色与质量，本次修订有如下主要内容。

（1）针对本书第三版出版以来，国家颁布的有关标准、规范及新的研究进展，对书中涉及材料及设计等方面的相关内容，一一作了更新。

（2）随着我国经济实力的增强和砌体材料质量的提高，并基于对工程实践的总结，强调了应用广泛的多层砌体结构房屋应采用刚性方案，删除了对刚弹性方案房屋的论述与计算内容。

（3）在砌体结构基本理论的学习和融会贯通方面，加深了对砌体结构基本理论中相关影响因素的综合分析与应用的论述。

（4）加强了对砌体结构设计中常见实际问题的归纳、补充及解决方法的讨论。

（5）编制了配合本教材教学的多媒体课件，可供参考（由中国建筑工业出版社赠送）。

本书由湖南大学施楚贤（负责绪论、第 1、2、6 章）、刘桂秋（负责第 4、5 章）、黄靓（负责第 3、7 章）编著。全书由施楚贤主编。

本书基本上每五年修订一次，自"十五"以来均被评为各届规划教材，我们对中国建筑工业出版社的鼎力支持和广大读者的厚爱及批评与建议深致谢意！让我们为提高我国高等教育教学质量继续努力。

施楚贤

2017 年 9 月

# 第三版前言

本书在普通高等教育土建学科专业"十一五"规划教材《砌体结构（第二版）》的基础上，并遵照《高等学校土木工程本科指导性专业规范》（2011年9月颁布）的要求进行编著。按该指导性专业规范在土木工程本科的专业知识体系中对结构基本原理与方法知识领域规定的核心知识单元、知识点和推荐选修的知识单元，经综合分析与整合，并结合我们长期的教学实践与经验，本教材由"砌体力学及物理性能"、"砌体结构基本原理与设计方法"和"砌体结构抗震基本原理与设计方法"三大部分有机组成，其设计与计算符合我国新颁布的《砌体结构设计规范》GB 50003—2011和《建筑抗震设计规范》GB 50011—2010的规定。力求本书体系合理、视野宽阔、重点突出、论述准确、内容精炼、图文并茂、实用性强。

《高等学校土木工程本科指导性专业规范》指出：不要求学生同时学习两个课群组的专业课程。为此，删除了本书第二版第8章的内容。第3、7章由于作者的变更，作了重新编写。在此向为本书第一、二版作出贡献的赵均、董宏英同志致以敬意。

《砌体结构》是一门推荐选修的专业课程，本教材适用于16～32学时的教学，便于各校灵活选择教学内容。

本书由湖南大学施楚贤（负责绪论、第1、2、6章）、刘桂秋（负责第4、5章）、黄靓（负责第3、7章）编著。全书由施楚贤主编和修改、定稿。

本书虽先后被评为"十五"、"十一五"和"十二五"规划教材，得到读者厚爱，但由于作者水平有限，敬请各位师生和读者对本书提出批评与指正，在此深致谢意！我们诚愿为提高我国高等教育教学质量而不懈努力。

湖南大学土木工程学院

施楚贤

2012年8月

# 第二版前言

本书在普通高等教育土建学科专业"十一五"规划教材《砌体结构（第一版）》的基础上，并按照普通高等教育土建学科专业"十一五"规划教材《砌体结构》申请书的立项目标和建设部教材选题通知的要求进行编著，保持了原书体系合理、重点突出、内容精练、实用性强的特点，并作了以下改进。

1. 突出现代砌体材料的性能和应用，加强了对符合我国墙体材料革新和产业政策要求的砌体材料的论述，改变了以黏土实心砖砌体材料为主线的编写方式，并为了解墙体节能增写砌体的热工性能。

2. 融入《砌体结构设计规范》GB 50003—2001 和《建筑抗震设计规范》GB 50011—2001 施行以来的实践经验和反馈的信息，使本书砌体结构基本原理和设计的论述更为准确、全面。第 8 章按照新颁布的公路桥涵规范进行编写和修改。

3. 为有利于学生加强创新能力的学习，书中增加了基本知识的信息量；我们尝试从现有砌体结构理论与设计方法中选择一些重要问题，论述对其提高和改进的思考，或点评；修改了书中部分例题，使之更加具有代表性和符合工程实际；各章、节、小节标题后增写相应的英文。

4. 对书中插图作了一次全面的校核、挑选和细节上的修改，插图质量有进一步提高。本书采用了较多的砌体及构件受力性能的试验照片和典型工程图像，这些图片大多系作者自己进行的试验研究和拍摄的，有助于提高读者对砌体结构的学习兴趣和感性认识，亦为本书版面增色。

本书由湖南大学施楚贤、刘桂秋、黄靓和北京工业大学赵均、董宏英编著，具体分工如下：绪论、第 1 章，施楚贤、黄靓；第 2 章，施楚贤；第 3 章，赵均、董宏英、施楚贤；第 4、5 章，刘桂秋；第 6 章，施楚贤；第 7、8 章，赵均、董宏英。全书由施楚贤主编。

本书第一版得到广大读者的厚爱，这次修订中我们特地就读者对原书提出的存在问题进行了认真分析和改正。还望读者继续提出宝贵意见，在此深致谢意！我们诚愿为提高我国高等教育教学质量而不断努力。

2007 年 10 月

# 第一版前言

"砌体结构"为土木工程专业的一门必修专业课。本书根据我国土木工程专业本科的培养目标和新修订的"砌体结构"课程教学大纲编写，以适应21世纪土木工程人才的培育要求。

本书在编著中力求反映砌体结构的新成果和新技术；突出砌体结构的特点及其与建筑材料、建筑力学和其他建筑结构的内在联系，并紧密结合工程实际；努力做到"少而精"，并写有一定数量的计算例题、思考题和习题，以有利于学生创造性的学习，亦便于自学。书内配有较珍贵的试验和工程应用图片，力求版面较为生动、新颖。

鉴于各校在本课程的学时和内容上有所不同，且根据《砌体结构》课程教学大纲，在该课程完成后安排有2周混合结构课程设计，建议第1章至第4章为重点教学内容，其他各章可根据各校的情况适当讲授，或结合课程设计或其他课程进行讲授，或指定学生自学。

本书绪论、第1、2、6章由湖南大学施楚贤编著，第4、5章由湖南大学刘桂秋编著，第3、7、8章由北京工业大学赵均和董宏英编著。全书由施楚贤主编。

因作者水平有限，敬请广大读者对书中错误和欠妥之处提出批评和指正。此外，我们将公路、桥梁中的砌体结构设计原理编入本书是一个尝试，亦有待进一步改进。

2003 年 3 月

# 目　　录

# 绪　论
# **Introduction**

**学习提要**　在土木工程中砌体和砌体结构是一种主要的建筑材料和承重结构，被广为使用。应了解砌体结构的发展简史、砌体结构的种类、现代砌体结构的特点及我国对墙体材料革新的要求。

## 0.1　砌体结构发展简史
### Historical Background of Masonry Structures

由砖砌体、石砌体或砌块砌体建造的结构，称为砌体结构。它在铁路、公路、桥涵等工程中又称为圬工结构。

石材和砖是两种古老的土木工程材料，因而石结构和砖结构的历史悠久。如我国早在5000年前就建造有石砌祭坛和石砌围墙。公元前约3000年在埃及吉萨采用块石建成三座大金字塔，工程浩大。公元72～80年在罗马采用石结构建成罗马大斗兽场，至今仍供人们参观。我国隋代开皇十五年至大业元年，即公元595～605年由李春建造的河北赵县安济桥（赵州桥），是世界上现存最早、跨度最大的空腹式单孔圆弧石拱桥。长城是中华民族的精神象征，人类历史上最宏伟壮丽的建筑奇迹。据记载我国长城始建于公元前7世纪春秋时期的楚国，秦代将燕、赵、秦三国的北部长城连为一体，"延袤万余里"。国家文物局2016年发布《中国长城保护报告》，我国各时代长城资源分布于北京、天津、河北、山西、内蒙古、辽宁、吉林、黑龙江、山东、河南、陕西、甘肃、青海、宁夏、新疆15个省、自治区、直辖市，404个县（市、区）。各类长城资源遗存总数为43721处（座/段），其中墙体10051段，壕堑/界壕1764段，单体建筑29510座，关、堡2211座，其他遗存185处，墙壕遗存总长21196.18km。其中，春秋战国长城长度3080.14km，多以土石或夯土构筑为主；秦汉长城长度3680.26km，以土筑、砌为主；明长城（图1）保存比较完整，主线东起辽宁虎山，西至甘肃嘉峪关，长度8851.8km，东部地区以石砌包砖、黄土包砖或石砌为主，西部地区则多以夯土构筑。人们生产和使用烧结砖也有3000年以上的历史。我国在战国时期（公元前475年～前221年）已能烧制大尺寸空心砖。南北朝以后砖的应用更为普遍。建于公元523年（北魏时期）的河南登封嵩岳寺塔（图2），平面为十二边形，共15层，总高43.5m，为砖砌单筒体结构，是中国最古老的密檐式砖塔。公元6世纪在君士坦丁堡建成的圣索菲亚大教堂，为砖砌大跨结构，具有很高的技术水平。

砌块中以混凝土砌块的应用较早，混凝土砌块于1882年问世，因此砌块的生产和应用仅百余年的历史。混凝土小型空心砌块起源于美国，第二次世界大战后混凝土砌块的生产和应用技术传至美洲和欧洲的一些国家，继而又传至亚洲、非洲及大洋洲，成为在世界范围广为应用的墙体材料。

图 1 长城

20 世纪上半叶我国砌体结构的发展缓慢，中华人民共和国成立以来，砌体结构得到迅速发展，取得了显著的成绩。我国砖的年产量曾达到世界其他各国砖年产量的总和，90%以上的墙体均采用砌体材料。我国已从过去用砖石建造低矮的民房，发展到现在建造大量的多层住宅、办公楼等民用建筑和中、小型单层工业厂房、多层轻工业厂房以及影剧院、食堂、仓库等建筑，此外还可用砖石建造各种砖石构筑物，如烟囱、筒仓、拱桥、挡土墙等。20 世纪 60 年代以来，我国小型空心砌块和多孔砖的生产及应用有较大发展，近二十余年砌块与砌块建筑的年递增量均在 20%左右。2006 年我国房屋建筑用普通混凝土砌块的产量为 1000 万 $m^3$、自承重混凝土砌块（包括轻集料混凝土砌块）为 6300 万 $m^3$、混凝土多孔砖为 1300 万 $m^3$、混凝土实心砖为 1000

图 2 嵩岳寺塔

万 $m^3$，混凝土路面砖为 2.2 亿 $m^2$，混凝土水工、护坡砌块为 700 万 $m^3$。20 世纪 60 年代末我国已提出墙体材料革新，1989 年至今我国墙体材料革新已取得显著成绩。2000 年我国新型墙体材料占墙体材料总量的 28%，超过"九五"计划 20%的目标，新型墙体材料产量达到 2100 亿块标准砖，共完成新型墙体材料建筑面积 3.3 亿 $m^2$，完成节能建筑 7470 万 $m^2$，累计节约耕地 4 万 $hm^2$，节约 6000 万 t 标准煤，利用工业废渣 3.2 亿 t，减少了二氧化硫和氮氧化物等有害气体排放，并淘汰了一批小型砖瓦企业。截至 2010 年年底，全国 600 多个城市已基本实现城市（城区）禁止使用黏土实心砖，其中还有 16 个省（区、市）的 487 个县城也得到实现；新型墙体材料产量占墙体材料总量的比重达到 55%。20 世纪 90 年代以来，在吸收和消化国外配筋砌体结构成果的基础上，建立了具有我国特点的配筋混凝土砌块砌体剪力墙结构体系，大大拓宽了砌体结构在高层房屋及其在抗震设防地区的应用。在辽宁盘锦、上海、黑龙江哈尔滨与大庆、北京、吉林长春以及湖南株洲、长沙等城市先后建成许多幢配筋混凝土砌块砌体剪力墙结构的高层房屋，如图3所示。图3（a）为1997年建成的辽宁盘锦国税局15层住宅，图3（b）为1998年建成的上海园南四街坊18层住宅，2003年在哈尔滨建成18层（其中1~5层为钢筋混凝土框剪结构，6层为钢筋混凝土剪力墙结构，7~18层为配筋混凝土砌块砌体剪力墙结构）阿继科技园。2013年在哈尔滨，采用290mm厚及190mm厚配筋混凝土砌块砌体剪力墙建成地下1层、

(a)　　　　　　　　　　　　　　　(b)

(c)　　　　　　　　　　　　　　　(d)

图3　配筋砌块砌体剪力墙结构高层房屋

地上 28 层的科盛科技大厦办公楼。图 3（c）为 2007 年建成的湖南株洲地上 19 层、地下 2 层国脉家园小区住宅。图 3（d）为 2014 年采用自保温配筋砌块墙体建成的湖南长沙望城 18 层商域·自然城（商品房）。配筋混凝土砌块砌体剪力墙结构以其比现浇钢筋混凝土剪力墙结构造价低、施工速度快、节约钢材和良好的抗震性能等优势，已被中高层住宅开发商和业主青睐。还应指出 20 世纪 60 年代初至今，在有关部门的领导和组织下，在全国范围内对砌体结构作了较为系统的试验研究和理论探讨，总结了一套具有我国特色、比较先进的砌体结构理论、计算方法和应用经验。《砖石结构设计规范》GBJ 3—73 是我国根据自己研究的成果而制定的第一部砌体结构设计规范。《砌体结构设计规范》GBJ 3—88 在采用以概率理论为基础的极限状态设计方法、多层砌体结构中考虑房屋的空间工作以及考虑墙和梁的共同工作设计墙梁等方面已达世界先进水平。《砌体结构设计规范》GB 50003—2001 标志着我国建立了较为完整的砌体结构设计的理论体系和应用体系。这部标准既适用于砌体结构的静力设计又适用于抗震设计，既适用于无筋砌体结构的设计又适用于较多类型的配筋砌体结构设计，既适用于多层砌体结构房屋的设计又适用于高层砌体结构房屋的设计。在此基础上，遵照"增补、简化、完善"的原则，经修订颁布了《砌体结构设计规范》GB 50003—2011，10 年后又颁布了《砌体结构通用规范》GB 55007—2021，反映了我国砌体结构研究的新成果和应用的新经验。

图 4  采用砌体承重墙建于瑞士的高层房屋

苏联是世界上最先较完整地建立砌体结构理论和设计方法的国家。20 世纪 60 年代以来欧美等许多国家加强了对砌体材料的研究和生产，在砌体结构理论、计算方法以及应用上也取得了许多成果，推动了砌体结构的发展。如在意大利全国有 800 多个生产性能好、强度高的砖和砌块的工厂。在瑞士，空心砖的产量占砖总产量的 97％。美国商品砖的抗压强度为 17.2～140MPa，最高可达 230MPa。在国外砌块的发展相当迅速，如在美国、法国和加拿大，砌块的产量已远远超过普通黏土砖的产量。世界上发达国家 20 世纪 60 年代已完成了从黏土实心砖向各种轻板、高效高功能墙材的转变，形成以新型墙体材料为主、传统墙体材料为辅的产品结构，走上现代化、产业化和绿色化的发展道路。在国外还采用砌体作承重墙建造了许多高层房屋，在瑞士这种房屋一般可达 20 层（图 4）。引人注目的是在美国和新西兰等国，采用配筋砌体在地震区建造高层房屋，层数达 13～28 层（图 5）。许多国家正在改变长期沿用的按弹性理论的允许应力设计法的传统，积极采用极限状态设计法。从国际建筑研究与文献委员会承重墙工作委员会 GIB·W23 于 1980 年编写的《砌体结构设计和施工的国际建议》CIB58、国际标准化组织砌体结构技术委员会 ISO/TC179 编制的国际砌体结构设计规范以及 2000 年以来美国、英国、欧洲发布的砌体结构标准来看，世界上砌体结构的设计方法正跃进到一个新的水平。

纵观历史，尤其是 20 世纪 60 年代以来，砌体结构在不断发展，成为世界上非常重要的一种建筑结构体系。

(a)                                              (b)

(c)

图 5　采用配筋砌体承重墙建于美国的高层房屋
(a) 加利福尼亚州玛丽安德尔湾综合公寓；(b) 科罗拉多州丹佛公园大道公寓；
(c) 内华达州拉斯维加斯神剑酒店

## 0.2　砌体结构类型
### Types of Masonry Structures

由块体和砂浆砌筑而成的整体材料称为砌体。根据砌体的受力性能分为无筋砌体结构、约束砌体结构和配筋砌体结构。

### 0.2.1　无筋砌体结构
**Unreinforced Masonry Structures**

由无筋或配置非受力钢筋的砌体结构，称为无筋砌体结构，又称为没有足够配筋的砌体结构。常用的无筋砌体结构有砖砌体、砌块砌体和石砌体结构。

1. 砖砌体结构

它是由砖砌体制成的结构，视砖的不同分为烧结普通砖、烧结多孔砖、混凝土砖、混凝土多孔砖和非烧结硅酸盐砖砌体结构。

砖砌体结构的使用面广。根据现阶段我国墙体材料革新的要求，实行限时、限地禁止使用黏土实心砖。对于烧结黏土多孔砖，应认识到它是墙体材料革新中的一个过渡产品，其生产和使用亦将逐步受到限制。

2. 砌块砌体结构

它是由砌块砌体制成的结构。我国主要采用普通混凝土小型空心砌块砌体和轻骨料混凝土小型空心砌块砌体，是替代黏土实心砖砌体的主要承重砌体材料。当其采用混凝土灌孔后，又称为灌孔混凝土砌块砌体。在我国，混凝土砌块砌体结构有较大的应用空间和发展前途。

3. 石砌体结构

它是由石砌体制成的结构，根据石材的规格和砌体的施工方法的不同分为料石砌体、毛石砌体和毛石混凝土砌体。石砌体结构主要在石材资源丰富的地区采用。

### 0.2.2　配筋砌体结构

**Reinforced Masonry Structures**

它是由配置钢筋的砌体作为主要受力构件的结构，即通过配筋使钢筋在受力过程中强度达到流限的砌体结构。预先用张拉钢筋在内部施加压应力的砌体结构，即预应力砌体结构，亦属配筋砌体结构。国内外普遍认为配筋砌体结构构件的竖向和水平方向的配筋率均不应小于 0.07%。如配筋混凝土砌块砌体剪力墙，具有和钢筋混凝土剪力墙类似的受力性能。有的还提出竖向和水平方向配筋率之和不小于 0.2%，可称为全配筋砌体结构。配筋砌体结构具有较高的承载力和延性，改善了无筋砌体结构的受力性能，扩大了砌体结构的应用范围。

### 0.2.3　约束砌体结构

**Confined Masonry Structures**

在竖向和水平方向有钢筋混凝土或配筋砌体约束部件的砌体结构，称为约束砌体结构。最为典型的是在我国广为应用的钢筋混凝土构造柱-圈梁形成的砌体结构体系。它在抵抗水平作用时墙体的极限水平位移增大，从而提高墙的延性，使墙体裂而不倒。其受力性能介于无筋砌体结构和配筋砌体结构之间。对于这种结构，如果按照提高墙体的抗压强度或抗剪强度要求设置加密的钢筋混凝土构造柱，则属配筋砌体结构，这是我国对构造柱作用的一种新发展。

### 0.2.4　我国采用的配筋砌体结构

**Reinforced Masonry Structures Used in China**

在我国得到广泛应用的配筋砌体结构有下列三类。

1. 网状配筋砖砌体构件

在砖砌体的水平灰缝中配置钢筋网片的砌体承重构件，称为网状配筋砖砌体构件，亦称为横向配筋砖砌体构件（图 6a），主要用作承受轴心压力或偏心距较小的受压的墙、柱。安徽三建部分住宅楼底层墙体即采用 240mm 厚网状配筋砖砌体。

2. 组合砖砌体构件

由砖砌体和钢筋混凝土或钢筋砂浆组成的砌体承重构件，称为组合砖砌体构件。工程上有两种形式，一种是采用钢筋混凝土作面层或钢筋砂浆作面层的组合砌体构件（图 6b），可用作偏心距较大的偏心受压墙、柱。另一种是在墙体的转角、交接处并沿墙长每隔一定的距离设置钢筋混凝土构造柱而形成的组合墙（图 6c），构造柱除约束砌体，还直

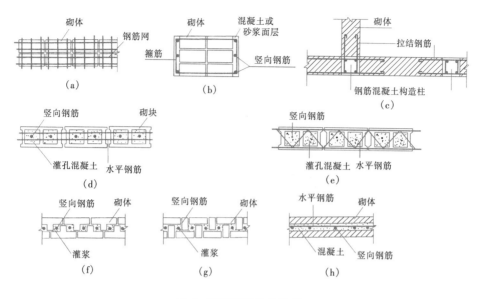

图 6　配筋砌体结构类型

接参与受力，较无筋墙体的受压、受剪承载力有一定程度的提高，可用作一般多层房屋的承重墙。

3. 配筋混凝土砌块砌体构件

在混凝土小型空心砌块砌体的孔洞内设置竖向钢筋和在水平灰缝或砌块内设置水平钢筋并用灌孔混凝土灌实的砌体承重构件，称为配筋混凝土砌块砌体构件（图 6d），对于承受竖向和水平作用的墙体，又称为配筋混凝土砌块砌体剪力墙。其砌体采用专用砂浆——混凝土小型空心砌块砌筑砂浆砌筑，在砌体的水平灰缝（水平钢筋直径较细时）或凹槽砌块内（水平钢筋直径较粗时）设置水平钢筋，在砌体的竖向孔洞内插入竖向钢筋，最后在设置钢筋处采用专用混凝土——混凝土小型空心砌块灌孔混凝土灌实。配筋混凝土砌块砌体剪力墙具有良好的静力和抗震性能，是多层和中高层房屋中一种有竞争力的承重结构。哈尔滨国际会展体育中心的两翼建筑采用的即是这种结构。

**0.2.5　国外采用的配筋砌体结构**
**Reinforced Masonry Structures Used in foreign Countries**

国外的配筋砌体结构类型较多，除用作承重墙和柱外，还在楼面梁、板中得到一定的应用。此外，对预应力砌体结构的研究和应用也取得了许多成绩。用于墙、柱的配筋砌体结构可概括为两类。由于国外空心砖和砌块的种类多、应用较普及，除采用上述配筋混凝土砌块砌体结构（图 6d）外，还可在由块体组砌的空洞内设置竖向钢筋，并灌注混凝土，如图 6（f）、（g）所示。其水平钢筋除采用直钢筋外，还有的在水平灰缝内设置桁架形状的钢筋（如图 6e 所示）。上述图 6（d）～（g）所示的配筋砌体结构可划为一类，它是在块体的孔洞内或由块体组砌成的空洞内配置竖向钢筋并灌注混凝土而形成的配筋砌体结构。另一类是组合墙结构，它由内、外页砌体墙和设在其间的砂浆或混凝土薄墙组合而成，又称为砂浆或混凝土填充夹心墙，后者通过配筋而成的配筋砌体结构（图 6h），用作高层建筑的承重墙。

## 0.3　现代砌体结构的特点及展望
Features and Prospects of Modern Masonry Structures

砌体材料如黏土、砂和石是天然材料，分布广，容易就地取材，且较水泥、钢材和木材的价格便宜。砌体还具有良好的耐火性和较好的耐久性能，使用期限较长。砌体中特别是砖砌体结构的保温、隔热性能好，节能效果明显。同时，采用砖、石建造的房屋既美观又舒适。此外，砌体结构的施工设备和方法较简单，能较好地连续施工，还可大量节约木材、钢材以及水泥，造价较低。正因为上述优点，国内外不少学者认为"古老的砖结构是在与其他材料相竞争中重新出世的承重墙体结构"，并预计"黏土砖、灰砂砖、混凝土砌块砌体是高层建筑中受压构件的一种有竞争力的材料"。但一般砌体的强度较低，建筑物中墙、柱的截面尺寸较大，材料用量较多，因而结构自重大。砌体的抗拉、弯、剪的强度又较其抗压强度低，抗震性能差，砌体结构的应用受到限制。此外，砌体基本采用手工方式砌筑，劳动量大，生产率较低。还值得注意的是黏土是制造黏土砖的主要原材料，要增加砖产量，势必过多占用农田，不但严重影响农业生产，对保持生态环境平衡也是很不利的。我国是一个土地资源非常紧缺的国家，人均耕地占有量只有 $920m^2$，不及世界人均水平的 40%。我国黏土实心砖的年产量曾高达 7000 亿块，不仅严重毁田，且每年生产耗能 7000 多万吨标准煤，与此同时，年排放 2 亿多吨煤矸石和粉煤灰，不仅占用大量土地而且严重污染环境。

今后应加强对现代砌体结构的研究和应用。现代砌体结构的特点在于：采用节能、环保、轻质、高强且品种多样的砌体材料；工程上有较广的应用领域，在高层建筑尤其是中高层建筑结构中较之其他结构有较强的竞争力；具有先进、高效的建造技术，为舒适的居住和使用环境提供良好的条件。

为此砌体结构今后首先要努力发展新材料。自"十二五"以来，我国大力推进"禁实"和"限黏"，延伸乡镇、农村墙材革新；2020 年 9 月，我国明确提出"双碳"目标，即我国要在 2030 年前实现碳达峰，2060 年前实现碳中和；2021 年 10 月，中共中央办公厅、国务院办公厅印发了《关于推动城乡建设绿色发展的意见》，提出了建设高品质绿色建筑的城乡建设发展方式；2022 年 10 月 16 日，党的二十大在北京顺利召开，二十大报告提出要"推动绿色发展，促进人与自然和谐共生""必须牢固树立和践行绿水青山就是金山银山的理念，站在人与自然和谐共生的高度谋划发展"。这表明，墙体材料革新不仅是改善建筑功能、提高住房建设质量和施工效率、满足住宅产业现代化的需要，还能达到节约能源、保护土地、有效利用资源、综合治理环境污染的目的，是促进我国经济、社会、环境、资源协调发展的大事，是实施我国可持续发展战略的一项重大举措。要坚持以节能、节地、利废、保护环境和改善建筑功能为发展方针，以提高生产技术水平、加强产品配套和应用为重点，因地制宜发展与建筑体系相适应、符合国家产业政策、能够提升房屋建筑功能、适应住宅产业化要求的优质新型墙体材料。加强对集承重和保温隔热于一体的复合节能墙体的研究和应用。在努力研究和生产轻质、高强的砌块和砖的同时，还应注重对高黏结强度砂浆的研制和开发。2022 年起施行的《砌体结构通用规范》GB 55007—2021 提出了落实节能、节地和推广新型砌体材料政策，保护生态环境，提高砌体结构工程可持续发展水平的目标，并指出砌体结构拆除过程中应采取措施减小对块材的损伤，同时应推广应用以废弃砖瓦、混凝土块、渣土等废弃物为主要材料制作的块体。可见，除了发展新材料，砌体结构还应注重对建筑废弃物的二次利用。

要加强对抗震砌体结构体系以及深化对配筋砌体结构的研究，提高砌体结构的抗震能力，拓展配筋砌体结构应用领域。完善和创新抗震设防地区砌体结构体系以及隔震技术的应用；进一步研究配筋混凝土砌块砌体剪力墙结构的抗震性能，对框支配筋混凝土砌块砌体剪力墙结构进行系统研究；加强对配筋混凝土砌块砌体在挡土墙等工程结构中的应用研究。

应加强对砌体结构基本理论的研究。进一步研究砌体结构的受力性能和破坏机理，通过物理或数学模式，建立精确而完整的砌体结构理论，是世界各国所关注的课题。这其中，应关注对薄灰缝砌体、免浆砌体的性能研究。我国的研究有较好的基础，继续加强这方面的工作十分有利，对促进砌体结构的发展有着深远意义。这其中包括深入、系统地进行砌体结构可靠性鉴定与加固理论的研究。目前我国城乡既有建筑面积超 660 亿 $m^2$，其中砌体结构房屋所占比例大，使用年限长，有的已产生不同程度的损伤，建立科学、适用的砌体结构可靠性鉴定与加固理论体系，有重要指导意义。对于耗能高及未达节能要求的砌体结构，在进行可靠性鉴定、加固与改造中尚应与建筑节能的改造相结合。建立既有建筑节能改造评估体系，研发、推广针对不同地区、不同结构、不同构造既有建筑的节能改造技术的任务也十分迫切。

还应提高砌体施工技术的工业化水平。国外在砌体结构的预制、装配化方面做了许多工作，积累了不少经验，我国在这方面仍有一定差距。许多发达国家预制板材产量已占墙体材料总量的 60% 以上，我国以建筑预制率较高的北京为例，2023 年上半年预制板材用量占墙体材料的比例为 48.8%。我国对预应力砌体结构的研究相当薄弱，大型预制墙板和振动砖墙板的应用也极少。建筑工业化有助于实现建筑全寿命周期成本最小化、效益最大化，也有利于推动住房和城乡建设领域技术进步和产业转型升级。为此，有必要在我国较大范围内改变砌体结构传统的建造方式。研究和提高砌体结构的标准化、部品部件生产工业化、施工安装装配化的水平，有十分重要意义。

我国幅员辽阔，砌体材料资源分布较广，在社会主义初级阶段，以及今后一个相当长的时期内，无疑在许多建筑乃至其他土木工程中砌体和砌体结构仍然是一种主要的材料和承重结构体系。

## 思 考 题 与 习 题
### Questions and Exercises

0-1　在你的家乡有何遗存的较早年代的砖、石结构？特点如何？

0-2　请结合第 3 章的学习，简述我国《砌体结构设计规范》GB 50003—2011 的特点。

0-3　你对砌体结构的分类有何见解？

0-4　现代砌体结构的特点有哪些？

0-5　你对砌体结构今后的发展有哪些思考？

# 第1章　砌体力学及物理性能
## Mechanical and Physical Properties of Masonry

**学习提要**　本章论述砌体的强度、变形性能及有关的物理性能。应熟悉砌体材料的种类；掌握影响砌体抗压、抗剪强度的主要因素及其强度的确定方法；了解砌体受拉和受弯的破坏特征及其强度的确定方法；在了解砌体受压应力-应变关系及砌体的温度和干缩变形的基础上，熟悉砌体的弹性模量、泊松比和剪变模量等变形性能；对砌体的热工性能有基本了解。

## 1.1　材料强度等级
### Strength Grades of Materials

砌体是由块体和砂浆砌筑而成的整体材料。块体和砂浆的强度等级是根据其抗压强度而划分的级别，是确定砌体在各种受力状态下强度的基础数据。块体强度等级以符号"MU"（Masonry Unit）表示，砂浆强度等级以符号"M"（Mortar）表示。对于混凝土砖、混凝土砌块砌体，砌筑砂浆的强度等级以符号"Mb"（brick，block）表示，其灌孔混凝土的强度等级以符号"Cb"表示。对于蒸压灰砂砖、蒸压粉煤灰砖砌体，砌筑砂浆的强度等级以符号"Ms"（silicate）表示。上述强度等级的数值，均以"MPa"计。

### 1.1.1　砖
#### Brick

它包括烧结普通砖、烧结多孔砖、混凝土普通砖和多孔砖及非烧结硅酸盐砖，通常可简称为砖。在我国，无孔洞或孔洞率小于25％的砖，又称为实心砖；孔洞率等于或大于25％、孔的尺寸小而数量多的砖，称为多孔砖。

1. 烧结普通砖

按《烧结普通砖》GB/T 5101—2017，以黏土、页岩、煤矸石、粉煤灰为主要原料经焙烧而成的普通砖，称为烧结普通砖。它根据抗压强度分为 MU30、MU25、MU20、MU15 和 MU10 五个强度等级，详见表 1-1 的规定。砖的外形尺寸为 240mm×115mm×53mm。

烧结普通砖、烧结多孔砖强度等级（MPa）　　　　　表 1-1

| 强度等级 | 抗压强度平均值 $\bar{f}\geqslant$ | 强度标准值 $f_k\geqslant$ |
|---|---|---|
| MU30 | 30.0 | 22.0 |
| MU25 | 25.0 | 18.0 |
| MU20 | 20.0 | 14.0 |
| MU15 | 15.0 | 10.0 |
| MU10 | 10.0 | 6.5 |

2. 烧结多孔砖

按《烧结多孔砖和多孔砌块》GB/T 13544—2011，以黏土、页岩、煤矸石、粉煤灰为主要原料，经焙烧而成主要用于承重部位的多孔砖，称为烧结多孔砖。这种砖的特点在于孔洞率应等于或大于 25%，孔的尺寸小而数量多，且孔型、孔的大小和排列有规定，为提高产品等级宜采用矩形条孔或矩形孔的多孔砖（图 1-1a）。砖的外形尺寸应符合 290，240，190，180，140，115，90（mm）的要求。主要尺寸有 290mm×140mm×90mm，240mm×115mm×90mm 和 190mm×140mm×90mm。它根据抗压强度分为 MU30、MU25、MU20、MU15 和 MU10 五个强度等级，应符合表 1-1 中 $\bar{f}$ 和 $f_k$ 的规定及表 1-2 的规定。此外，在我国，以黏土、页岩、煤矸石、粉煤灰为主要原料，经焙烧而成，孔洞率等于或大于 40%，且主要用于非承重部位的砖或砌块，分别称为烧结空心砖、烧结空心砌块（《烧结空心砖和空心砌块》GB/T 13545—2014）。

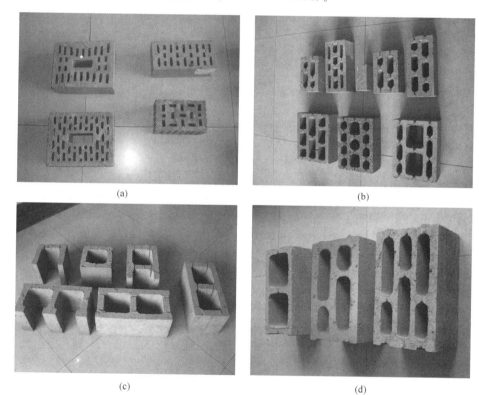

(a)    (b)

(c)    (d)

图 1-1    块体形式

（a）烧结多孔砖；（b）混凝土多孔砖；

（c）普通混凝土小型空心砌块；（d）轻集料混凝土小型空心砌块

承 重 砖 的 折 压 比                                表 1-2

| 砖 种 类 | 砖高度 (mm) | 砖强度等级 | | | | |
|---|---|---|---|---|---|---|
| | | MU30 | MU25 | MU20 | MU15 | MU10 |
| | | 最小折压比 | | | | |
| 蒸压灰砂普通砖、蒸压粉煤灰普通砖 | 53 | 0.16 | 0.18 | 0.20 | 0.25 | — |
| 烧结多孔砖、混凝土多孔砖 | 90 | 0.21 | 0.23 | 0.24 | 0.27 | 0.32 |

3. 混凝土普通砖、混凝土多孔砖

近几年来，混凝土砖，尤其是混凝土多孔砖在我国得到迅速推广应用。

（1）混凝土普通砖

按《混凝土实心砖》GB/T 21144—2023，以水泥、骨料，以及根据需要加入的掺合料、外加剂等，经加水搅拌、成型、养护制成的实心砖，称为混凝土实心砖。其主规格尺寸为 240mm×115mm×53mm，又称混凝土普通砖。强度等级有 MU40、MU35、MU30、MU25、MU20、MU15、MU10 和 MU7.5，应符合表 1-3 的要求。

表 1-3

混凝土普通砖强度等级（MPa）

| 强度等级 | 抗压强度 | |
|---|---|---|
| | 平均值 | 单块最小值 |
| MU40 | ≥40.0 | ≥35.0 |
| MU35 | ≥35.0 | ≥30.0 |
| MU30 | ≥30.0 | ≥26.0 |
| MU25 | ≥25.0 | ≥21.0 |
| MU20 | ≥20.0 | ≥16.0 |
| MU15 | ≥15.0 | ≥12.0 |
| MU10 | ≥10.0 | ≥8.0 |
| MU7.5 | ≥7.5 | ≥6.0 |

（2）混凝土多孔砖

按《承重混凝土多孔砖》GB/T 25779—2010，以水泥、砂、石为主要原材料，经配料、搅拌、成型、养护制成，用于承重的多排孔混凝土砖，称为混凝土多孔砖（图 1-1b）。其孔洞率应等于或大于 30%。砖的主规格尺寸为 240mm×115mm×90mm、190mm×190mm×90mm，其他规格尺寸的长度、宽度、高度应符合 360、290、240，190，140；240，190，115，90；115，90（mm）的要求，砖的铺浆面宜为盲孔或半盲孔。强度等级有 MU25、MU20 和 MU15。应符合表 1-2、表 1-4、表 1-5 的要求。

表 1-4

混凝土多孔砖强度等级（MPa）

| 强 度 等 级 | 抗 压 强 度 | |
|---|---|---|
| | 平均值 $f_m\geq$ | 单块最小值 $f_{min}\geq$ |
| MU25 | 25.0 | 20.0 |
| MU20 | 20.0 | 16.0 |
| MU15 | 15.0 | 12.0 |

表 1-5

非烧结块材的孔洞率、壁及肋厚度要求

| 块材类型及用途 | | 孔洞率（%） | 最小外壁（mm） | 最小肋厚（mm） | 其他要求 |
|---|---|---|---|---|---|
| 多孔砖 | 承重 | ≤35% | 15 | 15 | 孔的长度与宽度比应小于 2 |
| | 自承重 | — | 10 | 10 | |
| 砌块 | 承重 | ≤47% | 30 | 25 | 孔的圆角半径不应小于 20mm |
| | 自承重 | — | 15 | 15 | — |

注：1. 用于承重的混凝土多孔砖的孔洞应垂直于铺浆面；当孔的长度与宽度比大于 2 时，外壁的厚度不应小于 18mm；当孔的长度与宽度比小于 2 时，壁的厚度不应小于 15mm；
2. 用于承重的多孔砖和砌块，其长度方向中部不得设孔，中肋厚度不宜小于 20mm。

4. 蒸压灰砂砖和蒸压粉煤灰砖

蒸压砖是一种硅酸盐制品，常用的含硅原料主要是天然砂子及工业废料粉煤灰、煤矸石、炉渣等。生产和推广应用这类砖，可大量利用工业废料，减少环境污染。蒸压灰砂砖和蒸压粉煤灰砖的砖型和规格与烧结砖的相同，可制成普通砖与多孔砖。蒸压灰砂普通砖的强度等级有 MU25、MU20 和 MU15，且应符合表 1-2 的要求。确定蒸压粉煤灰砖的强度等级时，应考虑碳化影响，碳化系数不应小于 0.85。

5. 块材的折压比及孔洞

块材的抗折强度与抗压强度比（折压比），及块材的孔洞布置、孔洞率（大于 25% 时），对砌体的受力性能与使用功能有重要影响。

对于烧结普通砖，其抗折强度与抗压强度有一定的对应关系，相应的抗压强度下其抗折强度能满足受力要求。但对于蒸压砖，受原材料、成型设备及生产工艺的影响，其抗折强度与抗压强度的对应关系有较大差异，折压比往往较低，砌体受力后，致使结构过早开裂，并易产生脆性破坏。

块材孔洞布置不合理或壁、肋厚度过小，砌体强度降低，亦导致结构过早开裂。

上述裂缝严重的导致重大工程事故，有的虽不危及结构安全，但将直接影响结构的正常使用与耐久性。为此，我国首次颁布的《墙体材料应用统一技术规范》GB 50574—2010，提出了表 1-2 和表 1-5 的要求。

### 1.1.2 砌块

**Concrete Block**

承重用的砌块主要是普通混凝土小型空心砌块和轻集料（骨料）混凝土小型空心砌块。非承重用砌块还包括石膏砌块等。

1. 普通混凝土小型空心砌块

按《普通混凝土小型砌块》GB/T 8239—2014，以水泥、矿物掺合料、砂、石、水等为原材料，经搅拌、振动成型、养护等工艺制成的小型砌块，包括空心砌块和实心砌块。常用块型长度 390mm，宽度 90、120、140、190、240、290mm，高度 90、140、190mm。空心率不小于 25% 的称为空心砌块（图 1-1c），空心率小于 25% 的称为实心砌块，有用于承重和非承重的。其中承重普通混凝土小型空心砌块的强度等级有 MU25、MU20、MU15、MU10 和 MU7.5，应符合表 1-5 和表 1-6 的要求。

承重普通混凝土小型空心砌块强度等级（MPa）　　表 1-6

| 强度等级 | 砌块抗压强度 | |
|---|---|---|
| | 平均值不小于 | 单块最小值不小于 |
| MU25 | 25.0 | 20.0 |
| MU20 | 20.0 | 16.0 |
| MU15 | 15.0 | 12.0 |
| MU10 | 10.0 | 8.0 |
| MU7.5 | 7.5 | 6.0 |

2. 轻集料混凝土小型空心砌块

按《轻集料混凝土小型空心砌块》GB/T 15229—2011，它是用轻集料混凝土制成的小型空心砌块。轻集料混凝土小型空心砌块的主规格尺寸亦为 390mm×190mm×190mm；按孔的排数有单排孔、双排孔、三排孔和四排孔等四类，如图 1-1（d）所示。砌块强度等级有 MU10、MU7.5、MU5、MU3.5 和 MU2.5，应符合表 1-5 和表 1-7 的规定。应注意，同一强度等级的抗压强度和密度等级范围应同时满足表 1-7 的规定。

轻集料混凝土小型空心砌块强度等级（MPa）　　表 1-7

| 强度等级 | 砌块抗压强度 | | 密度等级范围（kg/m³） |
|---|---|---|---|
| | 平均值 | 最小值 | |
| MU10 | ≥10.0 | 8.0 | ≤1200*<br>≤1400** |
| MU7.5 | ≥7.5 | 6.0 | ≤1200*<br>≤1300** |
| MU5 | ≥5.0 | 4.0 | ≤1200 |
| MU3.5 | ≥3.5 | 2.8 | ≤1000 |
| MU2.5 | ≥2.5 | 2.0 | ≤800 |

注：当砌块的抗压强度同时满足 2 个强度等级或 2 个以上强度等级要求时，应以满足要求的最高强度等级为准。
＊ 除自燃煤矸石掺量不小于砌块质量 35% 以外的其他砌块。
＊＊ 自燃煤矸石掺量不小于砌块质量 35% 的砌块。

**3. 石膏砌块**

按《石膏砌块》JC/T 698—2010，以建筑石膏为主要原料，经加水搅拌、浇筑成型和干燥制成的建筑石膏制品，包括空心砌块和实心砌块。其外形为长方体，纵横边缘分别设有榫头和榫槽。常用块型长度 600、666mm，宽度 80、100、120、150mm，高度 500mm。石膏砌块主要用于非承重内隔墙，具有隔声防火、施工便捷、加工性好、性价比高等多项优点，是一种低碳环保、健康、符合时代发展要求的新型墙体材料。

### 1.1.3　石材

**Stone**

用作承重砌体的石材主要来源于重质岩石和轻质岩石。重质岩石的抗压强度高，耐久性好，但导热系数大。轻质岩石的抗压强度低，耐久性差，但易开采和加工，导热系数小。石砌体中的石材，应选用无明显风化的石材。在产石地区充分利用这一天然资源比较经济。

石材按其加工后的外形规则程度，分为料石和毛石。料石中又分有细料石、粗料石和毛料石。毛石的形状不规则，但要求毛石的中部厚度不小于 200mm。

如上所述，石材的大小和规格不一，石材的强度等级通常用 3 个边长为 70mm 的立方体试块进行抗压试验，按其破坏强度的平均值而确定。石材的强度划分为 MU100、MU80、MU60、MU50、MU40、MU30 和 MU20 七个等级。试件也可采用表 1-8 所列边长尺寸的立方体，但考虑尺寸效应的影响，应将破坏强度的平均值乘以表内相应的换算系数，以此确定石材的强度等级。

石材强度等级的换算系数　　表 1-8

| 立方体边长（mm） | 200 | 150 | 100 | 70 | 50 |
|---|---|---|---|---|---|
| 换算系数 | 1.43 | 1.28 | 1.14 | 1 | 0.86 |

### 1.1.4　砂浆

**Mortar**

砂浆是由胶结料、细集料、掺合料加水搅拌而成的混合材料，在砌体中起黏结、衬垫和传递应力的作用。砌体中常用的砂浆有水泥混合砂浆和水泥砂浆，其稠度、分层度和强度均需达到规定的要求。砂浆稠度是评判砂浆施工时和易性（流动性）的主要指标，砂浆的分层度是评判砂浆施工时保水性的主要指标。为改善砂浆的和易性可加入石灰膏、电石膏、粉煤灰及黏土膏等无机材料的掺合料。为提高或改善砂浆的力学性能或物理性能，还可掺入外加剂。国外在砂浆中掺入聚合物（如聚氯乙烯乳胶）获得良好效果，如美国DOW化学公司研制的掺合料"Sarabond"，可使砂浆的抗压强度和黏结强度提高3倍以上。砂浆中掺入外加剂是一个发展方向，但为了确保砌体的质量，使用外加剂应具有法定检测机构出具的该产品的砌体强度型式检测报告，并经砂浆性能试验合格后方可采用。

1. 砂浆强度等级

砂浆的强度等级系用边长为70.7mm的立方体试块进行抗压试验，每组为6块（采用同类块体为砂浆强度试块底模）或3块（采用带底试模），按其破坏强度的平均值而确定。对于前者，当6个试件的最大值或最小值与平均值的差超过20%时，取中间4个试件的平均值。对于后者，当3个试件的最大值或最小值中有1个与中间值的差值超过中间值的15%时，取中间值（如有2个与中间值的差值均超过15%，该试验结果为无效）。

对于烧结普通砖、烧结多孔砖砌体，砂浆强度等级有M15、M10、M7.5、M5和M2.5；对于混凝土普通砖、混凝土多孔砖、混凝土砌块砌体，砂浆强度等级有Mb20、Mb15、Mb10、Mb7.5和Mb5；对于轻集料混凝土砌块砌体，砂浆强度等级有Mb10、Mb7.5和Mb5；对于蒸压砖砌体，砂浆强度等级有M15（Ms15）、M10（Ms10）、M7.5（Ms7.5）和M5（Ms5）；对于石砌体，砂浆强度等级有M7.5、M5和M2.5。

2. 砂浆试块的底模

砂浆试模常采用钢模或塑料模，但砂浆试块成型时，随底模的不同，有两种判定方法，测得的砂浆试块的抗压强度显然不同，这是应当注意的。

（1）《砌体结构设计规范》GB 50003—2011规定，确定砂浆强度等级时，应采用同类块体为砂浆强度试块底模。以某工程中采用蒸压灰砂砖砌体为例，在确定其砂浆强度等级时，应采用不带底试模，该试模放置在相应的蒸压灰砂砖上制作砂浆试块。主要理由是，使砂浆试块在成型时的条件与实际砌体中灰缝砂浆所处状态相接近。该方法自20世纪50年代以来，在我国的砌体结构设计中一直沿用至今。表明设计规范中砌体的强度指标，是在按本方法确定砂浆强度等级的条件下给定的。

（2）《建筑砂浆基本性能试验方法标准》JGJ/T 70—2009规定，确定砂浆强度等级时，应采用带底试模。多年来的研究表明，我国幅员辽阔，不同种类块材，即使是同一类块材，各地各厂生产的块材的密实性、吸水性能也不尽不同。此外，砂浆的种类、水泥品种与用量及强度、砂浆的稠度等亦存在差异。在水泥水化反应、底模的含水率及吸水率变化、砂浆对吸水性能的影响等诸多因素作用下，采用带底试模后，它们对砂浆强度的影响均比采用不同块体作底模的影响要小得多，其变异性亦最小，可靠性高。但试验结果表明，这种方法测得的砂浆抗压强度要比前一方法的降低50%～70%。因而在《建筑砂浆基本性能试验方法标准》JGJ/T 70—2009中指出，目前，考虑与砌体结构设计、施工质量验收规范的衔接，应将带底试模制作试块测出的强度乘以换算系数1.35，作为砂浆抗压强度；需要时，可采用与砌体同类的块体为砂浆试块底模，进行砂浆抗压强度试验，即采用上述方法（1）。

采用方法（2）确定砂浆强度等级是合理的，它在砌体结构设计中的应用，有望进一步得到解决。

### 1.1.5 专用砌筑砂浆与灌孔混凝土
#### Special Masonry Mortar and Grout for Concrete Unit Masonry

以往，对非烧结块材砌体，如混凝土小型空心砌块、混凝土砖砌体以及蒸压砖砌体，采用普通砂浆砌筑；对于混凝土小型空心砌块砌体，采用普通混凝土灌孔，砌体质量难以保证，如墙体易开裂、渗漏，整体性较差。为进一步提高这些砌体建筑的质量，根据我国砌体结构设计、施工经验和研究成果，并参考美国标准《ASTM C270 砌筑用砂浆》、《ASTM C476 砌体用灌孔混凝土》等要求，制订了现行《混凝土小型空心砌块和混凝土砖砌筑砂浆》JC 860—2008 及《混凝土砌块（砖）砌体用灌孔混凝土》JC 861—2008 两部标准。

1. 混凝土小型空心砌块和混凝土砖砌筑砂浆

它是由水泥、砂、保水增稠材料、外加剂、水以及根据需要掺入的掺合料等组分，按一定比例，机械拌合制成，专门用于砌筑混凝土小型空心砌块和混凝土砖的砂浆。其强度等级以 Mb××表示。要求该砂浆 2h 稠度损失率等于或小于 30%，保水性应等于或大于88%。该砂浆施工时易于铺砌、灰缝饱满，黏结性能好。

2. 蒸压灰砂砖、蒸压粉煤灰砖砌筑砂浆

它是由水泥、砂、水以及根据需要掺入的掺合料和外加剂等组分，按一定比例，机械拌合制成，专门用于提高蒸压灰砂砖和蒸压粉煤灰砖砌体抗剪强度的砌筑砂浆。其强度等级以 Ms××表示。由于蒸压砖的表面较光滑，难以砌筑，且黏结性差，要求该砂浆 2h 稠度损失率等于或小于 30%，保水性应等于或大于 88%，拉伸黏结强度应等于或大于0.25MPa，以确保其砌体抗剪强度有较大幅度提高。

3. 混凝土小型空心砌块、混凝土砖砌体灌孔混凝土

它是由胶凝材料、骨料、水及根据需要掺入的掺合料和外加剂等组分，按一定比例，机械拌合制成，用于灌注混凝土块材砌体芯柱或其他需要填实部位孔洞，具有微膨胀性的混凝土。其强度等级以 Cb××表示。它是一种高流动性和低收缩的细石混凝土，其坍落度不宜小于180mm，泌水率不宜大于 3.0%，3d 龄期的混凝土膨胀率不应小于 0.025%且不应大于 0.500%。以确保砌体结构的整体工作性能、局部受力性能及抗震能力。

### 1.1.6 其他材料
#### Other Materials

砌体结构、配筋砌体结构中采用的钢筋、混凝土的强度等级和相应的强度指标，请查阅《混凝土结构设计标准（2024 年版）》GB/T 50010—2010。

## 1.2 砌体的受压性能
### Compressive Behavior of Masonry

### 1.2.1 砌体受压破坏特征
#### Failure Characteristics of Axially Compressive Masonry

1. 普通砖砌体

砖砌体轴心受压时，按照裂缝的出现、发展和破坏特点，可划分为三个受力阶段。图 1-2 为砖强度 $f_1=25.5$MPa，砂浆强度 $f_z=12.8$MPa 的页岩粉煤灰砖砌体的轴心受压破坏情况。

第一阶段：从砌体开始受压，随压力的增大至出现第一条裂缝（有时有数条，称第一

批裂缝）。其特点是仅在单块砖内产生细小的裂缝（图1-2a），如不增加压力，该裂缝亦不发展。砌体处于弹性受力阶段。根据大量的试验结果，砖砌体内产生第一批裂缝时的压力约为破坏压力的50%～70%。

第二阶段：随压力的增大，砌体内裂缝增多，单块砖内裂缝不断发展，并沿竖向通过若干皮砖，逐渐形成一段一段的裂缝（图1-2b）。其特点在于砌体进入弹塑性受力阶段，即使压力不再增加，砌体压缩变形增长快，砌体内裂缝继续加长增宽。此时的压力约为破坏压力的80%～90%，表明砌体已临近破坏。砌体结构在使用中，若出现这种状态是十分危险的，应立即采取措施或进行加固处理。

第三阶段：压力继续增加至砌体完全破坏。其特点是砌体中裂缝急剧加长增宽，个别砖被压碎或形成的小柱体失稳破坏（图1-2c）。此时砌体的强度称为砌体的破坏强度。图1-2中实测的砌体抗压强度为6.79MPa。

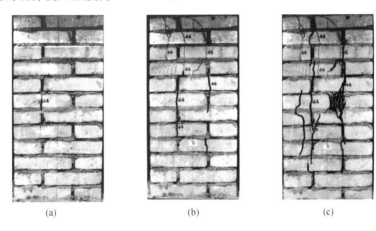

(a)              (b)              (c)

图1-2 砖砌体轴心受压破坏

分析上述试验结果可看出，砖砌体在受压破坏时，有一个重要的特征是单块砖先开裂，且砌体的抗压强度总是低于它所采用的砖的抗压强度。这是因为砌体内的单块砖受到复杂应力作用的结果，如图1-3所示。

图1-3 砌体内砖的复杂受力状态

复杂应力状态是砌体自身性质决定的。首先，由于砌体内灰缝的厚薄不一，砂浆难以饱满、均匀密实，砖的表面又不完全平整和规则，砌体受压时，砖并非如想象的那样均匀受压，而是处于受拉、受弯和受剪的复杂应力状态。砖和砂浆这两种材料的弹性模量和横向变形的不相等，亦增大了上述复杂应力。砂浆的横向变形一般大于砖的横向变形，砌体受压后，它们相互约束，使砖内产生拉应力。砌体内的砖又可视为弹性地基（水平缝砂浆）上的梁，砂浆（基底）的弹性模量越小，砖的变形越大，砖内产生的弯、剪应力也越高。此外，砌体内竖缝的砂浆往往不密实，砖在竖缝处易产生一定的应力集中。上述种种原因均导致砌体内的砖受到较大的弯曲、剪切和拉应力的共同作用。由于砖是一种脆性材料，它的抗弯、抗剪和抗拉强度很低。因而砌体受压时，首先是单块砖在复杂应力作用下开裂，破坏时砌体内砖的抗压强度得不到充分发挥。这是砌体受压性能不同于其他建筑材料受压性能的一个基本特点。还需指出，砌体的抗压强度远低于它所采用的砖的抗压强度，也与砖的抗压强度的确定方法有关。如在测定烧结普通砖的抗压强度时，试块尺寸为115mm×115mm×120mm，试块中仅有一道经仔细抹平的水平灰缝砂浆，其受压工作情况远比砌体中砖的工作情况有利。

(a)        (b)

图 1-4　页岩粉煤灰多孔砖砌体轴心受压破坏

### 2. 多孔砖砌体

烧结多孔砖和混凝土多孔砖砌体的轴心受压试验表明，砌体内产生第一批裂缝时的压力较上述普通砖砌体产生第一批裂缝时的压力高，约为破坏压力的 70%。在砌体受力的第二阶段，出现裂缝的数量不多，但裂缝竖向贯通的速度快，且临近破坏时砖的表面普遍出现较大面积的剥落（如图 1-4 所示）。多孔砖砌体轴心受压时，自第二至第三个受力阶段所经历的时间亦较短。上述现象是由于多孔砖的高度比普通砖的高度大，且存在较薄的孔壁，致使多孔砖砌体较普通砖砌体具有更为显著的脆性破坏特征。

### 3. 混凝土小型砌块砌体

混凝土小型空心砌块砌体轴心受压时，按照裂缝的出现、发展和破坏特点，也如普通砖砌体那样，可划分为三个受力阶段。但对于空心砌块砌体，由于孔洞率大、砌块各壁较薄，对于灌孔的砌块砌体，还涉及块体与芯柱的共同作用，使其砌体的破坏特征较普通砖砌体的破坏特征仍有所区别，主要表现在以下几方面：

1）在受力的第一阶段，砌体内往往只产生一条裂缝，且裂缝较细。由于砌块的高度较普通砖的高度大，第一条裂缝通常在一块砌块的高度内贯通。

2）对于空心砌块砌体，第一条竖向裂缝常在砌体宽面上沿砌块孔边产生，即砌块孔洞角部肋厚度减小处产生裂缝①（图 1-5）。随着压力的增加，沿砌块孔边或沿砂浆竖缝产生裂缝②，并在砌体窄面（侧面）上产生裂缝③，裂缝③大多位于砌块孔洞中部，也有的发生在孔边。最终往往因裂缝③骤然加宽而破坏。砌块砌体破坏时裂缝数量较普通

(a)        (b)

图 1-5　混凝土空心砌块砌体轴心受压破坏

砖砌体破坏时的裂缝数量要少得多。

3）对于灌孔砌块砌体，随着压力的增加，砌块周边的肋对混凝土芯体有一定的横向约束。这种约束作用与砌块和芯体混凝土的强度有关，当砌块抗压强度远低于芯体混凝土的抗压强度时，第一条竖向裂缝常在砌块孔洞中部的肋上产生，随后各肋均有裂缝出现，砌块先于芯体开裂。当砌块抗压强度与芯体混凝土抗压强度接近时，砌块与芯体均产生竖向裂缝，表明砌块与芯体共同工作较好。随着芯体混凝土横向变形的增大，砌块孔洞中部肋上的竖向裂缝加宽，砌块的肋向外崩出，导致砌体完全破坏，破坏时芯体混凝土有多条明显的纵向裂缝，如图1-6所示。

(a)　　　　　　　　(b)

图1-6　灌孔混凝土砌块砌体轴心受压破坏

试验表明，其开裂荷载与破坏荷载之比，无论灌孔与否均约为0.5。空心砌块砌体与灌孔砌块砌体在弹性阶段的受力性能完全相同。但也有的试验结果，对于空心砌块砌体其平均比值约为0.5，对于灌孔砌块砌体其平均比值约为0.7，这可能与砌块、灌孔混凝土的强度的匹配程度有关。二者的抗压强度相接近，对于发挥它们的共同工作最为有利。

4. 毛石砌体

毛石砌体受压时，由于毛石和灰缝形状不规则，砌体的匀质性较差，砌体的复杂应力状态更为不利，因而产生第一批裂缝时的压力与破坏压力的比值，相对于普通砖砌体的比值更小，约为0.3，且毛石砌体内产生的裂缝不如普通砖砌体那样分布有规律。

### 1.2.2　砌体抗压强度的影响因素
### Influence Factors of Compressive Strength of Masonry

砌体是一种各向异性的复合材料，受压时具有一定的塑性变形能力。影响砌体抗压强度的因素较多，现归纳为下列三个大的方面来论述。

1. 砌体材料的物理、力学性能

（1）块体和砂浆的强度

国内外大量的试验证明，块体和砂浆的强度是影响砌体抗压强度的主要因素。块体和砂浆的强度高，其砌体的抗压强度亦高，反之其砌体的抗压强度低。工程上应合理地选择块体和砂浆的强度等级，使砌体的受力性能较佳，又较为经济。以MU10和M10、MU15和M5、MU20和M2.5的砖砌体为例，它们的砌体抗压强度相接近，采用强度等级高的砖较有利。对于混凝土砌块砌体的抗压强度，提高砌块强度等级比提高砂浆强度等级的影响则更为明显，但就砂浆的黏结强度而言，则应选择较高强度等级的砂浆。对于灌孔的混凝土砌块砌体，砌块和灌孔混凝土的强度是影响砌体强度的主要因素，砌筑砂浆强度的影响不明显，为了充分发挥材料强度，应使砌块强度与灌孔混凝土的强度相匹配。

（2）块体的规整程度和尺寸

块体表面的规则、平整程度对砌体抗压强度有一定的影响，块体的表面越平整，灰缝的厚度越均匀，越有利于改善砌体内的复杂应力状态，使砌体抗压强度提高。块体的尺寸，尤其是块体高度（厚度）对砌体抗压强度的影响较大，高度大的块体的抗弯、抗剪和抗拉能力增大。根据试验研究，砖的尺寸对砌体抗压强度的影响系数 $\psi_d$，可按式（1-1）计算：

$$\psi_d = 2\sqrt{\frac{h+7}{l}} \tag{1-1}$$

式中　$h$——砖的高度（mm）；

　　　　$l$——砖的长度（mm）。

按式（1-1），当砖的尺寸由 240mm×115mm×53mm 改变为 240mm×115mm×90mm 时，对于前者 $\psi_d=1.0$，对于后者 $\psi_d=1.27$。可见当砖的高度由 53mm 增加至 90mm，砌体抗压强度有明显的提高。但应注意，块体高度增大后，砌体受压时的脆性亦有增大。

（3）砂浆的变形与和易性

低强度砂浆的变形率较大，在砌体中随着砂浆压缩变形的增大，块体受到的弯、剪应力和拉应力也增大，砌体抗压强度降低。和易性好的砂浆，施工时较易铺砌成饱满、均匀、密实的灰缝，可减小砌体内的复杂应力状态，砌体抗压强度提高。采用强度等级低的水泥砂浆时，砂浆的保水性与和易性差，砌体抗压强度平均降低 10%。

2. 砌体工程施工质量

砌体工程施工质量综合了砌筑质量、施工管理水平和施工技术水平等因素的影响，从本质上来说，它较全面反映了对砌体内复杂应力作用的不利影响的程度。细分起来上述因素有水平灰缝砂浆饱满度、块体砌筑时的含水率、砂浆灰缝厚度、砌体组砌方法以及施工质量控制等级。这些也是影响砌体工程各种受力性能的主要因素。

（1）灰缝砂浆饱满度

砌体中灰缝砂浆是否密实、饱满，既影响砌体的强度，也影响砌体结构的使用功能（如房屋中墙体渗、漏水）。试验表明，水平灰缝砂浆越饱满，砌体抗压强度越高。当水平灰缝砂浆饱满度为 73% 时，砌体抗压强度可达到规范规定的强度值。竖向灰缝砂浆饱满度，对砌体抗剪强度的影响尤大。砌体施工中，要求砖墙水平灰缝的砂浆饱满度不得低于 80%，砖柱水平灰缝的砂浆饱满度不得低于 90%，砖墙、柱竖向灰缝的砂浆饱满度不得低于 90%；砌块砌体水平灰缝和竖向灰缝的砂浆饱满度，按净面积计算不得低于 90%；石砌体灰缝的砂浆饱满度不应低于 80%；砌体中的竖向灰缝，不应出现瞎缝、透明缝和假缝。

（2）块体砌筑时的含水率

砌体抗压强度随块体砌筑时的含水率的增大而提高（它对砌体抗剪强度也有一定影响，参阅 1.4.2 节），但施工中既要保证砂浆不至失水过快又要避免砌筑时砂浆流淌，因而应采用适宜的相对含水率与相应的施工控制方法。不同块材的吸水率大小、吸水和失水速率不一，因此以相对含水率来衡量块体适宜的浇水湿润程度。

对于烧结普通砖、烧结多孔砖、蒸压灰砂砖、蒸压粉煤灰砖，其吸水率均较大，砌筑时砖应提前 1～2d 适度湿润，且严禁采用干砖或处于吸水饱和状态的砖砌筑；对于混凝土砖、多孔砖、砌块，具有饱和吸水率低和吸水速度迟缓的特点，砌筑时不需浇水湿润，但在气候干燥炎热的情况下，宜在砌筑前对其喷水湿润；轻集料混凝土的吸水率大，其砌块砌筑时则应提前浇水湿润。上述浇水湿润程度，对烧结类块体，宜控制其相对含水率为 60%～70%；对非烧结类块体，宜控制为 40%～50%。雨天及块体表面有浮水时，不得施工。

（3）砂浆灰缝厚度

砂浆灰缝过厚或过薄均能加剧砌体内的复杂应力状态，对砌体抗压强度产生不利影响。灰缝横平竖直，适宜的均匀厚度，既有利于砌体均匀受力，又保证了对砌体表面美观的要求。对砖砌体和砌块砌体，灰缝厚度宜为 10mm，但不应小于 8mm，亦不应大于 12mm；毛石砌体外露面的灰缝厚度不宜大于 40mm；对毛料石和粗料石砌体，灰缝厚度不宜大于 20mm；对细料石砌体，灰缝厚度不宜大于 5mm。

（4）砌体组砌方法

砌体组砌方法直接影响到砌体强度和结构的整体受力性能，不可忽视。应采用正确的组砌方法，上、下错缝，内外搭砌。尤其是砖柱不得采用包心砌法，否则其强度和稳定性严重下降，以往曾发生多起整幢房屋突然倒塌事故，应引以为戒。对砌块砌体应对孔、错缝和反砌。所谓反砌，要求将砌块生产时的底面朝上砌筑于墙体上，有利于铺砌砂浆和保证水平灰缝砂浆的饱满度。

（5）施工质量控制等级

由于砌体施工受人为因素的制约和影响大，又决定了砌体强度取值的大小，因而需按砌体质量控制和质量保证要素对施工技术水平进行分级，这种分级称为砌体施工质量控制等级。早在 20 世纪 80 年代，许多国家的结构设计和施工规范中就作出了相应的规定。我国首先是在《砌体工程施工及验收规范》GB 50203—98 中提出了符合我国工程实际的砌体工程施工质量控制等级和划分方法，随后被纳入《砌体结构设计规范》GB 50003—2011，无疑对确保和提高我国砌体结构的设计和施工质量有着积极的意义和重要作用。

上述质量要素主要指现场质量管理能力，砌筑砂浆和混凝土的生产水平及砌筑工人技术的熟练程度。我国砌体工程施工质量控制等级分为 A、B、C 三级（详见表 1-9）。

在表 1-9 中，砂浆、混凝土强度有离散性小、离散性较小和离散性大之分，这是对应于我们通常所说砂浆、混凝土施工质量为优良、一般和差三个水平，具体划分方法见表 1-10 和表 1-11 的规定。

施工质量控制等级在砌体结构设计中的具体应用，请阅读第 2 章 2.3 节和 2.4 节。

砌体施工质量控制等级　　　　　　　　　　　　　表 1-9

| 项　目 | 施工质量控制等级 | | |
| --- | --- | --- | --- |
| | A | B | C |
| 现场质量管理 | 监督检查制度健全，并严格执行；施工方有在岗专业技术管理人员，人员齐全，并持证上岗 | 监督检查制度基本健全，并能执行；施工方有在岗专业技术管理人员，人员齐全，并持证上岗 | 有监督检查制度；施工方有在岗专业技术管理人员 |
| 砂浆、混凝土强度 | 试块按规定制作，强度满足验收规定，离散性小 | 试块按规定制作，强度满足验收规定，离散性较小 | 试块按规定制作，强度满足验收规定，离散性大 |
| 砂浆拌合 | 机械拌合；配合比计量控制严格 | 机械拌合；配合比计量控制一般 | 机械或人工拌合；配合比计量控制较差 |
| 砌筑工人 | 中级工以上，其中高级工不少于 30% | 高、中级工不少于 70% | 初级工以上 |

砌筑砂浆质量水平　　　　　　　　　　　　　表 1-10

| 强度等级<br>强度标准差 σ（MPa）<br>质量水平 | M2.5 | M5 | M7.5 | M10 | M15 | M20 | M30 |
|---|---|---|---|---|---|---|---|
| 优　良 | 0.5 | 1.00 | 1.50 | 2.00 | 3.00 | 4.00 | 6.00 |
| 一　般 | 0.62 | 1.25 | 1.88 | 2.50 | 3.75 | 5.00 | 7.50 |
| 差 | 0.75 | 1.50 | 2.25 | 3.00 | 4.50 | 6.00 | 9.00 |

混凝土质量水平　　　　　　　　　　　　　表 1-11

| | | 优良 | | 一般 | | 差 | |
|---|---|---|---|---|---|---|---|
| 评定指标 | 强度等级<br>生产单位 | <C20 | ≥C20 | <C20 | ≥C20 | <C20 | ≥C20 |
| 强度标准差（MPa） | 预拌混凝土厂 | ≤3.0 | ≤3.5 | ≤4.0 | ≤5.0 | >4.0 | >5.0 |
| | 集中搅拌混凝土的施工现场 | ≤3.5 | ≤4.0 | ≤4.5 | ≤5.5 | >4.5 | >5.5 |
| 强度等于或大于混凝土强度等级值的百分率（%） | 预拌混凝土厂、集中搅拌混凝土的施工现场 | ≥95 | | >85 | | ≤85 | |

### 3. 砌体强度试验方法及其他因素

砌体抗压强度是按照一定的尺寸、形状和加载方法等条件，通过试验确定的。如果这些条件不一致，所测得的抗压强度显然是不同的。在我国，砌体抗压强度及其他强度是按《砌体基本力学性能试验方法标准》GB/T 50129—2011 的要求来确定的。

如外形尺寸为 240mm×115mm×53mm 的普通砖和外形尺寸为 240mm×115mm×90mm 的各类多孔砖，其砌体抗压标准试件的尺寸（厚度×宽度）为 240mm×370mm 或 240mm×490mm。其他外形尺寸砖的标准砌体抗压试件，其截面尺寸可稍作调整。试件厚度和宽度的制作允许误差，应控制为±5mm。试件高度应由高厚比 $\beta$ 确定，$\beta$ 应取 3～5。

研究表明，上述砖砌体当标准砌体的截面尺寸为 240mm×370mm 与 240mm×490mm，高厚比为 3、4、5 时，对砌体抗压试验结果均无显著性区别。

对于主规格尺寸为 390mm×190mm×190mm 的混凝土小型空心砌块的标准砌体抗压试件，现行《砌体基本力学性能试验方法标准》GB/T 50129—2011 规定，试件宽度宜为主规格砌块长度的 1.5～2 倍，高度应为五皮砌块高度加灰缝厚度，与原规范《砌体基本力学性能试验方法标准》GBJ 129—90 有所不同，但根据对比试验，二者砌体抗压试验结果无显著性区别（本书图 1-5、图 1-6 仍采用了按 GBJ 129—90 规定的标准试件的试验照片）。

砌体强度随龄期的增长而提高，主要是因砂浆强度随龄期的增长而提高。但龄期超过

28d后，砌体强度增长缓慢。另一方面，结构在长期荷载作用下，砌体强度有所降低。对于工程结构中的砌体与实验室中的砌体，一般认为前者的砌体抗压强度略高于后者。在我国的砌体结构设计中，现均未考虑该方面的影响。

### 1.2.3 砌体抗压强度表达式
**Equations of Compressive Strength of Masonry**

国内外对砌体抗压强度表达式的研究主要有两个途径，一是在试验的基础上，经统计分析建立经验公式，另一种是根据弹性分析，建立理论模型。由于影响砌体抗压强度的因素众多，如何考虑砌体材料的弹塑性性质及各向异性，仅靠弹性分析是远远不够的，现有的理论模式很不完善。当今国际上多以影响砌体抗压强度的主要因素为参数，根据试验结果，经统计分析建立实用的表达式，其数量有几十个之多。在我国，采用的也是这个方法，但建立的表达式适用于确定各类砌体的抗压强度，是一个比较完整且统一的计算模式。即：

$$f_{\mathrm{m}} = k_1 f_1^{\alpha}(1 + 0.07 f_2) k_2 \tag{1-2}$$

式中　$f_{\mathrm{m}}$——砌体轴心抗压强度平均值（MPa）；

　　　$k_1$——与砌体类别有关的参数（见表1-12）；

　　　$f_1$——块体的抗压强度等级或平均值（MPa）；

　　　$\alpha$——与块体类别有关的参数（见表1-12）；

　　　$f_2$——砂浆抗压强度平均值（MPa）；

　　　$k_2$——砂浆强度影响的修正系数（见表1-12）。

由于块体和砂浆的抗压强度（$f_1$和$f_2$）显著影响砌体抗压强度，因而成为式(1-2)中的主要变量。对于不同的砌体，为了反映块体种类、块体尺寸等因素的影响，引入了上述参数。施工质量的影响，则另行考虑。

式（1-2）中的计算参数　　　　　　　　　　　　表1-12

| 砌 体 种 类 | $k_1$ | $\alpha$ | $k_2$ |
|---|---|---|---|
| 烧结普通砖、烧结多孔砖、蒸压灰砂普通砖、蒸压粉煤灰普通砖、混凝土普通砖、混凝土多孔砖 | 0.78 | 0.5 | 当$f_2 < 1$时，$k_2 = 0.6 + 0.4 f_2$ |
| 普通混凝土砌块、轻集料混凝土砌块 | 0.46 | 0.9 | 当$f_2 = 0$时，$k_2 = 0.8$ |
| 毛料石 | 0.79 | 0.5 | 当$f_2 < 1$时，$k_2 = 0.6 + 0.4 f_2$ |
| 毛石 | 0.22 | 0.5 | 当$f_2 < 2.5$时，$k_2 = 0.4 + 0.24 f_2$ |

注：1. $k_2$ 在表列条件以外时均等于1；

　　2. 混凝土砌块砌体的轴心抗压强度平均值，当$f_2 > 10$MPa时，应乘系数$1.1 - 0.01 f_2$，MU20的砌体应乘系数0.95，且满足$f_1 \geqslant f_2$，$f_1 \leqslant 20$MPa。

随着砌体建筑的发展，近年来的试验和分析表明，当$f_1 \geqslant 20$MPa、$f_2 > 15$MPa以及当$f_2 > f_1$时，按式（1-2）的计算值高于试验值，因而确定混凝土砌块砌体的抗压强度时提出了表1-12注2的要求。

对于单排孔混凝土砌块、对孔砌筑并灌孔的砌体，空心砌块砌体与芯柱混凝土共同工作，砌体的抗压强度有较大幅度的提高。现取芯柱混凝土的受压应力-应变（$\sigma$-$\varepsilon$）关

系为:

$$\sigma = \left[ 2\left(\frac{\varepsilon}{\varepsilon_0}\right) - \left(\frac{\varepsilon}{\varepsilon_0}\right)^2 \right] f_{c,m} \tag{1-3}$$

式中  $\varepsilon_0$ ——芯柱混凝土的峰值应变,可取 0.002;

  $f_{c,m}$ ——灌孔混凝土轴心抗压强度平均值。

由于空心砌块砌体与芯柱混凝土的峰值应力在不同应变下产生,空心砌块砌体的峰值
应变可取 0.0015,当式(1-3)中取 $\varepsilon = 0.0015$,$\varepsilon_0 = 0.002$,可得 $\sigma = 0.94 f_{c,m}$。按应力叠
加方法并考虑灌孔率的影响,灌孔砌块砌体抗压强度平均值,可按式(1-4)计算:

$$f_{g,m} = f_m + 0.94 \frac{A_c}{A} f_{c,m} \tag{1-4}$$

式中  $f_{g,m}$ ——灌孔砌块砌体抗压强度平均值;

  $f_m$ ——空心砌块砌体抗压强度平均值;

  $A_c$ ——灌孔混凝土截面面积;

  $A$ ——砌体截面面积。

当取 $f_{c,m} = 0.67 f_{cu,m}$ 时,可得另一表达式:

$$f_{g,m} = f_m + 0.63 \frac{A_c}{A} f_{cu,m} \tag{1-5}$$

式中  $f_{cu,m}$ ——灌孔混凝土立方体抗压强度平均值。

## 1.3  砌体的局部受压性能
### Local Bearing Behavior of Masonry

局部受压是砌体结构中常见的一种受力状态,其特点在于轴向压力仅作用于砌体的
部分截面上。如砌体结构房屋中,承受上部柱或墙传来的压力的基础顶面,在梁或屋
架端部支承处的截面上,均产生局部受压。视局部受压面积上压应力分布的不同,分
为局部均匀受压和局部不均匀受压。当砌体局部截面上受均匀压应力作用,称为局部
均匀受压,如图 1-7 所示。当砌体局部截面上受不均匀压应力作用,称为局部不均匀受
压,如图 1-8 所示。

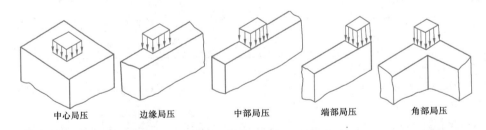

中心局压　　　边缘局压　　　中部局压　　　端部局压　　　角部局压

图 1-7  砌体局部均匀受压

### 1.3.1  砌体局部受压破坏特征
### Failure Characteristics of Local Bearing of Masonry

根据试验结果,砌体局部受压有三种破坏形态。

1. 因竖向裂缝的发展而破坏

图 1-9 为中部作用局部压力的墙体。施加局部压力后，第一批裂缝并不在与钢垫板直接接触的砌体内出现，而大多是在距钢垫板 1～2 皮砖以下的砌体内产生，裂缝细而短小。随着局部压力的继续增加，裂缝数量增多，既产生竖向裂缝，还产生自局部压力位置向两侧发展的斜裂缝。这些裂缝有的延伸加长，最终往往因一条上下贯通且较宽（裂缝上、下较细，中间较宽）的裂缝产生而完全破坏，如图 1-9（a）所示。这是砌体局部受压中的一种基本破坏形态。

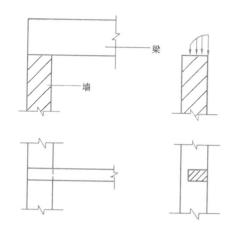

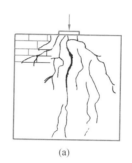

图 1-8　砌体局部不均匀受压

图 1-9　砌体局部均匀受压破坏形态

2. 劈裂破坏

在局部压力作用下，这种破坏的特征是，竖向裂缝少而集中，初裂荷载与破坏荷载很接近，即一旦砌体内产生竖向裂缝，便犹如刀劈那样立即破坏，如图 1-9（b）所示。试验表明，在砌体面积大而局部受压面积很小时，有可能产生这种破坏形态。

3. 局部受压面积附近的砌体压坏

这种破坏较少见，尤其在试验时极少发生与钢垫板接触附近的砌体被压坏的现象。但工程上当墙梁的墙高与跨度之比较大，砌体强度较低时，托梁支座附近上部砌体有可能被局部压碎（可阅读第 5 章 5.1.1 节）。

### 1.3.2　局部受压的工作机理
**Mechanisms of Local Bearing**

一般墙体在中部局部压力作用下，沿该压力的竖向截面上的横向应力 $\sigma_x$ 与竖向应力 $\sigma_y$ 的分布如图 1-10 所示（图中"＋"号为拉应力，"－"号为压应力）。在局部压力作用下，局部受压区的砌体在产生竖向压缩变形的同时还产生横向受拉变形，而周围未直接承受压力的砌体像套箍一样阻止该横向变形，且与垫板接触的砌体处于双向受压或三向受压状态，使得局部受压区砌体的抗压能力（局部抗压强度）较一般情况下的砌体抗压强度有较大程度的提高，这是"套箍强化"作用的结果。从图 1-10 中 $\sigma_x$ 的分布可看出，最大横向拉应力产生在垫板下方的一个区段上，当其值超过砌体抗拉强度时即产生竖向裂缝，这是局部受压时第一批裂缝往往发生在距钢垫板数皮砖以下砌

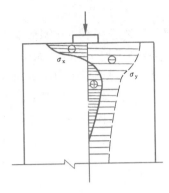

图 1-10　局部受压应力分布

体的原因。

　　对于边缘及端部局部受压情况，上述"套箍强化"作用不明显甚至不存在。早在 20 世纪 50 年代，R. Guyon 和 C. A. Семенцов 等人提出了"力的扩散"的概念，只要存在未直接承受压力面积，就有力的扩散，能在不同程度上提高砌体的抗压强度。此外，局部受压时，由于未直接承受局部压力的截面的变形小于直接承受局部压力的截面的变形，即在边缘及端部局部受压情况下，仍将提供一定的侧压力，这也有利于局部受压。因此，从力的扩散和侧压力的综合影响来解释砌体局部抗压强度提高的原因是恰当的。

　　由上述分析可看出，砌体局部受压时，尽管砌体局部抗压强度得到提高，但局部受压面积往往很小，这对于工程结构是很不利的。如因砌体局部受压承载力不足曾发生过多起房屋倒塌事故，对此不可掉以轻心。

## 1.4　砌体的受剪性能
Shear Behavior of Masonry

### 1.4.1　砌体受剪破坏特征
**Failure Characteristics of Masonry in Shear**

　　对于一个材料单元（图 1-11），只作用有剪应力 $\tau$ 时，属纯剪受力状态（图 1-11a）。若该材料单元作用有压应力 $\sigma_x$ 和 $\sigma_y$ 时，即在双轴应力作用下（图 1-11b），在一定的斜截面上（其夹角为 $\theta$）承受法向压应力 $\sigma_\theta$ 和剪应力 $\tau_\theta$（图 1-11c），属剪-压复合受力状态。当 $\sigma_x = -\sigma_y$ 时，单元中最大剪应力产生在 $\theta = 45°$ 的斜面上。上述纯剪是剪-压复合受力的一种特定状态。

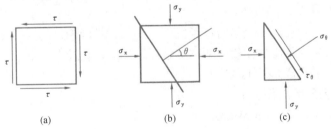

(a)　　　　　　　　(b)　　　　　　　　(c)

图 1-11　材料单元的受剪

　　如果砌体只在剪力作用下，将沿灰缝截面破坏，破坏很突然，称为沿通缝截面破坏。当砌体截面上受剪应力（$\tau$）和垂直压应力（$\sigma_y$）同时作用时，其受力性能和破坏特征与上述纯剪情况有较大差别，即在剪-压复合受力状态下，随 $\sigma_y/\tau$ 的不同，将产生三种破坏形态。

　　1. 剪摩破坏

为了反映砌体的剪-压复合受力，将砌体的通缝方向与竖向砌筑成不同的夹角 $\theta$，然后在试件顶面施加竖向压力，如图 1-12 所示。试验表明，当 $\sigma_y/\tau$ 较小，即通缝方向与竖向的夹角 $\theta \le 45°$ 时，砌体沿通缝截面受剪，当其摩擦力不足以抗剪时，将产生滑移而破坏（图 1-12a），称为剪摩破坏。

2. 剪压破坏

当 $\sigma_y/\tau$ 较大，即 $45° < \theta \le 60°$ 时，砌体将产生阶梯形裂缝（齿缝）而破坏（图 1-12b），称为剪压破坏。这种破坏实质上是因截面上的主拉应力超过砌体的抗拉强度所致。

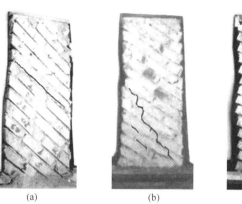

图 1-12　砌体的剪-压破坏形态
（a）剪摩破坏；（b）剪压破坏；（c）斜压破坏

3. 斜压破坏

当 $\sigma_y/\tau$ 更大，即 $60° < \theta < 90°$ 时，砌体将基本沿压应力作用方向产生裂缝而破坏（图 1-12c），称为斜压破坏。

砌体的受剪破坏属脆性破坏，上述斜压破坏更具脆性，设计上应予避免。

### 1.4.2　砌体抗剪强度的影响因素
**Influence Factors of Shear Strength of Masonry**

如同在砌体抗压强度影响因素中的分析，影响砌体抗剪强度的因素亦较多。主要有以下几点。

1. 砌体材料强度

视砌体受剪破坏形态的不同，块体和砂浆强度对砌体抗剪强度影响的程度不一。在剪摩和剪压情况下，块体的强度几乎对砌体抗剪强度不产生影响，但对于斜压情况，由于砌体基本上沿压力作用方向开裂，块体强度增大可显著提高砌体抗剪强度。砂浆强度无论针对哪一种破坏形态对砌体抗剪强度均有直接影响，特别是对于剪摩和剪压情况，砂浆强度的增大对提高砌体抗剪强度更为明显。

在灌孔混凝土砌块砌体中，还有芯柱混凝土的影响，由于芯柱混凝土自身抗剪强度和芯柱在砌体中的"销栓"作用，随灌孔混凝土强度的增大，灌孔砌块砌体的抗剪强度有较大幅度的提高。

2. 垂直压应力

上面已指出砌体受剪破坏与垂直压应力（$\sigma_y$）密切相关，表明它直接影响砌体的抗剪强度。在剪摩情况下，水平灰缝中砂浆产生较大的剪切变形，此时垂直压应力产生的摩擦力可阻止或减小剪切面的水平滑移。因而随垂直压应力（$\sigma_y$）的增大，砌体抗剪强度（$f_v$）提高，如图 1-13 中线 $A$ 所示。随着 $\sigma_y$ 的增加，$\sigma_y/f$ 约为 0.6，砌体斜截面上

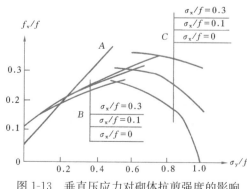

图 1-13　垂直压应力对砌体抗剪强度的影响

将因抗主拉应力的强度不足而产生剪压破坏，此时垂直压应力的增大对砌体抗剪强度的影响不大，如图 1-13 中曲线 $B$ 和 $C$ 的交叉区段，砌体抗剪强度的变化趋于平缓。当 $\sigma_y$ 更大时，砌体产生斜压破坏，随 $\sigma_y$ 的增大砌体抗剪强度迅速降低直至为零，其变化如图 1-13 中曲线 $C$ 所示。

3. 砌体工程施工质量

砌筑质量对砌体抗剪强度的影响，主要与砂浆的饱满度和块体在砌筑时的含水率有关，其中竖向灰缝砂浆饱满度的影响不可忽视。如多孔砖砌体沿齿缝截面受剪的试验表明，当砌体水平灰缝砂浆饱满度大于 92％而竖向灰缝未灌砂浆，或当水平灰缝砂浆饱满度大于 62％，而竖向灰缝内砂浆饱满，或当水平灰缝砂浆饱满度大于 80％而竖向灰缝砂浆饱满度大于 40％，砌体抗剪强度可达规范规定值。但当水平灰缝砂浆饱满度为 70％～80％而竖向灰缝内未灌砂浆，砌体抗剪强度较规定值降低 20％～30％。对于块体砌筑时的含水率，有的试验研究认为，随其含水率的增加砌体抗剪强度相应提高，与它对砌体抗压强度的影响规律一致。但较多的试验结果与此不同，如砖的含水率对砌体抗剪强度的影响，存在一个较佳含水率，当砖的含水率约为 10％时砌体的抗剪强度最高。

施工质量控制等级的影响如同 1.2 节中所述，详见表 1-9 和第 2 章 2.3 和 2.4 节的规定。

4. 试验方法

砌体的抗剪强度与试件的形式、尺寸以及加载方式有关，试验方法不同，所测得的抗剪强度亦不相同。国内外砌体抗剪强度的试验方法多种多样，如为了测定砌体沿通缝截面的抗剪强度，有如图 1-14 所示方法；为了测定砌体截面上有垂直压应力作用时的抗剪强度，有如图 1-15 所示方法。上述试验方法各有优缺点，如图 1-14（a）所示，试件制作和试验方法均很简单，但因只单块砖受剪，试验结果的离散性大。我国按《砌体基本力学性能试验方法标准》GB/T 50129—2011 的规定，对于砖砌体采用图 1-14（d）所示由 9 块砖组砌成的双剪试件。根据我们的经验，对于小型砌块砌体可采用图 1-14（e）所示方法试验。图 1-15（a）所示对角加载的试验方法，砌体沿齿缝截面受剪。对于工程中的砌体，其竖向灰缝砂浆往往不饱满，竖向灰缝砂浆的抗剪强度很低，当忽略不计该强度时，可认为砌体沿齿缝截面的抗剪强度等于沿通缝截面的抗剪强度。砌体截面上有垂直压应力作用时，一般认为采用图 1-15（f）所示试验方法比较能反映砌体的实际情况，但试验时试件底面垂直压应力的分布不明确，为了克服试件整体弯曲的影响，可采用图 1-15（g）、（h）的试验方法。

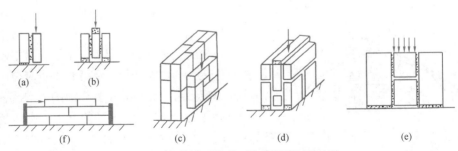

图 1-14　砌体沿通缝截面抗剪强度试验方法

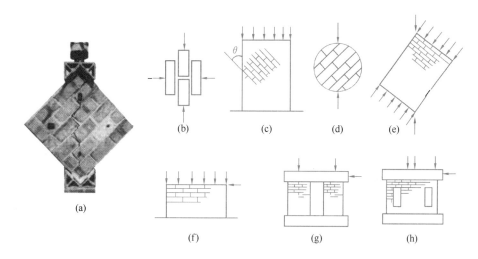

图 1-15　有垂直压应力作用时砌体抗剪强度试验方法

### 1.4.3　砌体抗剪强度表达式
**Equations of Shear Strength of Masonry**

为了建立砌体抗剪强度表达式，自 20 世纪 60 年代以来国内外主要采用主拉应力破坏理论和库仑破坏理论。近年来我国研究了剪-压复合受力模式的计算方法。

1. 主拉应力破坏理论

砌体材料在双轴应力（$\sigma_y$ 和 $\sigma_x$）作用下（如图 1-11b 所示），主拉应力 $\sigma_1$ 为：

$$\sigma_1 = \frac{-(\sigma_x + \sigma_y)}{2} + \sqrt{\left(\frac{\sigma_x - \sigma_y}{2}\right)^2 + \tau_{xy}^2} \tag{1-6}$$

当 $\sigma_x = 0$ 或忽略 $\sigma_x$ 的影响时，得：

$$\sigma_1 = -\frac{\sigma_y}{2} + \sqrt{\left(\frac{\sigma_y}{2}\right)^2 + \tau_{xy}^2} \tag{1-7}$$

此理论认为砌体的剪切破坏是由于主拉应力超过砌体的抗主拉应力强度，为此要求：

$$\sigma_1 \leqslant f_{v0} \tag{1-8}$$

由式（1-7）和式（1-8）可得：

$$\tau_{xy} \leqslant f_{v0}\sqrt{1 + \frac{\sigma_y}{f_{v0}}} \tag{1-9}$$

式中，$f_{v0}$ 为砌体截面上无垂直荷载（$\sigma_y = 0$）时的抗剪强度；$\tau_{xy}$ 为剪应力，其最大值可达砌体抗剪强度 $f_v$。因而根据主拉应力理论，砌体抗剪强度的一般表达式为：

$$f_v = f_{v0}\sqrt{1 + \frac{\sigma_y}{f_{v0}}} \tag{1-10}$$

我国《建筑抗震设计标准》GB/T 50011—2010 依据震害统计分析的结果，一直采用此方法来确定砖砌体的抗震抗剪强度。对于工程结构中的墙体在斜裂缝出现乃至裂通以后仍能继续整体受力，仍具有一定的抗剪能力，难以用主拉应力破坏理论进行解释，这显现出该理论的不足之处。

2. 库仑破坏理论

上面已指出，垂直压应力产生的摩擦力可以抗剪。库仑理论表明，当砌体摩擦系数为 $\mu'$ 时，砌体抗剪强度可采用下列表达式：

$$f_v = f_{v0} + \mu' \sigma_y \tag{1-11}$$

这一方法为许多国家的砌体结构设计采用，有较大的影响。我国《建筑抗震设计标准（2024 年版）》GB/T 50011—2010 在确定砌块砌体的抗震抗剪强度时，至今仍采用这个方法。

3. 剪-压相关破坏模式

我国原砌体结构设计规范在确定砌体抗剪强度时，曾长期采用库仑破坏理论。近几年来通过较大量的试验和分析，提出了剪-压复合受力模式的计算方法，即：

$$f_{v,m} = f_{v0,m} + \alpha \mu \sigma_{0k} \tag{1-12}$$

式中　$f_{v,m}$——受压应力作用时砌体抗剪强度平均值；

　　　$f_{v0,m}$——无压应力作用时砌体抗剪强度平均值；

　　　$\alpha$——不同种类砌体的修正系数；

　　　$\mu$——剪-压复合受力影响系数；

　　　$\sigma_{0k}$——竖向压应力标准值。

对于砖砌体：

当 $\sigma_{0k}/f_m \leqslant 0.8$ 时，

$$\mu = 0.83 - 0.7 \frac{\sigma_{0k}}{f_m} \tag{1-13}$$

当 $0.8 < \sigma_{0k}/f_m \leqslant 1.0$ 时，

$$\mu = 1.690 - 1.775 \frac{\sigma_{0k}}{f_m} \tag{1-14}$$

其相关曲线如图 1-16 所示。根据试验结果，当 $\sigma_{0k}/f_m \leqslant 0.32$ 时，砌体产生剪摩破坏，随 $\sigma_{0k}$ 的增大，砌体抗剪强度有较大的提高；当 $0.32 < \sigma_{0k}/f_m \leqslant 0.67$ 时，砌体产生剪压破坏，随 $\sigma_{0k}$ 的增大，砌体抗剪强度提高的幅度不大，且当 $\sigma_{0k}/f_m$ 在 $0.6 \sim 0.67$ 时，砌体抗剪强度略有下降；当 $\sigma_{0k}/f_m > 0.8$ 时，砌体产生斜压破坏，随 $\sigma_{0k}$ 的增大，砌体抗剪强度迅速降低，直至为零。可见这一方法能较好地用来确定砌体在不同受剪破坏形态下的抗剪强度。它对完善砌体结构受剪构件承载力的计算是一项大的改进。该方法为我国现行砌体结构设计规范采纳。

应当看到，式（1-12）借用了式（1-11）的形式，由于引入了 $\mu$，它们有实质上的区别。而式（1-12）要提升为"剪-压相关

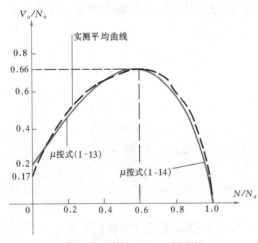

图 1-16　砌体剪-压相关曲线

破坏理论"还有许多工作要做。一方面是因为式（1-12）主要依据试验结果进行拟合而得，并未通过应力分析建立理论上的破坏机理。另一方面，如何基于式（1-12）合理确定砌体的抗震抗剪强度，亦有待研究。

4. $f_{v0}$ 的取值

上述分析中多次提到 $f_{v0}$，它是指在竖向压应力等于零时砌体的抗剪强度（我国砌体结构设计规范中以 $f_v$ 表示并定名为砌体抗剪强度，现为了区别，本书引入符号 $f_{v0}$）。试验和研究表明，砌体仅受剪应力作用时，其抗剪强度（$f_{v0}$）主要取决于水平灰缝砂浆的黏结强度，且砌体沿齿缝截面与沿通缝截面的抗剪强度差异很小，可统称为砌体抗剪强度。砂浆黏结强度的高低可直接由砂浆抗压强度的大小来衡量。因此，砌体抗剪强度平均值（$f_{v0,m}$），采用下列统一形式的表达式：

$$f_{v0,m} = k_5 \sqrt{f_2} \tag{1-15}$$

式中 $k_5$——针对不同种类的砌体而采取的系数，见表 1-13 的规定。

砌体轴心抗拉、弯曲抗拉和抗剪强度计算系数　　　　　表 1-13

| 砌 体 种 类 | $k_3$ | $k_4$ | | $k_5$ |
| --- | --- | --- | --- | --- |
| | | 沿齿缝 | 沿通缝 | |
| 烧结普通砖、烧结多孔砖、混凝土普通砖、混凝土多孔砖 | 0.141 | 0.250 | 0.125 | 0.125 |
| 蒸压灰砂普通砖、蒸压粉煤灰普通砖 | 0.09 | 0.18 | 0.09 | 0.09 |
| 混凝土砌块 | 0.069 | 0.081 | 0.056 | 0.069 |
| 毛　石 | 0.075 | 0.113 | — | 0.188 |

对于灌孔混凝土砌块砌体，除与砂浆强度有关外，还受到灌孔混凝土强度的影响。根据试验结果，灌孔混凝土砌块砌体抗剪强度平均值 $f_{vg,m}$ 以灌孔混凝土砌块砌体抗压强度来表达。取：

$$f_{vg,m} = 0.32 f_{g,m}^{0.55} \tag{1-16}$$

式中，灌孔混凝土砌块砌体抗压强度平均值（$f_{g,m}$）按式（1-5）计算。

# 1.5　砌体的受拉、受弯性能
## Tensile and Flexural Behavior of Masonry

### 1.5.1　砌体轴心受拉
#### Axially Tensile Behavior of Masonry

1. 砌体轴心受拉破坏特征

砌体轴心受拉时，视拉力作用的方向，有三种破坏形态。当轴心拉力与砌体的水平灰缝平行作用时（图 1-17a），砌体可能沿灰缝截面Ⅰ-Ⅰ破坏（图 1-17b），破坏面呈齿状，称为砌体沿齿缝截面轴心受拉。砌体亦可能沿块体和竖向灰缝截面Ⅱ-Ⅱ破坏（图 1-17c），破坏面较整齐，称为砌体沿块体截面（往往包括竖缝截面）轴心受拉。当轴心拉力与砌体的水平灰缝垂直作用时（图1-17d），砌体可能沿通缝截面Ⅲ-Ⅲ破坏（图1-17e），称为砌体沿水平通缝截面轴心受拉。砌体轴心受拉的破坏均较突然，属脆性破坏。在上述各种受力状态下，砌体抗拉强度取决于砂浆的黏结强度，该黏结强度包括切向黏结强度和法向黏结强度。对于图 1-17（a）的情况，砌体的抗拉强度主要受砂浆的切向黏结强度控制。一般情况下，当砖的强度较高，而砂浆强度较低时，砂浆与块体间的切向黏结强度低于砖的抗拉强度，砌体将产生沿齿缝截面破坏。当砖的强度较低，而砂浆的强度较高时，砂浆的切向黏结强度大于砖的抗拉强度，砌体将产生沿砖截面破坏。在工程结构中，要求砖的强度等级不低于 MU10，故不致产生沿砖截面的轴心受拉破坏（图 1-17c）。对于其他块材的砌体，由于块体强度等级较高，受拉时裂缝一般亦不沿块体截面，而是产生沿齿缝截面的破坏。对于图 1-17（d）情况，砌体抗拉强度由砂浆的法向黏结强度控制。由于砂浆的法向黏结强度极低，砌体很易产生沿水平通缝截面的轴心受拉破坏。此外，受砌筑质量等因素的影响，该强度往往得不到保证，因此在结构中不允许采用沿水平通缝截面的轴心受拉构件。

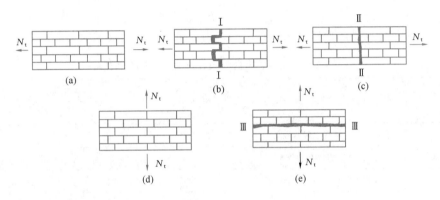

图 1-17　砌体轴心受拉破坏形态

2. 砌体轴心抗拉强度表达式

如同上述砂浆强度对砌体抗剪强度影响的分析，这里亦直接由砂浆强度表达，即砌体轴心抗拉强度平均值 $f_{t,m}$，按式（1-17）计算：

$$f_{t,m} = k_3 \sqrt{f_2} \tag{1-17}$$

式中　$k_3$——针对不同种类砌体而采取的系数，按表 1-13 确定。

砌体施工时竖向灰缝中的砂浆往往不饱满，且因干缩易与块体脱开。因此当砌体沿齿缝截面轴心受拉时，全部拉力只考虑由水平灰缝砂浆承担。其抵抗的拉力不仅与水平灰缝的面积有关，还与砌体的组砌方法有关。因而用形状规则的块体砌筑的砌体，其轴心抗拉强度尚应考虑砌体内块体的搭接长度与块体高度之比值的影响。

### 1.5.2　砌体弯曲受拉
**Flexural Tensile Behavior of Masonry**

1. 砌体弯曲受拉破坏特征

砌体弯曲受拉（图 1-18）亦有三种破坏形态。当截面内的拉应力使砌体沿齿缝截面破坏，称为砌体沿齿缝截面弯曲受拉（图 1-18a）；如使砌体沿块体截面破坏，称为砌体沿块体截面弯曲受拉（图 1-18b）；如使砌体沿通缝截面破坏，称为砌体沿通缝截面弯曲受拉（图 1-18c）。与上述轴心受拉的分析类同，砌体弯曲抗拉强度亦主要取决于砂浆与砌体之间的黏结强度，且工程结构中沿块体截面的弯曲受拉破坏（图 1-18b）可予避免。

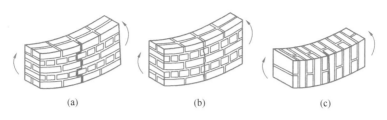

(a)         (b)         (c)

图 1-18 砌体弯曲受拉破坏形态

2. 砌体弯曲抗拉强度表达式

如同上述理由，砌体沿齿缝截面和沿通缝截面的弯曲抗拉强度平均值 $f_{tm,m}$ 按式 (1-18) 表达：

$$f_{tm,m} = k_4 \sqrt{f_2} \tag{1-18}$$

式中，系数 $k_4$ 按表 1-13 的规定采用。由该表可知，砌体沿通缝截面的弯曲抗拉强度远低于沿齿缝截面的弯曲抗拉强度。

对于砌体沿齿缝截面和沿通缝截面的弯曲抗拉强度，同样应考虑砌体内块体搭接长度与块体高度比值的影响。对于毛石砌体，因毛石外形不规则，弯曲受拉时只可能产生沿齿缝截面的破坏，因此表 1-13 中未给出沿通缝时的 $k_4$ 值。

## 1.6 砌体的变形性能
### Deformation of Masonry

### 1.6.1 砌体受压应力-应变关系
**Stress-Strain Relationships for Axially Compressive Masonry**

砌体的本构关系是砌体结构破坏机理、内力分析、承载力计算乃至进行非线性全过程分析的重要依据。至今，对砌体本构关系的研究相当不完善，大多集中于探讨砌体受压应力-应变关系，而对于砌体的受剪、受拉及复合受力变形等性能的研究涉及很少，这影响到砌体结构理论和应用研究向深层次的发展。

砌体受压时，随着应力的增加应变增加，且随后应变增长的速度大于应力增长的速度，砌体具有一定的塑性变形能力，其应力-应变呈曲线关系。根据众多研究，砌体受压应力-应变关系的表达式有对数函数型、指数函数型、多项式型及有理分式型等，多达十余种。

较有代表性且应用较多的是以砌体抗压强度平均值（$f_m$）为基本变量的对数型应力（$\sigma$）-应变（$\varepsilon$）关系式：

$$\varepsilon = -\frac{1}{\xi \sqrt{f_m}} \ln\left(1 - \frac{\sigma}{f_m}\right) \tag{1-19}$$

式中，$\xi$ 为不同种类砌体的系数。根据砖砌体轴心受压试验结果的统计，$\xi = 460$。因此砖砌体的受压 $\sigma$-$\varepsilon$ 关系式为：

$$\varepsilon = -\frac{1}{460 \sqrt{f_m}} \ln\left(1 - \frac{\sigma}{f_m}\right) \tag{1-20}$$

对于灌孔混凝土砌块砌体，可取 $\xi = 500$。式（1-19）较全面地反映了块体强度、砂浆强度及其变形性能对砌体变形的影响，适用于各类砌体。

按公式（1-19），当$\sigma = f_m$时，$\varepsilon \to \infty$，本曲线无下降段。但根据砌体轴心受压破坏特征和试验结果，可取$\sigma = 0.9 f_m$时的应变作为砌体的极限压应变，则由式（1-20），砖砌体轴心受压的极限压应变为：

$$\varepsilon_u = \frac{0.005}{\sqrt{f_m}} \qquad (1\text{-}21)$$

国内外加强了对带有下降段的砌体受压应力-应变全曲线的试验和研究，如图1-19所示的试验结果。砌体受压应力-应变全曲线可分为四个明显不同的阶段，如图1-19（a）所示。

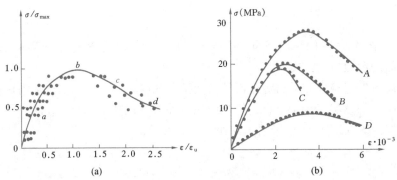

图1-19　砖砌体受压应力-应变全曲线试验结果

（1）在初始阶段，即$\sigma \leqslant (0.40 \sim 0.5)\sigma_{max}$，压力作用下积蓄的弹性应变能较小，不足以使受力前砌体内的局部微裂缝扩展，砌体处于弹性阶段，$\sigma\text{-}\varepsilon$基本上呈线性变化，一般可取$\sigma = 0.43 f_m$时的割线模量作为砌体弹性模量。此阶段的特征点为比例极限点$a$。

（2）继续增加压力至应力峰值（$\sigma_{max} = f_m$），砌体内微裂缝扩展，出现肉眼可见的裂缝并不断发展延伸，$\sigma\text{-}\varepsilon$呈现较大的非线性。此阶段的特征点为应力峰值点$b$。

以上（1）和（2）阶段（$0 \to a \to b$）为$\sigma\text{-}\varepsilon$曲线的上升段。

（3）压力达峰值以后，随着砌体应变的增加，砌体内积蓄的能量不断以出现新的裂缝表面能形式释放，砌体承载压力迅速下降，应力随应变的增加而降低，$\sigma\text{-}\varepsilon$曲线由凹向应变轴转变为凸向应变轴，此时曲线上有一个反弯点，标志着砌体已基本丧失承载力。此阶段的特征点为反弯点$c$。

（4）随着应变的进一步增加，应力降低的幅度减缓，最后至极限压应变，对应的应力为残余强度，系破碎砌体间的咬合力和摩擦力所致。此阶段的特征点为极限压应变点$d$。因试验方法和砌体材料的不同，砌体的极限压应变（$\varepsilon_u$）的变化幅度大，可达1.5～3倍峰值应变（$\varepsilon_0$）。

以上（3）和（4）阶段（$b \to c \to d$）为$\sigma\text{-}\varepsilon$曲线的下降段。

下列$\sigma\text{-}\varepsilon$全曲线（图1-20）公式可供计算分析时参考：

对图1-20（a）：

$$\frac{\sigma}{\sigma_{max}} = 2\left(\frac{\varepsilon}{\varepsilon_0}\right) - \left(\frac{\varepsilon}{\varepsilon_0}\right)^2 \qquad \left(0 \leqslant \frac{\varepsilon}{\varepsilon_0} \leqslant 1.0\right) \qquad (1\text{-}22a)$$

$$\frac{\sigma}{\sigma_{max}} = 1.2 - 0.2\left(\frac{\varepsilon}{\varepsilon_0}\right) \qquad \left(1 < \frac{\varepsilon}{\varepsilon_0} \leqslant 1.6\right) \qquad (1\text{-}22b)$$

对图 1-20（b）：

$$\frac{\sigma}{\sigma_{\max}} = 6.4\left(\frac{\varepsilon}{\varepsilon_0}\right) - 5.4\left(\frac{\varepsilon}{\varepsilon_0}\right)^{1.17} \qquad \left(0 \leqslant \frac{\varepsilon}{\varepsilon_0} \leqslant 1.6\right) \tag{1-23}$$

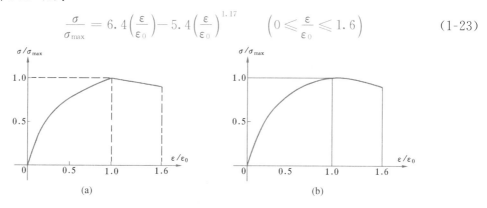

图 1-20　砌体受压应力-应变全曲线

### 1.6.2　砌体变形模量
**Deformation Modulus of Masonry**

砌体变形模量是指它受力后应力与应变的比值。

1. 砌体变形模量的表示方法

根据应力与应变取值的不同，砌体受压变形模量有下列三种表示方法（图 1-21）。

（1）初始弹性模量（$E_0$）

如图 1-21 所示，在 $\sigma$-$\varepsilon$ 曲线的原点 $O$ 作曲线的切线，其斜率称为初始弹性模量：

$$E_0 = \frac{\sigma_A}{\varepsilon_e} = \tan\alpha_0 \tag{1-24}$$

式中　$\alpha_0$——曲线上原点切线与横坐标的夹角。

（2）割线模量（$E_s$）

在 $\sigma$-$\varepsilon$ 曲线上原点 $O$ 与某点 $A$（应力为 $\sigma_A$）的割线的正切，称为割线模量：

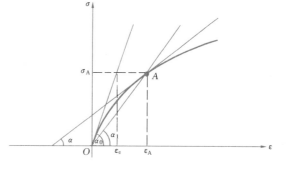

图 1-21　砌体受压变形模量

$$E_s = \frac{\sigma_A}{\varepsilon_A} = \tan\alpha_1 \tag{1-25}$$

式中　$\alpha_1$——该割线与横坐标的夹角。

（3）切线模量（$E_t$）

在 $\sigma$-$\varepsilon$ 曲线上某点 $A$ 作曲线的切线，其应力增量与应变增量之比称为该点的切线模量：

$$E_t = \frac{\mathrm{d}\sigma_A}{\mathrm{d}\varepsilon_A} = \tan\alpha \tag{1-26}$$

式中　$\alpha$——点 $A$ 处曲线的切线与横坐标的夹角。

2. 砌体受压弹性模量（$E$）

试验和研究表明，当受压应力上限为砌体抗压强度平均值的 $40\%\sim50\%$ 时，砌体经反复加-卸载 5 次后的 $\sigma$-$\varepsilon$ 关系趋于直线。此时的割线模量接近初始弹性模量，称为砌体受压弹性模量，常简称为弹性模量。

计算时可取 $\sigma_A = 0.43 f_m$。按式（1-20），砖砌体受压弹性模量可近似按下式计算：

$$E = \frac{0.43 f_m}{-\dfrac{1}{460\sqrt{f_m}}\ln(1-0.43)} = 351.9 f_m \sqrt{f_m}$$

取

$$E = 370 f_m \sqrt{f_m} \tag{1-27}$$

同理，对于灌孔混凝土砌块砌体，可取：

$$E = 380 f_{g,m} \sqrt{f_{g,m}} \tag{1-28}$$

如以砌体抗压强度设计值 $f$ 来表达，则式（1-27）转换为：

$$E = 1200 f \sqrt{f} \tag{1-29}$$

式（1-28）转换为：

$$E = 1260 f_g \sqrt{f_g} \tag{1-30}$$

在上述结果的基础上，《砌体结构设计规范》GB 50003—2011 采用了更为简化的方法，即按不同强度等级的砂浆，以砌体弹性模量与砌体抗压强度呈正比的关系来确定砌体弹性模量。但对于毛石砌体，由于石材的强度和弹性模量均远大于砂浆的强度和弹性模量，其砌体的受压变形主要取决于水平灰缝砂浆的变形，因此仅按砂浆强度等级确定石砌体的弹性模量。各类砌体的受压弹性模量按表 1-14 采用。

砌体的弹性模量（MPa）　　　　　　　　　　　　　　　　表 1-14

| 砌　体　种　类 | 砂浆强度等级 | | | |
|---|---|---|---|---|
| | ≥M10 | M7.5 | M5 | M2.5 |
| 烧结普通砖、烧结多孔砖砌体 | 1600f | 1600f | 1600f | 1390f |
| 混凝土普通砖、混凝土多孔砖砌体 | 1600f | 1600f | 1600f | — |
| 蒸压灰砂普通砖、蒸压粉煤灰普通砖砌体 | 1060f | 1060f | 1060f | — |
| 混凝土砌块砌体、轻集料混凝土砌块砌体 | 1700f | 1600f | 1500f | — |
| 粗料石、毛料石、毛石砌体 | — | 5650 | 4000 | 2250 |
| 细料石砌体 | — | 17000 | 12000 | 6750 |

注：1. 表中砌体抗压强度设计值不按 2.4.4 节进行调整；

2. 对采用混凝土块体的砌体，表中砂浆强度等级相应为≥Mb10、Mb7.5、Mb5；

3. 采用专用砂浆砌筑的蒸压灰砂普通砖、蒸压粉煤灰普通砖砌体，其弹性模量按表中数值采用。

应注意表 1-14 中的混凝土砌块砌体是指混凝土空心砌块砌体。对于灌孔混凝土砌块砌体，由于芯体混凝土共同受力，砂浆对灌孔砌体变形的影响没有对上述砌体变形的影响那么明显，因此单排孔混凝土砌块对孔砌筑并灌孔的砌体，其弹性模量按式（1-31）计算：

$$E = 2000 f_g \tag{1-31}$$

3. 砌体剪变模量（$G_m$）

国内外对砌体剪变模量的试验极少，通常按材料力学方法予以确定，即：

$$G = \frac{E}{2(1+\nu)} \tag{1-32}$$

式中 $\nu$—— 泊松比。

对于弹性材料，泊松比为常数。由于砌体是一种各向异性的复合材料，其泊松比为变值，且查看其试验资料，泊松比的实测值变化较大。根据对国内外试验结果的统计分析，当 $\sigma/f_m \leqslant 0.5$ 时，砖砌体的泊松比为 $0.1 \sim 0.2$，其平均值可取 $\nu = 0.15$；当 $\sigma/f_m = 0.6$、$0.7$ 及 $\geqslant 0.8$ 时，$\nu$ 值可分别取 $0.2$、$0.25$ 和 $0.3 \sim 0.35$。砌体结构在使用阶段，由式（1-32），砌体剪变模量可近似按式（1-33）计算：

$$G_m = \frac{E}{2(1+0.15)} = 0.43E$$

取 $$G_m = 0.4E \tag{1-33}$$

### 1.6.3 砌体的线膨胀系数和收缩率
**Coefficient of Thermal Expansion and Shrinkage for Masonry**

试验表明，砖在受热状态下，随温度的增加，其抗压强度提高。砂浆在受热作用时，如温度不超过 400℃，其抗压强度不降低，但当温度达 600℃ 时，其强度降低约 10%。砂浆受冷却作用时，其强度则显著降低，如当温度自 400℃ 冷却，其抗压强度降低约 50%。工程结构中的砌体将受到冷热循环的作用，因此在计算受热砌体时一般不考虑砌体抗压强度的提高。砌体在高温（400~600℃）作用时，由于砂浆在冷却状态下抗压强度急剧降低，将导致砌体结构整体破坏。因此采用普通黏土砖和普通砂浆的砌体，在一面受热状态下（如砖烟囱，内壁温度高）的最高受热温度应限制在 400℃ 以内。

砌体的线膨胀系数与砌体的种类有关，可按表1-15采用。

砌体的线膨胀系数和收缩率　　　　　　　　表 1-15

| 砌体类别 | 线膨胀系数<br>（$10^{-6}$/℃） | 收缩率<br>（mm/m） |
|---|---|---|
| 烧结普通砖、烧结多孔砖砌体 | 5 | -0.1 |
| 蒸压灰砂普通砖、蒸压粉煤灰普通砖砌体 | 8 | -0.2 |
| 混凝土普通砖、混凝土多孔砖、混凝土砌块砌体 | 10 | -0.2 |
| 轻集料混凝土砌块砌体 | 10 | -0.3 |
| 料石和毛石砌体 | 8 | — |

注：表中的收缩率系由达到收缩允许标准的块体砌筑 28d 的砌体收缩率，当地方有可靠的砌体收缩试验数据时，亦可采用当地的试验数据。

砌体在浸水时体积膨胀，在失水时体积收缩。收缩变形又称为干缩变形，它较膨胀变形大得多。其中烧结普通砖砌体的干缩变形较小，而混凝土砖、砌块以及蒸压灰砂砖、蒸压粉煤灰砖等硅酸盐块材砌体，其干缩变形较大，在结构墙体中产生的裂缝有时相当严重。因此工程中对砌体的干缩变形应予足够的重视。不同种类砌体的收缩率，可按表1-15采用。

### 1.6.4 砌体摩擦系数
**Coefficient of Friction**

砌体截面上的法向压应力产生摩擦力，它可阻止或减小砌体剪切面的滑移。该摩擦阻力的大小与法向压应力和摩擦系数有关。砌体沿不同材料滑动及摩擦面处于干燥或潮湿状况下的摩擦系数，可按表1-16采用。

| 摩 擦 系 数 | | 表 1-16 |
|---|---|---|

| 材 料 类 别 | 摩 擦 面 情 况 | |
|---|---|---|
| | 干 燥 的 | 潮 湿 的 |
| 砌体沿砌体或混凝土滑动 | 0.70 | 0.60 |
| 砌体沿木材滑动 | 0.60 | 0.50 |
| 砌体沿钢滑动 | 0.45 | 0.35 |
| 砌体沿砂或卵石滑动 | 0.60 | 0.50 |
| 砌体沿粉土滑动 | 0.55 | 0.40 |
| 砌体沿黏性土滑动 | 0.50 | 0.30 |

# 1.7 砌体的热工性能
## Thermal Performance of Masonry

节约能源是我国的基本国策。为鼓励发展节能省地型住宅和公共建筑，我国相继颁布实施各气候区（严寒地区、寒冷地区、夏热冬冷地区、夏热冬暖地区和温和地区）的居住建筑节能设计标准。

建筑节能包括建筑能耗的降低和建筑使用能量的减少。我国建材工业的能耗约占全国工业能耗的 13%，其中墙体材料行业的能耗占建材工业能耗的 35% 左右；我国民用建筑在使用中的能耗，占全国总能耗的 28%；砌体是建筑墙体的主要材料。因此，用于建筑围护结构的砌体及其墙体的节能不容忽视。

提高建筑围护结构的热工性能是建筑节能的重要工作。在节能设计时，建筑外墙可采用单一材料节能墙体（自保温墙体）和复合节能墙体。根据绝热材料在墙体中的位置，复合节能墙体又分为内保温墙体、外保温墙体和夹心保温墙体三种方式。

### 1.7.1 传热系数、热惰性指标
**Heat Transmission Coefficents, Index of Thermal Inertia**

建筑外墙的热工性能指标包括外墙主体部位的传热系数（$K$）、热阻（$R$）、热惰性指标（$D$）及外墙的平均传热系数和平均热惰性指标。

1. 传热系数

传热系数（$K$）是在稳定传热条件下，围护结构两侧空气温度差为 1K，单位时间内通过 $1m^2$ 面积传递的热量 $[W/(m^2 \cdot K)]$。它是表征围护结构传递热量能力的指标，$K$ 值越小，围护结构传递热量能力越低，其保温隔热性能越好。

单层材料围护结构的传热系数，按下列公式计算：

$$K = \frac{1}{R + R_i + R_e} \tag{1-34}$$

$$R = \frac{d}{\lambda} \tag{1-35}$$

式中　$R$——单层材料的热阻（$m^2 \cdot K/W$）；

　　　$d$——单层材料的厚度（m）；

　　　$\lambda$——单层材料的导热系数 $[W/(m \cdot K)]$；

$R_i$——内表面的换热阻，取 $0.11\text{m}^2 \cdot \text{K/W}$；

$R_e$——外表面的换热阻，对夏季状况取 $0.05\text{m}^2 \cdot \text{K/W}$，对冬季状况取 $0.04\text{m}^2 \cdot \text{K/W}$。

多层材料围护结构的传热系数，按下列公式计算：

$$K = \frac{1}{R_1 + R_2 + \cdots + R_i + 0.16} \qquad (1\text{-}36)$$

$$R_i = \frac{d_i}{\lambda_i} \qquad (1\text{-}37)$$

式中 $R_i$、$d_i$ 和 $\lambda_i$——分别为第 $i$ 层材料的热阻、厚度和导热系数。

在建筑中某个朝向的围护结构的传热系数，采用该朝向平均传热系数，即该朝向不同外围护结构（不含门窗）的传热系数按各自外围护结构面积（不含门窗面积）取其加权平均值：

$$K = \frac{\sum A_i K_i}{\sum A_i} \qquad (1\text{-}38)$$

式中 $A_i$——该朝向不同外围护结构的面积；

$K_i$——该朝向不同外围护结构的传热系数。

建筑物各朝向外围护结构（不含屋顶、门窗）的传热系数按各朝向围护结构面积加权平均，即建筑物外墙平均传热系数，按下式计算：

$$K = \frac{A_\text{E} \cdot K_\text{E} + A_\text{S} \cdot K_\text{S} + A_\text{W} \cdot K_\text{W} + A_\text{N} \cdot K_\text{N}}{A_\text{E} + A_\text{S} + A_\text{W} + A_\text{N}} \qquad (1\text{-}39)$$

式中 $A_\text{E}$、$A_\text{S}$、$\cdots$——不同朝向外墙的面积（$\text{m}^2$）；

$K_\text{E}$、$K_\text{S}$、$\cdots$——不同朝向外墙的平均传热系数。

2. 热惰性指标

热惰性指标（$D$）是表征围护结构抵御温度波动和热流波动能力的无量纲指标。单一材料的热惰性指标等于该层材料热阻与蓄热系数的乘积；多层材料的围护结构的热惰性指标等于各层材料热惰性指标之和。$D$ 值越大，温度波动在其中的衰减越快，围护结构的热稳定性越好，越有利于节能。

单层材料围护结构的热惰性指标，按下式计算：

$$D = R \cdot S \qquad (1\text{-}40)$$

式中 $S$——单层围护结构材料的蓄热系数 $[\text{W}/(\text{m}^2 \cdot \text{K})]$。

多层材料围护结构的热惰性指标，按下式计算：

$$D = \sum R_i \cdot S_i \qquad (1\text{-}41)$$

式中 $S_i$——第 $i$ 层材料的蓄热系数。

同上所述，建筑物某个朝向的围护结构的热惰性指标，按下式计算：

$$D = \frac{\sum A_i \cdot D_i}{\sum A_i} \qquad (1\text{-}42)$$

式中 $D_i$——该朝向不同外围护结构的热惰性指标。

建筑物外墙的平均热惰性指标，按下式计算：

$$D = \frac{A_\text{E} \cdot D_\text{E} + A_\text{S} \cdot D_\text{S} + A_\text{W} \cdot D_\text{W} + A_\text{N} \cdot D_\text{N}}{A_\text{E} + A_\text{S} + A_\text{W} + A_\text{N}} \qquad (1\text{-}43)$$

式中 $D_E$、$D_S$、…——不同朝向的外墙平均热惰性指标。

设计时，应根据选择的外墙种类、构造和保温层的厚度等条件，使外墙的平均传热系数等指标符合规范的限值要求，或采用规定的方法进行评定或验算。

### 1.7.2 热工性能指标
**Index of Thermal Performance**

外墙几种常用砌体材料及绝热材料的热工性能指标如表 1-17 所示。

常用砌体材料及绝热材料的热工性能指标 　　　　　　　　表 1-17

| 砌体、绝热材料名称 | | 干密度（kg/m³） | 外墙厚度（mm） | 外墙总厚度（mm） | 导热系数计算值 $\lambda_c$ [W/(m·K)] | 蓄热系数计算值 $S_c$ [W/(m²·K)] | 传热阻 $R_0$ (m²·K/W) | 热惰性指标 $D$ | 传热系数 $K$ [W/(m²·K)] |
|---|---|---|---|---|---|---|---|---|---|
| 蒸压加气混凝土砌块墙 | | 500 | 200 | 240 | 0.24 | 3.51 | 0.87 | 3.36 | 1.15 |
| | | | 250 | 290 | | | 1.08 | 4.10 | 0.93 |
| | | 600 | 200 | 240 | 0.25 | 3.75 | 0.84 | 3.45 | 1.19 |
| | | | 250 | 290 | | | 1.04 | 4.20 | 0.96 |
| | | 700 | 200 | 240 | 0.28 | 4.49 | 0.75 | 3.66 | 1.33 |
| | | | 250 | 290 | | | 0.93 | 4.46 | 1.07 |
| 烧结多孔砖墙 | | 1400 | 240 | 280 | 0.58 | 7.92 | 0.45 | 3.70 | 2.22 |
| | | | 370 | 410 | | | 0.68 | 5.52 | 1.47 |
| 烧结页岩砖墙 | | 1800 | 240 | 280 | 0.87 | 11.11 | 0.32 | 3.56 | 3.13 |
| 蒸压灰砂砖墙 | | 1900 | 240 | 280 | 1.10 | 12.72 | 0.26 | 3.25 | 3.85 |
| 普通混凝土多孔砖墙 | | 1450 | 240 | 280 | 0.74 | 7.25 | 0.36 | 2.77 | 2.78 |
| 陶粒混凝土多孔砖墙 | | 1100 | 240 | 280 | 0.60 | 6.01 | 0.44 | 2.85 | 2.27 |
| 轻集料混凝土小型空心砌块墙 | | 1100 | 190 | 230 | 0.75 | 6.01 | 0.29 | 1.95 | 3.45 |
| | | | 240 | 280 | | | 0.36 | 2.37 | 4.78 |
| 普通混凝土小型空心砌块墙 | 单排孔 | 900 | 190 | 230 | 0.86 | 7.48 | 0.26 | 2.10 | 3.85 |
| | 双排孔 | 1100 | 190 | 230 | 0.79 | 8.42 | 0.28 | 2.47 | 3.57 |
| | 三排孔 | 1300 | 240 | 280 | 0.75 | 7.92 | 0.36 | 2.98 | 2.78 |
| 砂浆 | 水泥砂浆 | 1800 | | | 0.93 | 11.37 | 0.18 | 0.23 | |
| | 水泥石灰砂浆 | 1700 | 20 | | 0.87 | 10.75 | 0.18 | 0.22 | 5.56 |
| | 石灰砂浆 | 1600 | | | 0.81 | 10.07 | 0.18 | 0.20 | |
| 憎水型珍珠岩板 | | 200 | 90 | | 0.12 | 2.00 | 0.75 | 1.50 | 1.33 |
| | | | 100 | | | | 0.83 | 1.66 | 1.20 |
| 膨胀聚苯板 | | 20~30 | 30 | | 0.05 | 0.43 | 0.60 | 0.26 | 1.67 |
| | | | 40 | | | | 0.80 | 0.34 | 1.25 |
| | | | 50 | | | | 1.00 | 0.43 | 1.00 |
| | | | 60 | | | | 1.20 | 0.52 | 0.83 |
| | | | 70 | | | | 1.40 | 0.60 | 0.71 |
| | | | 80 | | | | 1.60 | 0.69 | 0.63 |

| 砌体、绝热材料名称 | 干密度 (kg/m³) | 外墙厚度 (mm) | 外墙总厚度 (mm) | 导热系数计算值 $\lambda_c$ [W/(m·K)] | 蓄热系数计算值 $S_C$ [W/(m²·K)] | 传热阻 $R_0$ (m²·K/W) | 热惰性指标 $D$ | 传热系数 $K$ [W/(m²·K)] |
|---|---|---|---|---|---|---|---|---|
| 挤塑聚苯板 | 30 | 20<br>30<br>40 | | 0.033 | 0.40 | 0.67<br>1.00<br>1.33 | 0.24<br>0.36<br>0.48 | 1.49<br>1.00<br>0.75 |
| 岩棉、矿棉、玻璃棉板 | 80～200 | 30<br>40<br>50 | | 0.054 | 0.90 | 0.56<br>0.74<br>0.93 | 0.50<br>0.67<br>0.84 | 1.79<br>1.35<br>1.08 |

注：外墙总厚度包括内、外各 20mm 厚的粉刷砂浆。

## 1.8 碳排放计算与分析
### Calculation and Analysis of Carbon Emissions

在全球经济社会高速发展的过程中，全球气候也在发生着剧烈动荡，气候变暖给地球带来的负面影响已经威胁到了人类赖以生存的环境。2020 年 9 月 22 日，习近平总书记在第七十五届联合国大会上宣布，中国力争 2030 年前二氧化碳排放达到峰值，努力争取 2060 年前实现碳中和目标；2022 年 10 月 16 日，习近平总书记在二十大报告中提出"积极稳妥推进碳达峰碳中和""完善碳排放统计核算制度，健全碳排放权市场交易制度"。

建筑业消耗了全球 30%～40% 的能源，贡献了全球约 36% 的碳排放，砌体结构作为一种应用广泛的建筑结构形式，具有重要的节能减排潜力。计算建筑全寿命周期内的碳排放量是建筑业为实现节能减排而迈出的重要一步。根据《建筑碳排放计算标准》GB/T 51366—2019，建筑碳排放是建筑物在与其有关的建材生产及运输、建造及拆除、运行阶段产生的温室气体排放的总和，以二氧化碳当量计算。具体各阶段碳排放计算方式及范围如下：

（1）建筑运行阶段碳排放量应根据各系统不同类型能源消耗量和不同类型能源的碳排放因子确定，其计算范围应包括暖通空调、生活热水、照明及电梯、可再生能源、建筑汇碳系统在建筑运行期间的碳排放量。其中，碳排放因子是将能源与材料消耗量和二氧化碳排放相对应的系数，用于量化建筑物不同阶段相关活动的碳排放，例如，规范规定黏土空心砖（240mm×115mm×53mm）的碳排放因子为 $250kgCO_2e/m^3$，其表示的意思是生产一立方米该规格的黏土空心砖的二氧化碳排放当量是 250 千克；建筑汇碳是指在划定的建筑物项目范围内，绿化、植被从空气中吸收并存储的二氧化碳量。

（2）建材生产阶段的碳排放应包括建材生产所涉及原材料、能源的开采、生产、运输过程的碳排放和建材生产过程的直接碳排放。

（3）建材运输阶段的碳排放应包括建材从生产地到施工现场的运输过程的直接碳排放和运输过程所耗能源的生产过程的碳排放。

（4）建筑建造阶段的碳排放应包括完成各分部分项工程施工产生的碳排放和各项措施项目实施过程产生的碳排放。

（5）建筑拆除阶段的碳排放应包括人工拆除和使用小型机具机械拆除使用的机械设备消耗的各种能源动力产生的碳排放。

通过确定能源以及材料的消耗量、查找对应的碳排放因子，便可根据需求，高效且相对客观地计算出单栋建筑或建筑群在全寿命周期中不同阶段的碳排放。以一栋砌体结构房屋为例，根据墙体尺寸、组砌方式、装饰面层做法等可估算每种建筑材料的使用量，进而计算出建材生产阶段的碳排放量；根据建筑材料的供应商可以得到建材的运距，进而计算出建材运输阶段的碳排放量；根据施工组织设计可以估算出各施工机械台班的消耗量，进而计算出建筑建造阶段的碳排放量；根据建筑的使用功能、可再生能源系统、使用年限、砌块的热工性能等可计算得到建筑运行阶段的碳排放量；根据建筑拆除专项方案可估算拆除阶段各施工机械台班的消耗量，进而计算出建筑拆除阶段的碳排放量。

根据上述有关建筑碳排放计算的内容，可简单概括几条砌体结构降碳的思路：原材料或生产工艺的革新使之在建材生产阶段实现降碳，如使用建筑垃圾作为原材料制砖；建造方式或生产组织模式的革新使之在建造阶段实现降碳，如采用装配式砌体结构；砌体热工性能的提升使之在运行阶段实现降碳，如采用混凝土自保温复合砌块等。

建筑全寿命周期碳排放的计算具有十分重要的意义。对于一种新型建筑材料的应用，不再只是从生产阶段和运行阶段，而是从其在建筑全寿命周期的所有阶段来评定其降碳效果；建筑全寿命周期碳排放的计算为建筑业降碳提供了多种思路，同时在建筑的设计阶段为不同的降碳方案提供了可靠的比较标准。

## 思 考 题 与 习 题
### Questions and Exercises

1-1  砌体抗压强度是怎样通过试验确定的？

1-2  试述混凝土小型空心砌块砌筑砂浆和灌孔混凝土的主要特点。

1-3  对何种块体提出了折压比的要求，为什么？

1-4  对块体的孔洞及其布置有何要求，为什么？

1-5  试比较各类砌体在轴心受压时的破坏特征。

1-6  影响砌体抗压强度的主要因素是哪些？

1-7  试比较《砌体结构设计规范》GB 50003—2011 与《建筑砂浆基本性能试验方法标准》JGJ/T 70—2009 两个标准中，确定砂浆强度等级的方法有何不同？你对此有何思考？

1-8  砌体与混凝土立方体在轴心受压时，破坏特征的主要差别在哪里，为什么？

1-9  经抽测某工程采用的砖强度为 12.5MPa，砂浆强度为 5.8MPa，试计算其砌体的抗压强度平均值。

1-10  为什么说式（1-2）反映了影响砌体抗压强度的主要因素且适用于各种类别的砌体？

1-11  已知混凝土小型空心砌块强度等级为 MU20、砌块孔洞率为 45%，采用水泥混合砂浆 Mb15 砌筑，用 Cb40 混凝土全灌孔。试计算该灌孔砌块砌体抗压强度平均值（提示：对于 Cb40，可取 $f_{cu,m}$=49.9MPa）。

1-12  砌体局部受压的破坏特征有哪些？

1-13  试分析影响砌体抗剪强度的主要因素。

1-14  请你寻找砌体结构房屋中墙体的受剪破坏形态，并试图分析其产生的原因。

1-15　试计算砂浆强度为5MPa的混凝土小型空心砌块砌体和烧结普通砖砌体的抗剪强度平均值，说明前者低于后者的原因，何种方法能有效提高前者的抗剪强度？

1-16　工程结构中为什么不允许采用沿水平通缝截面轴心受拉的砌体构件？

1-17　砌体受压应力-应变全曲线有哪些基本特征？

1-18　何谓砌体的受压弹性模量？

1-19　砌体外墙的热工性能指标主要有哪些值，它们的物理意义是什么？

# 第 2 章　砌体结构可靠度设计原理
## Reliability Design Principle of
## Masonry Structures

**学习提要**　工程结构的可靠度设计方法是为了处理工程结构的安全性、适用性、耐久性与经济性而采用的理论和方法。应熟悉以概率理论为基础的极限状态设计方法的概念，掌握砌体结构构件按承载能力极限状态设计的荷载效应和砌体强度设计值的确定方法，并应了解保证砌体结构正常使用极限状态及耐久性的设计方法。

我国现阶段许多工程结构的可靠度采用以概率理论为基础的极限状态设计方法。为此要正确计算工程结构产生的各种作用效应和结构材料抗力，并合理运用它们之间的关系。按照整个专业教学计划，在学习砌体结构时，学生对作用效应已有相当了解，因而本章重点论述砌体强度设计值的确定及砌体结构耐久性设计方法。

## 2.1　砌体结构可靠度设计方法的沿革
### Historical Background of Reliability
### Design of Masonry Structures

结构可靠度是指在规定的时间和条件下，工程结构完成预定功能的概率，是工程结构可靠性的概率度量。结构可靠度设计的目的在于将工程结构的各种作用效应与结构抗力之间建立一个较佳的平衡状态。结构可靠度设计方法随着人们实践经验的积累和工程力学、材料试验、设计理论等各种学科和技术的进步而不断地演变，与其他工程结构一样，砌体结构的可靠度设计方法亦经历了由直接经验阶段、以经验为主的安全系数阶段，直至现在进入以概率理论为基础的定量分析阶段。

1. 直接经验阶段

早期人们只是凭经验建造砖、石、土结构，认为不倒不垮就安全可靠。这个阶段主要依靠工匠们代代相传的经验，例如按不断积累的结构构件的尺寸比例进行营建活动。

2. 安全系数阶段

由于 17 世纪材料力学的兴起和相继发展，19 世纪末到 20 世纪 30 年代，将砌体视为各向同性的理想弹性体，按材料力学方法计算砌体结构的应力 $\sigma$，并要求该应力不大于材料的允许应力 $[\sigma]$，即采用线性弹性理论的允许应力设计法，设计表达式为：

$$\sigma \leqslant [\sigma] \tag{2-1}$$

式中，$[\sigma]$ 以凭经验判断决定的单一安全系数来确定。

由于对结构材料与结构破坏性能研究的逐步深入，发现按上述材料力学公式计算的承载力与结构的实际承载力相差甚大。20 世纪 40 年代初，在砌体结构中采用破坏强度设计法，即考虑砌体材料破坏阶段的工作状态进行结构构件设计的方法，又称为极限荷载设计法，设计表达式为：

$$KN_{ik} \leqslant \Phi(f_m, a) \qquad (2\text{-}2)$$

式中　　$K$——安全系数；

　　　　$N_{ik}$——荷载标准值产生的内力；

　　$\Phi(\cdot)$——结构构件抗力函数；

　　　　$f_m$——砌体平均极限强度；

　　　　$a$——截面几何特征值。

公式（2-2）仍采用凭经验判断的单一荷载系数度量结构的安全度。

20 世纪 50 年代苏联学者提出了极限状态设计法，苏联《砖石及钢筋砖石结构设计标准及技术规范》НиТУ 120—55 规定了按承载能力、极限变形及按裂缝的出现和开展的极限状态设计法。对于承载能力极限状态，设计表达式为：

$$\sum n_i N_{ik} \leqslant \Phi(m, kf_k, a) \qquad (2\text{-}3)$$

式中　　$n_i$——荷载系数；

　　　　$m$——构件工作条件系数；

　　　　$k$——砌体匀质系数；

　　　　$f_k$——砌体强度标准值。

由于公式（2-3）中采用了三个系数，常通称为"三系数法"。这种方法对荷载和材料强度的标准值分别采用概率取值，远优越于上述允许应力设计法和破坏强度设计法。但它未考虑荷载效应和材料抗力的联合概率分布，未进行结构失效概率的分析，故属半概率极限状态设计法，也称"半概率法"。上述三系数本质上仍然是一种以经验确定的安全系数。

3. 以概率理论为基础设计的阶段

由于结构自设计至使用，存在各种随机因素的影响，这许多因素又存在不定性，即使采用上述定量的安全系数也达不到从定量上来度量结构可靠度的目的。为了使结构可靠度的分析有一个可靠的理论基础，早在 20 世纪 40 年代，美国 A. M. Freudenthal 将统计数学概念引入结构可靠度理论的研究，同时苏联学者 H. C. СтреЛецкий 等也在进行类似的研究。直至 20 世纪 60 年代美国一些学者对建筑结构可靠度分析，提出了一个比较适用的方法，从而对结构可靠度进行比较科学的定量分析。该方法为国际结构安全度联合委员会（JCSS）采用。结构的可靠度是结构在规定的时间内、在规定的条件下，完成预定功能的概率。结构可靠度越高，表明它失效的可能性越小，设计时要求结构的失效概率控制在可接受的概率范围内。1989 年以来，我国砌体结构可靠度设计采用以概率理论为基础的极限状态设计方法。

## 2.2　我国砌体结构设计的发展
### Development of Masonry Structure Design in China

自 20 世纪 50 年代至今，我国砌体结构可靠度的设计方法及在规范的应用和制订上可分为三个阶段。

1. 第一阶段

早在 1956 年 12 月，国家建设委员会发文在全国推荐使用苏联《砖石及钢筋砖石结构设计标准及技术规范》НиТУ 120—55。1962 年 8 月起由建筑工程部组织成立了"砖石及钢筋砖石结构设计规范编修组"，于 1963 年 8 月编写出我国标准《砖石及钢筋砖石结构设计规范（初稿）》，于 1964 年 7 月完成修订稿，后停止工作，直至 1966 年 5 月成立新的规范修订组并编写出规范初稿。1970 年 12 月编写出《砖石结构的设计和计算（草案）》，它采用总安全系数法，建立了砌体强度计算公式，提出了砌体结构房屋空间工作的新的分析方法，为此增加了刚-弹性构造方案，并建立了无筋砌体构件受压承载力计算的荷载偏心影响系数。这份资料虽是草案，但当时已在国内产生较大影响，许多设计单位自行印刷并使用，可以说它是我国自行编制第一部砌体结构设计规范的雏形。

自 20 世纪 50 年代至 20 世纪 70 年代初，我国基本上沿用苏联的设计规范，这是我国砌体结构设计方法及在应用规范方面的第一阶段。

2. 第二阶段

这个阶段的重要标志是 1973 年 11 月由国家基本建设委员会批准颁布的我国第一部《砖石结构设计规范》GBJ 3—73，于 1974 年 5 月起在全国试行，直至 1989 年底。它保留了上述《砖石结构的设计和计算（草案）》中的特点，并有进一步的完善。该规范采用多系数分析、单一安全系数表达的半概率极限状态设计法，设计表达式为：

$$KN_k \leqslant \Phi(f_m, a) \tag{2-4}$$

$$K = k_1 k_2 k_3 k_4 k_5 c \tag{2-5}$$

式中　$K$——安全系数（见表 2-1）；

　　　$k_1$——砌体强度变异影响系数；

　　　$k_2$——砌体因材料缺乏系统试验的变异影响系数；

　　　$k_3$——砌筑质量变异影响系数；

　　　$k_4$——构件尺寸偏差、计算公式假定与实际不完全相符等变异影响系数；

　　　$k_5$——荷载变异影响系数；

　　　$c$——考虑各种最不利因素同时出现的组合系数。

安 全 系 数 $K$　　　　　　　　表 2-1

| 砌体种类 | 受 力 情 况 | | |
|---|---|---|---|
| | 受　　压 | 受弯、受拉和受剪 | 倾覆和滑移 |
| 砖、石、砌块砌体 | 2.3 | 2.5 | 1.5 |
| 乱毛石砌体 | 3.0 | 3.3 | |

注：1. 在下列情况下，表中 $K$ 值应予提高：

　　　有吊车的房屋——10%；

　　　特殊重要的房屋和构筑物——10%～20%；

　　　截面面积 $A$ 小于 0.35m² 的构件——(0.35−A) 100%。

　　2. 当验算施工中房屋的构件时，$K$ 值可降低 10%～20%。

　　3. 当有可靠数值时，$K$ 值可适当调整。

　　4. 网状配筋砌体构件受压安全系数采用 2.3，组合砌体构件受压安全系数采用 2.1。

3. 第三阶段

这个阶段是自 1989 年 9 月起至今，我国砌体结构设计采用以概率理论为基础的极限状态设计方法，先后颁布了《砌体结构设计规范》GBJ 3—88、《砌体结构设计规范》GB 50003—2001、2011 和《砌体结构通用规范》GB 55007—2021。《砌体结构设计规范》GBJ 3—88 还确定了考虑空间工作的多层房屋的静力分析方法，建立了按组合作用分析的墙梁和挑梁的设计方法，提出了适用于各类砌体抗压强度的统一计算模式，改进了无筋砌体受压构件的受压和局部受压承载力的计算，并修改了配筋砖砌体构件受压承载力的计算公式。《砌体结构设计规范》GB 50003—2001，集中反映了 20 世纪 90 年代以来我国在砌体结构的研究和应用上取得的成绩和发展。这部规范既适用于砌体结构的静力设计，又适用于抗震设计；既适用于无筋砌体结构设计，又适用于配筋砌体结构设计；既适用于多层房屋的结构设计，又适用于高层房屋的结构设计。该规范使我国建立了较为完整的砌体结构设计的理论体系和应用体系，具体体现在下列方面：

（1）适当提高了砌体结构的可靠度，引入了与砌体结构设计密切相关的砌体施工质量控制等级，与国际标准接轨。

（2）增加了蒸压灰砂砖、蒸压粉煤灰砖及轻集料混凝土小型砌块等新型砌体材料，有利于推动我国墙体材料的革新。

（3）采用统一模式的砌体强度计算公式，并建立了合理反映砌块材料和灌孔影响的灌孔混凝土砌块砌体强度计算方法。

（4）完善了以剪切变形理论为依据的房屋考虑空间工作的静力分析方法。

（5）采用附加偏心距法建立砌体构件轴心受压、单向偏心受压和双向偏心受压互为衔接的承载力计算方法。

（6）建立了反映不同破坏形态下砌体构件的受剪承载力计算方法。

（7）增加了配筋砌体构件类型，符合我国工程实际，且带面层的组合砌体构件与组合墙的轴心受压承载力的计算方法相协调。

（8）比较大地加强了防止或减轻房屋墙体开裂的措施，提高了房屋的使用质量。

（9）基于带拉杆拱的组合构件的强度理论，建立了包括简支墙梁、连续墙梁和框支墙梁的设计方法。

（10）建立了较为完整且具有我国砌体结构特点的配筋混凝土砌块砌体剪力墙结构体系，极大地扩大了砌体结构的应用范围。

（11）较全面地规定了砌体结构构件的抗震计算和构造措施，方便设计。

《砌体结构设计规范》GB 50003—2011，遵照"增补、简化、完善"的原则，相比 GB 50003—2001，主要修改内容如下：

（1）增加了符合墙体材料革新要求的混凝土多孔砖、混凝土普通砖，及其砌体结构的设计；为保证承重多孔砖及蒸压硅酸盐砖的结构性能，新增了对这些块体折压比限值的要求，对非烧结块体（多孔砖、砌块）的孔洞率、壁与肋厚尺寸限值及碳化、软化性能提出了要求。

（2）在砌体结构静力承载能力极限状态的计算式中引入可变荷载考虑设计使用年限的调整系数，在验算砌体结构的整体稳定中，增加了永久荷载控制的组合项；为重视砌体结构的耐久性，对其设计的环境类别，砌体材料选择，砌体中钢筋、保护层的选择及技术措施等方面作出了较完整的规定；对砌体强度调整系数作了一定的简化。

（3）新增框架填充墙的设计要求；补充了夹心墙的结构构造要求；修改和补充了防止或减轻墙体开裂的主要措施。

（4）统一了网状配筋砖砌体构件的体积配筋率及其计算；对组合砖砌体构件受压区相对高度的界限值作了相应的补充和调整；给出了组合墙平面外偏心受压承载力的近似计算方法；为增强配筋砌块砌体剪力墙的整体受力性能，提出了宜采用全部灌芯砌体，作抗震墙时应采用全部灌芯砌体。

（5）修改和补充了砌体结构的抗震设计：进一步定位抗震设防地区的砌体结构，普通砖、多孔砖和混凝土砌块砌体承重的多层砌体房屋及底部框架-抗震墙砌体房屋，其抗侧力墙体的最低要求是应采用约束砌体构件，即按抗震要求设置混凝土构造柱（或芯柱）和圈梁的墙体，表明抗震设防地区不能采用无筋砌体构件；增加了底部框架-抗震墙砌体房屋的抗震设计方法；对多层砌体房屋和底部框架-抗震墙砌体房屋的重要部位和薄弱部位，采取增强约束和加强配筋的措施；补充并适当提高了配筋砌块砌体抗震墙房屋适用的最大高度。

为适应国际技术法规与技术标准通行规则，近年来，我国颁布了一系列"通用规范"。这是由政府制定的强制性标准，属国家技术法规体系，具有强制约束力。这表明我国在逐步形成由法律、行政法规、部门规章中的技术性规定与全文强制性工程建设规范构成的"技术法规"体系。现行《砌体结构通用规范》GB 55007—2021 自 2022 年 1 月 1 日起实施，全部条文必须严格执行，自实施之日起，现行工程建设标准相关强制性条文同时废止。

## 2.3　以概率理论为基础的极限状态设计
### Probability Based Limit State Design

### 2.3.1　基本概念
#### Basic Concepts

结构的极限状态分为承载能力极限状态和正常使用极限状态。按照各种结构的特点和使用要求，以极限状态方程和具体的限值作为结构设计的依据，用结构的失效概率或可靠指标度量结构可靠度，并用概率理论使结构的极限状态方程和可靠度建立内在关系，这种设计方法称为以概率理论为基础的极限状态设计法。

当结构上仅有作用效应 $S$ 和结构抗力 $R$ 两个基本变量时，其功能函数为：

$$Z = g(S,R) = R - S \tag{2-6}$$

当 $Z > 0$ 时，结构处于可靠状态；

当 $Z = 0$ 时，结构处于极限状态；

当 $Z < 0$ 时，结构处于失效状态。

因此，$Z = R - S$ 又称为安全裕度。

由结构的极限状态方程

$$Z = g(S,R) = R - S = 0$$

可知结构的失效概率为：

$$p_f = p(Z < 0) \tag{2-7}$$

当 $R$、$S$ 为正态分布时，$Z$ 也为正态分布，其

平均值为：$\mu_Z = \mu_R - \mu_S$

标准差为：$\sigma_Z = \sqrt{\sigma_R^2 + \sigma_S^2}$

现取：

$$\beta = \frac{\mu_Z}{\sigma_Z} = \frac{\mu_R - \mu_S}{\sqrt{\sigma_R^2 + \sigma_S^2}} \tag{2-8}$$

式中，$\mu_R$、$\mu_S$ 和 $\sigma_R$、$\sigma_S$ 分别为结构构件抗力 $R$ 和结构构件作用效应 $S$ 的平均值和标准差。$\mu_Z$ 和 $\sigma_Z$ 又分别称为安全裕度的平均值和标准差。

由式（2-7）可得结构构件失效概率的运算值：

$$p_f = \Phi\left[-\frac{\mu_Z}{\sigma_Z}\right] = \Phi(-\beta) = 1 - \Phi(\beta)$$

或
$$\beta = \Phi^{-1}(1 - p_f) \tag{2-9}$$

式中，$\Phi(\cdot)$ 为标准正态分布函数，$\Phi^{-1}(\cdot)$ 为标准正态分布函数的反函数。

如安全裕度的概率密度函数为 $f_z(Z)$，则失效概率：

$$p_f = \int_{-\infty}^{0} f_z(Z)\mathrm{d}Z$$

因而 $\beta$ 与 $p_f$ 不但在数值上一一对应（如表 2-2 所示），且有明确的物理意义。如图 2-1 所示，当 $\beta$ 增大，图中尾部面积（划有斜线的面积）减小，即 $p_f$ 减小，亦即结构可靠度增大。因此 $\beta$ 被称为结构构件的可靠指标。当已知两个正态基本变量的统计参数——平均值和标准差后，即可按上述公式直接求出 $\beta$ 和 $p_f$ 值。该方法也适用于多个正态和非正态的基本变量情况，但对非正态随机变量则需要进行当量正态化处理。

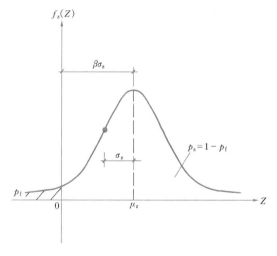

图 2-1　失效概率（$p_f$）与安全指标（$\beta$）的关系

$R$、$S$ 为正态分布时的 $\beta$ 和 $p_f$ 值　　　　　　　　　　　表 2-2

| $\beta$ | 1.64 | 2.7 | 3.2 | 3.7 | 4.2 |
|---|---|---|---|---|---|
| $p_f$ | 0.05 | $3.5 \times 10^{-3}$ | $6.9 \times 10^{-4}$ | $1.1 \times 10^{-4}$ | $1.3 \times 10^{-5}$ |

上述方法只需考虑随机变量的平均值和标准差，并在计算中对结构功能函数取一次近似，故以概率理论为基础的极限状态设计方法，又称为考虑随机变量概率分布类型的一次可靠度设计方法。

综上所述，以概率理论为基础的极限状态设计方法是以结构失效概率来定义结构可靠度，并以与结构失效概率相对应的可靠指标 $\beta$ 来度量结构可靠度，从而能较好地反映结构可靠度的实质，使设计概念更为科学和明确。

### 2.3.2　承载能力极限状态设计表达式
**Equations of Ultimate Limit State**

对应于结构或结构构件达到最大承载力或不适于继续承载的变形的状态，称为承载能力极限状态。

由于设计上直接采用可靠指标来进行设计计算尚有许多困难，使用上也不习惯，因此《工程结构可靠性设计统一标准》GB 50153—2008 采用多个分项系数的极限状态设计表达式，即根据各种极限状态的设计要求，采用有关的荷载代表值、材料性能标准值、几何参数标准值以及结构重要性系数 $\gamma_0$、作用分项系数（包括荷载分项系数 $\gamma_G$、$\gamma_Q$）和结构构件抗力分项系数（或材料性能分项系数 $\gamma_f$）等表达。对于荷载分项系数，在各种荷载标准值给定的前提下，选取一组分项系数，使按极限状态设计表达式设计的各种结构构件具有的可靠指标与规定的可靠指标之间在总体上误差最小予以确定。对于材料性能分项系数，按各类材料结构在各种情况下 $\beta$ 具有较一致性的原则，并适当考虑工程经验予以确定。上述统一标准规定，对于结构安全等级为二级时，脆性破坏结构构件承载能力极限状态的可靠指标不应小于 3.7，延性破坏结构构件的 $\beta$ 值不应小于 3.2。

砌体结构按承载能力极限状态设计时，应按下列公式进行计算：

$$\gamma_0 \left( 1.3 S_{G_k} + 1.5 \gamma_L S_{Q_{1k}} + \gamma_L \sum_{i=2}^{n} \gamma_{Q_i} \psi_{ci} S_{Q_{ik}} \right) \leqslant R(f, a_k \cdots \cdots) \tag{2-10}$$

式中　$\gamma_0$——结构重要性系数，对安全等级为一级或设计使用年限为 50 年以上的结构构件，不应小于 1.1；对安全等级为二级或设计使用年限为 50 年的结构构件，不应小于 1.0；对安全等级为三级或设计使用年限为 1～5 年的结构构件，不应小于 0.9；

　　　$\gamma_L$——可变荷载考虑设计使用年限的调整系数，对于楼面和屋面活荷载的调整系数，设计使用年限为 50 年、100 年，分别取 1.0、1.1；

　　　$S_{G_k}$——永久荷载标准值的效应；

　　　$S_{Q_{1k}}$——在基本组合中起控制作用的一个可变荷载标准值的效应；

　　　$S_{Q_{ik}}$——第 $i$ 个可变荷载标准值的效应；

　　　$R(\cdot)$——结构构件的抗力函数；

　　　$\gamma_{Q_i}$——第 $i$ 个可变荷载的分项系数；

　　　$\psi_{ci}$——第 $i$ 个可变荷载的组合值系数，一般情况下应取 0.7；对书库、档案库、储藏室或通风机房、电梯机房应取 0.9；

　　　$f$——砌体的强度设计值，$f = f_k / \gamma_f$，$f_k$ 为砌体的强度标准值，$f_k = f_m - 1.645 \sigma_f$，$\gamma_f$ 为砌体结构的材料性能分项系数，一般情况下，宜按施工质量控制等级为 B 级考虑，取 $\gamma_f = 1.6$，当为 C 级时，取 $\gamma_f = 1.8$，当为 A 级时，取 $\gamma_f = 1.5$，$f_m$ 为砌体的强度平均值，$\sigma_f$ 为砌体强度的标准差；

$a_k$——几何参数标准值。

注：施工质量控制等级划分要求应符合表 1-9～表 1-11 的规定。

当砌体结构作为一个刚体，需验算整体稳定性时，例如倾覆、滑移、漂浮等，此时对结构构件承载能力起有利作用的永久荷载的荷载分项系数取 0.8，并按下列公式进行验算：

$$\gamma_0 \left( 1.3 S_{G_{2k}} + 1.5\gamma_L S_{Q_{1k}} + \gamma_L \sum_{i=2}^n S_{Q_{ik}} \right) \leqslant 0.8 S_{G_{1k}} \tag{2-11}$$

式中　$S_{G_{1k}}$——起有利作用的永久荷载标准值的效应；

　　　$S_{G_{2k}}$——起不利作用的永久荷载标准值的效应。

### 2.3.3　正常使用极限状态

**Serviceability Limite State**

对应于结构或结构构件达到正常使用或耐久性能的某项规定限值的状态，称为正常使用极限状态。

由于砌体结构自身的特性，尤其无筋砌体是一种脆性材料，且主要用作受压的墙和柱，因此在一般情况下，砌体结构或构件的正常使用极限状态由相应的耐久性和正常使用规定与构造措施加以保证。这在以后的学习特别是第 4 章的学习中要引起注意，例如要验算墙、柱的高厚比，控制横墙的最大水平位移，采取保证耐久性和正常使用的规定与构造措施，以及使无筋砌体受压构件的轴向力的偏心距符合限值的规定等。

对于砌体结构，建立一套明确、自成体系和科学地计算或验算其满足正常使用极限状态要求的方法，是一项十分有意义的研究。

## 2.4　砌体的强度设计值

### Design Values of Masonry Strengths

### 2.4.1　基本规定

**Basic Rules**

按式（2-10）的要求，各类砌体的强度标准值（$f_k$）、设计值（$f$）的确定方法如下：

$$f_k = f_m - 1.645\sigma_f = (1 - 1.645\delta_f)f_m \tag{2-12}$$

$$f = \frac{f_k}{\gamma_f} \tag{2-13}$$

式中　$\delta_f$——砌体强度的变异系数，按表 2-3 的规定采用。

我国砌体施工质量控制等级分为 A、B、C 三级（表 1-9），在结构设计中通常按 B 级考虑，即取 $\gamma_f = 1.6$；当为 C 级时，取 $\gamma_f = 1.8$，即砌体强度设计值的调整系数 $\gamma_a = 1.6/1.8 = 0.89$；当为 A 级时，取 $\gamma_f = 1.5$，可取 $\gamma_a = 1.05$。砌体强度与施工质量控制等级的上述规定，旨在保证相同可靠度的要求下，反映管理水平、施工技术和材料消耗水平的关系。工程施工时，施工质量控制等级由设计方和建设方商定，并应明确写在设计文件和施工图纸上。

不同受力状态下各类砌体强度标准值、设计值及与平均值（$f_m$）的关系，如表 2-3 所示。

$f_k$、$f$ 与 $f_m$ 的相互关系 表 2-3

| 类 别 | $\delta_f$ | $f_k$ | $f$ |
|---|---|---|---|
| 各类砌体受压 | 0.17 | $0.72f_m$ | $0.45f_m$ |
| 毛石砌体受压 | 0.24 | $0.60f_m$ | $0.37f_m$ |
| 各类砌体受拉、受弯、受剪 | 0.20 | $0.67f_m$ | $0.42f_m$ |
| 毛石砌体受拉、受弯、受剪 | 0.26 | $0.57f_m$ | $0.36f_m$ |

注：表内 $f$ 为施工质量控制等级为 B 级时的取值。

以下所述均指当施工质量控制等级为 B 级时，根据块体和砂浆的强度等级，且龄期为 28d 的以毛截面计算的各类砌体强度设计值的详细取值。

### 2.4.2 抗压强度设计值
**Design Values of Compressive Strength of Masonry**

1. 烧结普通砖和烧结多孔砖砌体

烧结普通砖和烧结多孔砖砌体的抗压强度设计值，应按表 2-4 采用。

烧结普通砖和烧结多孔砖砌体的抗压强度设计值（MPa） 表 2-4

| 砖强度等级 | 砂浆强度等级 | | | | | 砂浆强度 |
|---|---|---|---|---|---|---|
| | M15 | M10 | M7.5 | M5 | M2.5 | 0 |
| MU30 | 3.94 | 3.27 | 2.93 | 2.59 | 2.26 | 1.15 |
| MU25 | 3.60 | 2.98 | 2.68 | 2.37 | 2.06 | 1.05 |
| MU20 | 3.22 | 2.67 | 2.39 | 2.12 | 1.84 | 0.94 |
| MU15 | 2.79 | 2.31 | 2.07 | 1.83 | 1.60 | 0.82 |
| MU10 | — | 1.89 | 1.69 | 1.50 | 1.30 | 0.67 |

注：当烧结多孔砖的孔洞率大于 30% 时，表中数值应乘以 0.9。

烧结多孔砖砌体和烧结普通砖砌体的抗压强度设计值均列在同一表内，这是因为随着多孔砖孔洞率的增大，制砖时需增大压力挤出砖坯，砖的密实性增加，它平衡或部分平衡了由于孔洞引起的砖的强度的降低。另外，多孔砖的块高比普通砖的块高大，有利于改善砌体内的复杂应力状态，使砌体抗压强度提高。因而当多孔砖的孔洞率不大时，上述二者砌体抗压强度相等。但由于烧结多孔砖砌体受压破坏时脆性增大，且当砖的孔洞率大于 30% 时，其抗压强度设计值应乘以 0.9，这种适当的降低是较为稳妥的。

2. 混凝土普通砖和混凝土多孔砖砌体

混凝土普通砖和混凝土多孔砖砌体的抗压强度设计值，应按表 2-5 采用。

混凝土普通砖和混凝土多孔砖砌体的抗压强度设计值（MPa）　　表 2-5

| 砖强度等级 | 砂浆强度等级 | | | | | 砂浆强度 |
| --- | --- | --- | --- | --- | --- | --- |
| | Mb20 | Mb15 | Mb10 | Mb7.5 | Mb5 | 0 |
| MU30 | 4.61 | 3.94 | 3.27 | 2.93 | 2.59 | 1.15 |
| MU25 | 4.21 | 3.60 | 2.98 | 2.68 | 2.37 | 1.05 |
| MU20 | 3.77 | 3.22 | 2.67 | 2.39 | 2.12 | 0.94 |
| MU15 | — | 2.79 | 2.31 | 2.07 | 1.83 | 0.82 |

试验研究表明，混凝土砖砌体的抗压强度试验值较烧结砖砌体的略高，偏安全取与表 2-4 相等的值。

3. 蒸压灰砂普通砖和蒸压粉煤灰普通砖砌体

蒸压灰砂普通砖和蒸压粉煤灰普通砖砌体的抗压强度设计值，应按表 2-6 采用。

根据国内较大量的试验结果，蒸压灰砂普通砖砌体、蒸压粉煤灰普通砖砌体的抗压强度与烧结普通砖砌体的抗压强度接近。因此在 MU15～MU25 的情况下，表 2-6 的值与表 2-4 的值相等。应当注意的是：蒸压灰砂砖砌体和蒸压粉煤灰砖砌体的抗压强度指标系采用同类砖为砂浆强度试块底模时的抗压强度指标。若采用黏土砖做底模，砂浆强度会提高，相应的砌体强度约降低 10%。还应指出，表 2-6 不适用于蒸养灰砂砖砌体和蒸养粉煤灰砖砌体。

蒸压灰砂普通砖和蒸压粉煤灰普通砖砌体的抗压强度设计值（MPa）　　表 2-6

| 砖强度等级 | 砂浆强度等级 | | | | 砂浆强度 |
| --- | --- | --- | --- | --- | --- |
| | M15 | M10 | M7.5 | M5 | 0 |
| MU25 | 3.60 | 2.98 | 2.68 | 2.37 | 1.05 |
| MU20 | 3.22 | 2.67 | 2.39 | 2.12 | 0.94 |
| MU15 | 2.79 | 2.31 | 2.07 | 1.83 | 0.82 |

注：当采用专用砂浆 Ms 砌筑，其砌体抗压强度设计值，按表中数值采用。

4. 混凝土和轻集料混凝土空心砌块砌体

对孔砌筑的单排孔混凝土和轻集料混凝土空心砌块砌体的抗压强度设计值，应按表 2-7采用。

单排孔混凝土和轻集料混凝土空心砌块砌体的
抗压强度设计值（MPa）　　表 2-7

| 砌块强度等级 | 砂浆强度等级 | | | | | 砂浆强度 |
| --- | --- | --- | --- | --- | --- | --- |
| | Mb20 | Mb15 | Mb10 | Mb7.5 | Mb5 | 0 |
| MU20 | 6.30 | 5.68 | 4.95 | 4.44 | 3.94 | 2.33 |
| MU15 | — | 4.61 | 4.02 | 3.61 | 3.20 | 1.89 |
| MU10 | — | — | 2.79 | 2.50 | 2.22 | 1.31 |
| MU7.5 | — | — | — | 1.93 | 1.71 | 1.01 |
| MU5 | — | — | — | — | 1.19 | 0.70 |

注：1. 对独立柱或厚度为双排组砌的砌块砌体，应按表中数值乘以 0.7；

2. 对 T 形截面墙、柱，应按表中数值乘以 0.85。

孔洞率不大于 35％的双排孔、多排孔轻集料混凝土砌块砌体的抗压强度设计值，应按表 2-8 采用。

双排孔、多排孔轻集料混凝土砌块砌体的抗压强度设计值（MPa）　表 2-8

| 砌块强度等级 | 砂浆强度等级 | | | 砂浆强度 |
| --- | --- | --- | --- | --- |
| | Mb10 | Mb7.5 | Mb5 | 0 |
| MU10 | 3.08 | 2.76 | 2.45 | 1.44 |
| MU7.5 | — | 2.13 | 1.88 | 1.12 |
| MU5 | — | — | 1.31 | 0.78 |
| MU3.5 | — | — | 0.95 | 0.56 |

注：1. 表中的砌块为火山灰、浮石和陶粒轻集料混凝土砌块；

2. 对厚度方向为双排组砌的轻集料混凝土砌块砌体的抗压强度设计值，应按表中数值乘以 0.8。

对于多排孔（包括双排孔）砌块，按单排砌筑的砌体的抗压强度高于单排孔砌块砌体的抗压强度，但按双排组砌的砌体的抗压强度则低，根据试验结果，表 2-7 和表 2-8 中对此作了相应的规定。

5. 灌孔混凝土砌块砌体

单排孔混凝土砌块对孔砌筑的灌孔砌体的抗压强度设计值，应按下列方法确定：

（1）砌块砌体的灌孔混凝土强度等级不应低于 Cb20，也不应低于 1.5 倍的块体强度等级；灌孔混凝土的某一强度等级（例如 Cb20）的强度指标，等同于对应的混凝土强度等级（例如 C20）的强度指标。

（2）按可靠度要求，将公式（1-4）转换为设计值，得：

$$f_g = f + 0.82\alpha f_c \tag{2-14}$$

考虑到混凝土砌块墙体中清扫孔的不利影响，将式（2-14）中第二项予以折减，灌孔混凝土砌块砌体抗压强度设计值，应按下列公式计算：

$$f_g = f + 0.6\alpha f_c \tag{2-15}$$

$$\alpha = \delta\rho \tag{2-16}$$

式中　$f_g$——灌孔砌体的抗压强度设计值，并不应大于未灌孔砌体抗压强度设计值的 2 倍；

　　　$f$——未灌孔砌体的抗压强度设计值，应按表 2-7 采用；

　　　$f_c$——灌孔混凝土的轴心抗压强度设计值；

　　　$\alpha$——砌块砌体中灌孔混凝土面积与砌体毛面积的比值；

　　　$\delta$——混凝土砌块的孔洞率；

　　　$\rho$——混凝土砌块砌体的灌孔率，系截面灌孔混凝土面积和截面孔洞面积的比值，应根据受力或施工条件确定，且不应小于 33％。

上述对砌体材料的许多要求，在于使它们的强度相互匹配，每种材料的强度得到较为充分的发挥。

6. 料石砌体

块体高度为 180～350mm 的毛料石砌体的抗压强度设计值，应按表 2-9 采用。

毛料石砌体的抗压强度设计值（MPa）　　　　表 2-9

| 毛料石强度等级 | 砂浆强度等级 | | | 砂浆强度 |
|---|---|---|---|---|
| | M7.5 | M5 | M2.5 | 0 |
| MU100 | 5.42 | 4.80 | 4.18 | 2.13 |
| MU80 | 4.85 | 4.29 | 3.73 | 1.91 |
| MU60 | 4.20 | 3.71 | 3.23 | 1.65 |
| MU50 | 3.83 | 3.39 | 2.95 | 1.51 |
| MU40 | 3.43 | 3.04 | 2.64 | 1.35 |
| MU30 | 2.97 | 2.63 | 2.29 | 1.17 |
| MU20 | 2.42 | 2.15 | 1.87 | 0.95 |

对其他类料石砌体的抗压强度设计值，应按表 2-9 中数值分别乘以下列系数而得：

细料石砌体　　　1.4；

粗料石砌体　　　1.2；

干砌勾缝石砌体　0.8。

7. 毛石砌体

毛石砌体的抗压强度设计值，应按表 2-10 采用。

毛石砌体的抗压强度设计值（MPa）　　　　表 2-10

| 毛石强度等级 | 砂浆强度等级 | | | 砂浆强度 |
|---|---|---|---|---|
| | M7.5 | M5 | M2.5 | 0 |
| MU100 | 1.27 | 1.12 | 0.98 | 0.34 |
| MU80 | 1.13 | 1.00 | 0.87 | 0.30 |
| MU60 | 0.98 | 0.87 | 0.76 | 0.26 |
| MU50 | 0.90 | 0.80 | 0.69 | 0.23 |
| MU40 | 0.80 | 0.71 | 0.62 | 0.21 |
| MU30 | 0.69 | 0.61 | 0.53 | 0.18 |
| MU20 | 0.56 | 0.51 | 0.44 | 0.15 |

### 2.4.3 轴心抗拉、弯曲抗拉和抗剪强度设计值

**Design Values of Masonry Strength in Axially Tension, Flexural Tension and Shear**

（1）砌体的轴心抗拉强度设计值、弯曲抗拉强度设计值和抗剪强度设计值，应按表 2-11 采用。

在第 1 章 1.5 节中已指出，对于用形状规则的块体砌筑的砌体，其轴心抗拉强度和弯曲抗拉强度受块体搭接长度与块体高度之比值大小的影响。不同砌筑形式时砖的搭接长度 $l$ 与高度 $h$ 如图 2-2 所示。采用一顺一丁、梅花丁或全部丁砌时，$l/h=1.0$，表 2-11 中的轴心抗拉强度设计值即根据这类情况的试验结果获得。当采用三顺一丁砌筑方式时，$l/h>1$，砌体沿齿缝截面的轴心抗拉强度可提高 20%，但因施工图中一般不规定砌筑方法，故表 2-11 中不考虑其提高。如采用其他砌筑方式且该比值小于 1 时，$f_t$ 则应乘以比值予以减小。同理，对于其弯曲抗拉强度设计值也作了表 2-11 中注 1 的规定。

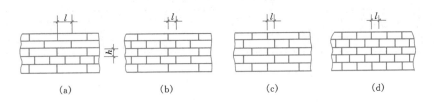

图 2-2　砖的搭接长度与高度

（a）三顺一丁；（b）一顺一丁；（c）梅花丁；（d）全丁

　　蒸压灰砂砖等材料有较大的地区性，如灰砂砖所用砂的细度和生产工艺不同，且砌体抗拉、抗弯、抗剪的强度较烧结普通砖砌体的强度要低，其中蒸压灰砂砖和蒸压粉煤灰砖砌体的抗剪强度设计值为烧结普通砖砌体抗剪强度设计值的 70%。只当采用可靠的专用砂浆砌筑，其砌体抗剪强度设计值可达到烧结普通砖砌体的值。

沿砌体灰缝截面破坏时砌体的轴心抗拉强度设计值、

弯曲抗拉强度设计值和抗剪强度设计值（MPa）　　　　表 2-11

| 强度类别 | 破坏特征及砌体种类 | | 砂浆强度等级 | | | |
|---|---|---|---|---|---|---|
| | | | ≥M10 | M7.5 | M5 | M2.5 |
| 轴心抗拉 | 沿齿缝 | 烧结普通砖、烧结多孔砖 | 0.19 | 0.16 | 0.13 | 0.09 |
| | | 混凝土普通砖、混凝土多孔砖 | 0.19 | 0.16 | 0.13 | — |
| | | 蒸压灰砂普通砖、蒸压粉煤灰普通砖 | 0.12 | 0.10 | 0.08 | — |
| | | 混凝土和轻集料混凝土砌块 | 0.09 | 0.08 | 0.07 | — |
| | | 毛石 | — | 0.07 | 0.06 | 0.04 |
| 弯曲抗拉 | 沿齿缝 | 烧结普通砖、烧结多孔砖 | 0.33 | 0.29 | 0.23 | 0.17 |
| | | 混凝土普通砖、混凝土多孔砖 | 0.33 | 0.29 | 0.23 | — |
| | | 蒸压灰砂普通砖、蒸压粉煤灰普通砖 | 0.24 | 0.20 | 0.16 | — |
| | | 混凝土和轻集料混凝土砌块 | 0.11 | 0.09 | 0.08 | — |
| | | 毛石 | — | 0.11 | 0.09 | 0.07 |
| | 沿通缝 | 烧结普通砖、烧结多孔砖 | 0.17 | 0.14 | 0.11 | 0.08 |
| | | 混凝土普通砖、混凝土多孔砖 | 0.17 | 0.14 | 0.11 | — |
| | | 蒸压灰砂普通砖、蒸压粉煤灰普通砖 | 0.12 | 0.10 | 0.08 | — |
| | | 混凝土和轻集料混凝土砌块 | 0.08 | 0.06 | 0.05 | — |
| 抗剪 | 烧结普通砖、烧结多孔砖 | | 0.17 | 0.14 | 0.11 | 0.08 |
| | 混凝土普通砖、混凝土多孔砖 | | 0.17 | 0.14 | 0.11 | — |
| | 蒸压灰砂普通砖、蒸压粉煤灰普通砖 | | 0.12 | 0.10 | 0.08 | — |
| | 混凝土和轻集料混凝土砌块 | | 0.09 | 0.08 | 0.06 | — |
| | 毛石 | | — | 0.19 | 0.16 | 0.11 |

　　注：1. 对于用形状规则的块体砌筑的砌体，当搭接长度与块体高度的比值小于 1 时，其轴心抗拉强度设计值 $f_t$ 和弯曲抗拉强度设计值 $f_{tm}$ 应按表中数值乘以搭接长度与块体高度比值后采用；

　　　　2. 对蒸压灰砂普通砖、蒸压粉煤灰普通砖砌体，当采用经研究性试验且通过技术鉴定的专用砂浆砌筑，其抗剪强度设计值按相应的烧结普通砖砌体的采用；

　　　　3. 对采用混凝土块体的砌体，表中砂浆强度等级相应为≥Mb10、Mb7.5、Mb5。

（2）灌孔混凝土砌块砌体抗剪强度设计值，应按以下方法确定。

在混凝土结构中，我国规定混凝土构件的受剪承载力以混凝土的抗拉强度 $f_t$ 为主要参数。但对于砌体，其抗拉强度难以通过试验来测定，灌孔混凝土砌块砌体亦是如此。现以灌孔混凝土砌块砌体的抗剪强度 $f_{vg}$ 来表达，既反映了砌体的特点，也是合理且可行的。

按可靠度要求，将公式（1-16）转换为设计值，最后取灌孔混凝土砌块砌体抗剪强度设计值为：

$$f_{vg} = 0.2 f_g^{0.55} \tag{2-17}$$

式中　$f_{vg}$——灌孔混凝土砌块砌体抗剪强度设计值（MPa）；

　　　　$f_g$——灌孔混凝土砌块砌体抗压强度设计值（MPa）。

### 2.4.4 砌体强度设计值的调整
#### Correction of Design Values of Masonry Strengths

工程上砌体的使用情况多种多样，在某些情况下砌体强度可能降低，在有的情况下需要适当提高或降低结构构件的安全储备，因而在设计计算时需考虑砌体强度的调整，即将上述砌体强度设计值乘以调整系数 $\gamma_a$。这一点易被忽视，如只一味取砌体强度设计值为 $f$ 而不是取 $\gamma_a f$，往往造成计算结果错误，不符合《砌体结构设计规范》GB 50003—2011 规定的要求。

砌体强度设计值的调整及相关施工规定，有下列要求：

（1）对无筋砌体构件，其截面面积小于 $0.3 \mathrm{m}^2$ 时，$\gamma_a$ 为其截面面积加 0.7；对配筋砌体构件，当其中砌体截面面积小于 $0.2 \mathrm{m}^2$ 时，$\gamma_a$ 为其截面面积加 0.8；构件截面面积以"$\mathrm{m}^2$"计。对于局部抗压强度，局部受压面积小于 $0.3 \mathrm{m}^2$ 时，可不考虑此项调整。

（2）当砌体用强度等级低于 M5 的水泥砂浆砌筑时，对表 2-4～表 2-10 中的数值，$\gamma_a$ 为 0.9；对表 2-11 中的数值，$\gamma_a$ 为 0.8。

（3）当验算施工中房屋的构件时，$\gamma_a$ 为 1.1。

配筋砌体的施工质量控制等级不得采用 C 级。

施工阶段砂浆尚未硬化的新砌砌体的强度和稳定性，可按砂浆强度为零进行验算。

对于冬期施工采用掺盐砂浆法施工的砌体，砂浆强度等级按常温施工的强度等级提高一级时，砌体强度和稳定性可不另行验算。

配筋砌体不得用掺盐砂浆施工。

## 2.5　砌体结构的耐久性
### Durability of Masonry Structures

结构的耐久性是在设计确定的环境作用和维修、使用条件下，结构构件在设计工作年限内保持其适用性和安全性的能力。结构耐久性设计的主要目标，是为了确保主体结构能达到规定的设计工作年限，满足建筑物的合理使用年限要求。合理工作年限是一个确定的期望值，而设计工作年限必须考虑环境作用、材料性能等因素的变异对于结构耐久性的影响，需要有足够的保证率。

### 2.5.1 影响结构耐久性的因素
#### Influence Factors of Structure Durability

影响结构耐久性的因素较多，归纳起来主要有以下几个方面。即设计工作年限，环境作用，材料的性能，防止材料劣化的技术措施以及使用期的检测、维护。

在这些因素作用下，结构耐久性设计的定量计算方法，尚未成熟到能在工程中普遍应用的程度。因而至今，国内外对结构耐久性设计仍采用传统的经验方法。在我国，结构耐久性暂归入正常使用极限状态进行设计控制。对砌体结构，其状态主要表现为砌体产生可见的裂缝、酥裂、风化、粉化，配筋砌体中钢筋锈蚀、胀裂。它们将导致结构功能降低，达不到设计预期的工作年限，甚至产生严重的工程事故。

### 2.5.2 砌体材料性能劣化
**Degradation of Masonry Materials**

材料性能随时间的逐渐衰减，称为劣化。砌体、混凝土材料耐久性的优劣，主要取决于下列几个方面的影响。

1. 密实度

砌体材料、混凝土抵抗有害介质入侵的能力，其密实度是关键。通常以材料最低强度等级、最大水胶比来控制。强度等级高，材料孔隙率小；降低水胶比，材料含水少，孔隙小。因而提高了材料的耐久性。

2. 碳化

混凝土及硅酸盐材料，受大气中二氧化碳及酸性介质在水的参与下发生化学反应，形成中性的碳酸钙，即碳化作用，不仅砌体性能劣化，对于配筋砌体，随着碳化深度加大，引起钢筋锈蚀。为此应控制材料的碳化系数。

3. 有害成分

砌体及混凝土中的有害成分主要是氯离子、碱骨料。材料中的氯离子会大大促进电化学反应的速度，必须严格控制其氯离子含量。材料中碱性骨料与水反应体积膨胀，发生碱骨料反应，使砌体、混凝土产生膨胀裂缝，需控制材料的最大含碱量。

4. 冻融

砌体块体、混凝土内部含水量高时，尤其是多孔、轻质材料，冻融循环的作用会引起其内部或表面的冻融、损伤，甚至胀裂。当水中含有盐分，将加剧材料的损伤。因此要确保材料的冻融循环性能。

5. 软化

材料长期在饱和水作用下，其强度显著降低，甚至丧失强度，这是材料耐水性差的表现。为此应控制材料的软化系数。

### 2.5.3 砌体结构耐久性设计
**Durability Design of Masonry Structures**

对于结构耐久性设计，主要是依据结构的设计使用年限、环境类别，选择性能可靠的材料和采取防止材料劣化的措施。结构的设计使用年限，应按建筑物的合理使用年限确定，不低于《工程结构可靠性设计统一标准》GB 50153—2008 规定的设计使用年限。

1. 砌体结构的环境类别

砌体结构的耐久性，应根据结构的设计使用年限和表 2-12 规定的环境类别进行设计。

砌体结构耐久性设计的环境类别与混凝土结构耐久性设计的环境类别有所差异，但大体上接近。这是由于砌体结构主要用于 1、2、3 类环境类别，没有如同混凝土结构那样，按环境类别和环境作用等级分得那么细。

**砌体结构的环境类别** 表 2-12

| 环境类别 | 条　件 |
| --- | --- |
| 1 | 干燥室内、外环境；室外有防水防护环境 |
| 2 | 潮湿的室内或室外环境，包括无侵蚀性土和水接触的环境 |
| 3 | 寒冷地区潮湿环境 |
| 4 | 与海水直接接触的环境，或处于滨海地区的盐饱和的气体环境 |
| 5 | 有化学侵蚀的气体、液体或固态形式的环境，包括有侵蚀性土壤的环境 |

2. 砌体材料的选择及技术措施

设计使用年限为 50 年时，砌体材料的选择、最低强度等级及技术措施，应符合下列规定。

（1）处于环境类别 1 的砌体，其块体材料的最低强度等级，应符合表 2-13 的要求。

**块体材料的最低强度等级** 表 2-13

<table>
<tr><th colspan="2">块体材料用途及类型</th><th>最低强度等级</th><th>备　注</th></tr>
<tr><td rowspan="3">承重</td><td>烧结普通砖、烧结多孔砖</td><td>MU10</td><td rowspan="2">用于外墙及潮湿环境的内墙时，强度等级应提高一级</td></tr>
<tr><td>蒸压普通砖、混凝土砖</td><td>MU15</td></tr>
<tr><td>普通、轻集料混凝土小型空心砌块</td><td>MU7.5</td><td>以粉煤灰做掺合料时，粉煤灰的品质、取代水泥最大限量和掺量应符合现行国家标准《用于水泥和混凝土中的粉煤灰》GB/T 1596、《粉煤灰混凝土应用技术规范》GB/T 50146 的有关规定；用于配筋砌块砌体抗震墙时，强度等级不应低于 MU10</td></tr>
<tr><td rowspan="2">自承重</td><td>轻集料混凝土小型空心砌块</td><td>MU3.5</td><td>用于外墙及潮湿环境的内墙时，强度等级不应低于 MU5.0；全烧结陶粒保温砌块用于内墙时，强度等级不应低于 MU2.5、密度不应大于 800kg/m³</td></tr>
<tr><td>烧结空心砖、空心砌块</td><td>MU3.5</td><td>用于外墙及潮湿环境的内墙时，强度等级不应低于 MU5.0</td></tr>
</table>

（2）处于环境类别 2 的砌体，其材料最低强度等级，应符合表 2-13 备注栏及表 2-14 的要求。

**地面以下或防潮层以下的砌体及潮湿房间墙所用材料的最低强度等级** 表 2-14

| 潮湿程度 | 烧结普通砖 | 混凝土普通砖、蒸压普通砖 | 混凝土砌块 | 石　材 | 水泥砂浆 |
| --- | --- | --- | --- | --- | --- |
| 稍潮湿的 | MU15 | MU20 | MU7.5 | MU30 | M5 |
| 很潮湿的 | MU20 | MU20 | MU10 | MU30 | M7.5 |
| 含水饱和的 | MU20 | MU25 | MU15 | MU40 | M10 |

注：1. 在冻胀地区，地面以下或防潮层以下的砌体，不宜采用多孔砖，如采用时，其孔洞应用不低于 M10 的水泥砂浆预先灌实；当采用混凝土空心砌块砌体时，其孔洞应采用强度等级不低于 Cb20 的混凝土预先灌实；

2. 对安全等级为一级或设计使用年限大于 50 年的房屋，表中材料强度等级应至少提高一级。

（3）处于环境类别 3～5 等有侵蚀性介质的砌体材料，应符合下列要求。

1）不应采用蒸压灰砂砖、蒸压粉煤灰砖。

2）应采用实心砖，砖的强度等级不应低于 MU20，水泥砂浆的强度等级不应低于 M10。

3）混凝土砌块的强度等级不应低于 MU15，灌孔混凝土的强度等级不应低于 Cb30，砂浆的强度等级不应低于 Mb10。

4）应根据环境类别对砌体材料的抗冻指标、耐酸、耐碱性能提出要求，或符合有关标准的规定。

以上规定表明，砌体中的烧结块材和质地坚硬的石材是耐久的；工程上提高砌体材料的强度等级是有效和普遍采用的增强耐久性的方法。随着新型、轻质块体特别是非烧结块材及多孔块材的应用，应重视其耐久性，尤其处于冰胀或某些侵蚀环境条件下，确保其耐久性不降低。

3．砌体中钢筋的选择及技术措施

（1）设计工作年限为 50 年时，砌体中钢筋的耐久性选择，应符合表 2-15 的规定。

砌体中钢筋的耐久性选择 表 2-15

| 环境类别 | 钢筋种类和最低保护要求 | |
| --- | --- | --- |
| | 位于砂浆中的钢筋 | 位于灌孔混凝土中的钢筋 |
| 1 | 普通钢筋 | 普通钢筋 |
| 2 | 重镀锌或有等效保护的钢筋 | 当采用混凝土灌孔时，可为普通钢筋；当采用砂浆灌孔时，应为重镀锌或有等效保护的钢筋 |
| 3 | 不锈钢或有等效保护的钢筋 | 重镀锌或有等效保护的钢筋 |
| 4 和 5 | 不锈钢或有等效保护的钢筋 | 不锈钢或有等效保护的钢筋 |

注：1. 对夹心墙的外叶墙，应采用重镀锌或有等效保护的钢筋；
　　2. 表中的钢筋即为国家现行标准《混凝土结构设计标准》GB/T 50010 和《冷轧带肋钢筋混凝土结构技术规程》JGJ 95 等标准规定的普通钢筋或非预应力钢筋。

（2）设计工作年限为 50 年时，夹心墙的钢筋连接件或钢筋网片、连接钢板、锚固螺栓或钢筋，应采用重镀锌或等效的防护涂层，镀锌层的厚度不应小于 $290g/m^2$；当采用环氧涂层时，灰缝钢筋涂层厚度不应小于 $290\mu m$，其余部件涂层厚度不应小于 $450\mu m$。

4．砌体中钢筋的保护层厚度

设计工作年限为 50 年时，砌体中钢筋的保护层厚度，应符合下列规定。

（1）配筋砌体中钢筋的最小混凝土保护层厚度，应符合表 2-16 的规定。

钢筋的最小保护层厚度（mm） 表 2-16

| 环境类别 | 混凝土强度等级 | | | |
| --- | --- | --- | --- | --- |
| | C20 | C25 | C30 | C35 |
| | 最低水泥含量（kg/m³） | | | |
| | 260 | 280 | 300 | 320 |
| 1 | 20 | 20 | 20 | 20 |
| 2 | — | 25 | 25 | 25 |
| 3 | — | 40 | 40 | 30 |
| 4 | — | — | 40 | 40 |
| 5 | — | — | — | 40 |

注：1. 材料中最大氯离子含量和最大碱含量应符合《混凝土结构设计标准》GB/T 50010—2010 的规定；
　　2. 当采用防渗砌体块体和防渗砂浆砌筑时，可考虑部分砌体（含抹灰层）的厚度作为保护层，但对环境类别 1、2、3，其混凝土保护层的厚度分别不应小于 10mm、15mm 和 20mm；
　　3. 钢筋砂浆面层的组合砌体构件的钢筋保护层厚度，可近似按 M7.5～M15 对应 C20，M20 对应 C25 的关系，按表中规定的混凝土保护层厚度数值增加 5～10mm；
　　4. 对安全等级为一级或设计使用年限为 50 年以上的砌体结构，钢筋的保护层厚度应至少增加 10mm。

（2）灰缝中钢筋外露砂浆保护层厚度，不应小于 15mm。

（3）所有钢筋端部均应有与对应钢筋的环境类别条件相同的保护层厚度。

（4）对填实的夹心墙或特别的墙体构造，钢筋的最小保护层厚度，应符合下列要求：

1）用于环境类别 1 时，应取 20mm 厚砂浆或灌孔混凝土与钢筋直径较大者。

2）用于环境类别 2 时，应取 20mm 厚灌孔混凝土与钢筋直径较大者。

3）采用重镀锌钢筋时，应取 20mm 厚砂浆或灌孔混凝土与钢筋直径较大者。

4）采用不锈钢钢筋时，应取钢筋直径。

## 思考题与习题
### Questions and Exercises

2-1  简述我国砌体结构设计方法的发展。

2-2  现行《砌体结构设计规范》GB 50003—2011 较原 GB 50003—2001 有哪些重要的补充与完善？

2-3  试述砌体结构采用以概率理论为基础的极限状态设计方法时，其承载力极限状态设计表达式的基本概念。

2-4  试述砌体结构与混凝土结构在正常使用极限状态的验算上有何不同。

2-5  确定各类砌体强度设计值的基本方法是什么？

2-6  试述砌体施工质量控制等级对砌体强度设计值的影响，在砌体结构设计中对施工质量控制等级有何规定？

2-7  施工质量控制等级为 B 级时，混凝土小型空心砌块砌体抗压强度设计值、标准值与平均值之间有何关系？

2-8  按习题 1-11 的资料，试计算该灌孔混凝土砌块砌体抗压强度设计值（施工质量控制等级为 B 级）。

2-9  按公式（2-15），确定灌孔混凝土砌块砌体抗压强度时，有哪些主要规定？

2-10  按习题 1-11 的资料，试计算该灌孔混凝土砌块砌体抗剪强度设计值（施工质量控制等级为 B 级）。

2-11  为何要规定砌体强度设计值的调整系数？如何采用？

2-12  本章 2.4 节中给出的砌体各种强度设计值是我国现行《砌体结构设计规范》GB 50003—2011 规定的取值，试问在确定其砂浆强度等级时，对砂浆试块的制作与强度评定有何要求，为什么？

2-13  影响砌体结构耐久性的主要因素是什么？

2-14  对砌体结构的耐久性设计，主要应做哪些方面的工作？

2-15  你遇见过耐久性差的砌体结构建筑吗？请描述你的观察结果。

2-16  为增强砌体结构的耐久性，常用而有效的方法是什么？

2-17  试述配筋砌体结构耐久性设计的要点。

# 第3章 无筋砌体结构构件
# Unreinforced Masonry Members

**学习提要** 无筋砌体的抗压能力远大于其抗拉能力，因而主要用作结构工程中的承重墙和柱，本章重点论述无筋砌体结构构件受压、局部受压和受剪承载力的计算方法。应熟悉影响无筋砌体构件受压承载力、局部受压承载力和受剪承载力的主要因素，掌握其承载力的计算方法；了解无筋砌体构件轴心受拉和受弯性能及其承载力计算。

## 3.1 受 压 构 件
### Masonry Compressive Members

无筋砌体受压构件的承载力主要取决于砌体的抗压强度、构件的截面面积、轴向压力的偏心距及构件的高厚比。根据轴向力作用的位置，分为轴心受压和偏心受压构件。在实际工程中，理想的轴心受压构件是不存在的，只是当偏心距 $e$ 很小时，可近似作为轴心受压。根据受压构件高厚比 $\beta$ 的不同，又可分为短柱和长柱，这样就可能出现四种情况，即轴心受压短柱、轴心受压长柱、偏心受压短柱及偏心受压长柱。

### 3.1.1 轴心受压短柱
#### Axially Compressive Short Columns

轴心受压短柱，是指高厚比 $\beta \leqslant 3$ 的轴心受压构件，这种构件的截面压应力分布均匀，破坏特征和承载力与砌体抗压强度试件的相同。因此，其承载力为：

$$N_u = A f_m$$

式中 $A$——构件截面面积；

$f_m$——砌体抗压强度平均值。

### 3.1.2 轴心受压长柱
#### Axially Compressive Slender Columns

轴心受压长柱，是指高厚比 $\beta > 3$ 的轴心受压构件，理论及试验表明，其承载力低于轴心受压短柱，即：

$$N_u = \varphi_0 A f_m$$

式中 $\varphi_0$——轴心受压长柱的稳定系数，$\varphi_0 < 1.0$。

长柱在承受轴心压力时，往往由于侧向变形（挠度）的增大而产生纵向弯曲破坏。对于用砖、石或砌块砌筑的构件，由于存在水平砂浆，且水平灰缝数量多，砌体的整体性受到削弱。其纵向弯曲对构件承载力的影响较素混凝土构件的要大些。试验表明，随着构件高厚比 $\beta$ 的增大，纵向弯曲现象越加显著，一般当 $\beta > 12$ 时，构件在临近破坏时，可观察到明显的纵向弯曲，如图 3-1 所示。

若以长柱截面应力达到欧拉临界应力 $\sigma_{cri}$ 作为构件进入破坏的标志，则轴心受压长柱的稳定系数为：

$$\varphi_0 = \frac{N_u}{f_m A} = \frac{\sigma_{cri}}{f_m} \qquad (3-1)$$

其中

$$\sigma_{cri} = \frac{\pi^2 EI}{A H_0^2} = \pi^2 E \left(\frac{i}{H_0}\right)^2 \qquad (3-2)$$

式中　$E$——砌体弹性模量；

$i$——构件截面回转半径；

$H_0$——构件计算高度。

根据式（1-20），$E = 460 f_m \sqrt{f_m} \left(1 - \frac{\sigma}{f_m}\right)$，则：

$$\varphi_0 = \frac{\pi^2 460 f_m \sqrt{f_m} \left(1 - \frac{\sigma}{f_m}\right)\left(\frac{i}{H_0}\right)^2}{f_m} = 460 \pi^2 \sqrt{f_m} \left(1 - \frac{\sigma}{f_m}\right)\left(\frac{i}{H_0}\right)^2 \qquad (3-3)$$

令 $\varphi_1 = 460 \pi^2 \sqrt{f_m} \left(\frac{i}{H_0}\right)^2$，当为矩形截面时，$i = \frac{h}{\sqrt{12}}$，且取 $\beta = \frac{H_0}{h}$，得 $\varphi_1 = 379.2 \sqrt{f_m} \frac{1}{\beta^2} \approx 370 \sqrt{f_m} \frac{1}{\beta^2}$。由此得：

图 3-1　砖柱的纵向
弯曲与破坏

$$\varphi_0 = \frac{1}{1 + \frac{1}{\varphi_1}} = \frac{1}{1 + \frac{1}{370\sqrt{f_m}}\beta^2} = \frac{1}{1 + \eta\beta^2} \qquad (3-4)$$

式中系数 $\eta = \frac{1}{370\sqrt{f_m}}$ 较全面地考虑了砖和砂浆强度及其他因素对构件纵向弯曲系数的影响。如以强度设计值 $f$ 代替强度平均值 $f_m$，则 $\eta = \frac{1}{510\sqrt{f}}$。

《砌体结构设计规范》GB 50003—2011 参照式（3-4），按下式确定轴心受压构件的稳定系数：

$$\varphi_0 = \frac{1}{1 + \eta\beta^2} \qquad (3-5)$$

式中，$\beta$ 为构件的高厚比，对矩形截面，$\beta = \frac{H_0}{h}$；对 T 形或十字形截面 $\beta = \frac{H_0}{h_T}$（$h_T = 3.5i$，称为折算厚度）；$\eta$ 为与砂浆强度 $f_2$ 有关的系数，当 $f_2 \geqslant 5$MPa 时，$\eta = 0.0015$；当 $f_2 = 2.5$MPa 时，$\eta = 0.002$；当 $f_2 = 0$ 时，$\eta = 0.009$。

### 3.1.3　偏心受压短柱

**Eccentrically Compressive Short Columns**

偏心受压短柱，是指 $\beta \leqslant 3$ 的偏心受压构件，由于偏心距和高厚比的影响，理论和试验表明，其承载力也将低于轴心受压短柱，即：

$$N_u = \alpha A f_m$$

式中　$\alpha$——偏心受压短柱的承载力偏心影响系数，$\alpha < 1.0$。

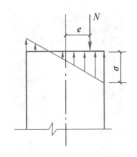

图 3-2 偏心受压短柱
截面弹性应力状态

按材料力学方法，砌体截面应力呈图 3-2 所示斜直线分布，受压边缘应力为：

$$\sigma = \frac{N}{A} + \frac{N \cdot e}{I} y = \frac{N}{A}\left(1 + \frac{ey}{i^2}\right)$$

式中　$I$——构件截面惯性矩；

$y$——受压边缘至截面形心轴的距离。

当上述边缘压应力 $\sigma$ 达到 $f_m$ 时：

$$N = \frac{1}{1 + \frac{ey}{i^2}} A f_m = \alpha' A f_m$$

$$\alpha' = \frac{1}{1 + \frac{ey}{i^2}} \tag{3-6}$$

$\alpha'$ 称为按材料力学计算的砌体偏心影响系数。

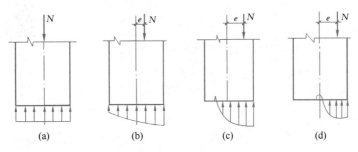

图 3-3　截面应力变化

然而大量的砌体受压试验表明，砌体偏心受压承载力远高于按上述方法计算的砌体偏心受压承载力。究其原因主要是：

（1）砌体受压时具有一定的弹塑性性能，随着荷载偏心距的增大，截面压应力分布不均匀，但较丰满（图 3-3b、c、d）。

（2）随着水平裂缝的发展（图 3-3c、d），受压面积逐渐减小，荷载对减小了的截面的偏心距也逐渐减小。

（3）受压区砌体，呈局部受压性质，局部受压强度有所提高。

（4）砌体截面应力非均匀分布，截面面积有可能被削弱。

这些因素，总体上使砌体偏心受压承载力有较大幅度的提高。由于现有的试验研究和理论分析尚不足以对所有上述因素的影响分别予以确定，因此，对于砌体的偏心受压，实用上以一个总的系数，即砌体的偏心影响系数来加以综合考虑。

基于式（3-6），对我国大量的试验资料（图 3-4）进行统计分析，提出了砌体偏心影响系数的计算公式：

$$\alpha = \frac{1}{1 + \left(\frac{e}{i}\right)^2} \tag{3-7a}$$

对矩形截面砌体：

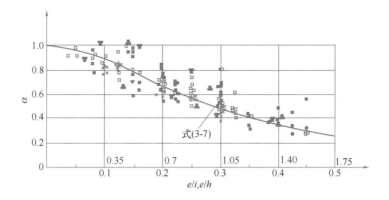

图 3-4 砌体的偏心影响系数 $\alpha$

$$\alpha = \frac{1}{1 + 12\left(\dfrac{e}{h}\right)^2} \tag{3-7b}$$

对 T 形等类型截面砌体：

$$\alpha = \frac{1}{1 + 12\left(\dfrac{e}{h_{\mathrm{T}}}\right)^2} \tag{3-7c}$$

式中　$h_{\mathrm{T}}$——折算厚度，$h_{\mathrm{T}} = \sqrt{12}\,i = 3.5i$。

式（3-7）符合试验结果，形式简单，便于应用。由于偏心影响系数是一个重要概念和计算参数，通过理论分析来建立其表达式对于完善砌体结构的基本原理具有实际意义。

### 3.1.4　偏心受压长柱

**Eccentrically Compressive Slender Columns**

偏心受压长柱，是指 $\beta > 3$ 的偏心受压构件，由于受到高厚比和偏心距的影响，理论和试验表明，其承载力低于偏心受压短柱，即：

$$N_{\mathrm{u}} = \varphi A f_{\mathrm{m}}$$

这是因为细长柱不仅产生纵向弯曲（侧向挠曲变形），且在偏心荷载作用下，该侧向挠度又使荷载偏心距增大，它们相互作用加剧了柱的破坏。对于 $\varphi$，国内外有很多种计算方法，我国砌体结构设计规范采用附加偏心距法。

如图 3-5 所示，构件在压力 $N$ 和弯矩 $M = Ne$ 作用下，轴向压力的偏心距为 $e$，纵向弯曲产生的附加偏心距为 $e_{\mathrm{i}}$。按附加偏心距法，偏心受压长柱考虑纵向弯曲和偏心距影响的系数为：

$$\varphi = \frac{1}{1 + \left(\dfrac{e + e_{\mathrm{i}}}{i}\right)^2} \tag{3-8}$$

当轴心受压时（$e = 0$），该影响系数等于稳定系数，即：

$$\varphi = \frac{1}{1 + \left(\dfrac{e_{\mathrm{i}}}{i}\right)^2} = \varphi_0$$

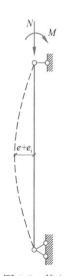

图 3-5　偏心受压长柱

得：

$$e_i = i \sqrt{\frac{1}{\varphi_0} - 1}$$

对矩形截面，有：

$$e_i = \frac{h}{\sqrt{12}} \sqrt{\frac{1}{\varphi_0} - 1} \tag{3-9}$$

将式（3-9）代入式（3-8），得：

$$\varphi = \frac{1}{1 + 12\left[\frac{e}{h} + \sqrt{\frac{1}{12}\left(\frac{1}{\varphi_0} - 1\right)}\right]^2} \tag{3-10}$$

对 T 形和十字形截面，以折算厚度 $h_T$ 代替 $h$，仍按公式（3-10）计算。式（3-10）涵盖了上述各种受力情况，对于偏心受压短柱，有 $\varphi = \alpha$；对于轴心受压长柱，有 $\varphi = \varphi_0$。

### 3.1.5　受压构件承载力计算

**Strength of Compressive Members**

综合 3.1.1～3.1.4 节的分析结果，无筋砌体受压构件承载力，按下式计算：

$$N \leqslant \varphi f A \tag{3-11}$$

式中　$N$——轴向力设计值；

　　　$\varphi$——高厚比 $\beta$ 和轴向力偏心距 $e$ 对受压构件承载力的影响系数，按式（3-10）计算，或直接查表 3-2～表 3-4；

　　　$f$——砌体抗压强度设计值，按 2.4 节的规定采用；

　　　$A$——截面面积。对带壁柱墙，当考虑翼缘宽度时，其翼缘宽度按 4.2 节的规定采用。

设计中，运用式（3-11）时，下列几个问题不容忽视：

（1）对矩形截面构件，当轴向力偏心方向的截面边长大于另一方向的边长时，除按偏心受压计算外，还应对较小边长方向按轴心受压进行计算。

（2）在计算影响系数 $\varphi$ 或查 $\varphi$ 值表时，应针对不同种类砌体，对构件高厚比 $\beta$ 进行修正：对矩形截面：

$$\beta = \gamma_\beta \frac{H_0}{h} \tag{3-12}$$

对 T 形截面：

$$\beta = \gamma_\beta \frac{H_0}{h_T} \tag{3-13}$$

式中　$H_0$——受压构件的计算高度，按表 4-2 采用；

　　　$h$——矩形截面轴向力偏心方向的边长，当轴心受压时为截面较小边长；

　　　$h_T$——T 形截面的折算厚度，近似按 $3.5i$ 计算；

　　　$\gamma_\beta$——不同砌体材料的高厚比修正系数，按表 3-1 采用。

（3）应符合对偏心距限值的要求。轴心力的偏心距 $e$，按内力设计值计算。偏心受压构件的试验研究表明，荷载较大，偏心距也较大时，构件截面受拉边会出现水平裂缝。当偏心距继续增大，截面受压区逐渐减小，构件刚度相应地削减，纵向弯曲的不利影响也随之增大，使得构件的承载能力明显降低。这时不仅结构不安全，而且材料强度的利用率很低，也不经济。为了更有利地确保砌体构件在偏心受压时的安全，并防止产生过大的受力裂缝，根据实践并参照国外有关规范，在我国现行规范中，要求轴向力的偏心距 $e$ 不应超过下列规定：

$$e \leqslant 0.6y \tag{3-14}$$

式中　$y$——截面重心到轴向力所在偏心方向截面边缘的距离，如图 3-6 所示。

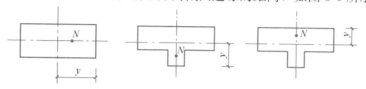

图 3-6　截面的 $y$ 值

（4）当轴向力的偏心距超过公式（3-14）的要求时，应采取适当措施减小偏心距，如修改构件的截面尺寸，甚至改变其结构方案。

高厚比修正系数　　　　　　　　　　　　　　表 3-1

| 砌体材料类别 | $\gamma_\beta$ |
| --- | --- |
| 烧结普通砖、烧结多孔砖 | 1.0 |
| 混凝土普通砖、混凝土多孔砖、混凝土及轻集料混凝土砌块 | 1.1 |
| 蒸压灰砂普通砖、蒸压粉煤灰普通砖、细料石 | 1.2 |
| 粗料石、毛石 | 1.5 |

注：对灌孔混凝土砌块砌体，$\gamma_\beta$ 取 1.0。

砌体构件的偏心受压，除上述轴向力沿截面某一个主轴方向有偏心距或同时承受轴心压力和单向弯矩作用的情况，即单向偏心受压外，工程上还可能遇到轴向压力沿截面两个主轴方向都有偏心距或同时承受轴心压力和两个方向弯矩作用的情况，称之为双向偏心受压。试验研究表明，其受力性能比单向偏心受压复杂；双向偏心受压构件在两个方向上偏心率（沿构件截面某方向的轴向力偏心距与该方向边长比值）的大小及其相对关系的改变，影响着构件的受力性能，使其有不同的破坏形态和特点，只要影响系数 $\varphi$ 考虑双向偏心率的影响，无筋砌体双向偏心受压构件承载力计算仍可采用式（3-11）进行计算。

影响系数 $\varphi$（砂浆强度等级≥M5）　　　　　　表 3-2

| $\beta$ | $\dfrac{e}{h}$ 或 $\dfrac{e}{h_\mathrm{T}}$ | | | | | | |
| --- | --- | --- | --- | --- | --- | --- | --- |
| | 0 | 0.025 | 0.05 | 0.075 | 0.1 | 0.125 | 0.15 |
| ≤3 | 1 | 0.99 | 0.97 | 0.94 | 0.89 | 0.84 | 0.79 |
| 4 | 0.98 | 0.95 | 0.90 | 0.85 | 0.80 | 0.74 | 0.69 |
| 6 | 0.95 | 0.91 | 0.86 | 0.81 | 0.75 | 0.69 | 0.64 |
| 8 | 0.91 | 0.86 | 0.81 | 0.76 | 0.70 | 0.64 | 0.59 |
| 10 | 0.87 | 0.82 | 0.76 | 0.71 | 0.65 | 0.60 | 0.55 |
| 12 | 0.82 | 0.77 | 0.71 | 0.66 | 0.60 | 0.55 | 0.51 |
| 14 | 0.77 | 0.72 | 0.66 | 0.61 | 0.56 | 0.51 | 0.47 |
| 16 | 0.72 | 0.67 | 0.61 | 0.56 | 0.52 | 0.47 | 0.44 |
| 18 | 0.67 | 0.62 | 0.57 | 0.52 | 0.48 | 0.44 | 0.40 |
| 20 | 0.62 | 0.57 | 0.53 | 0.48 | 0.44 | 0.40 | 0.37 |

| β | $\dfrac{e}{h}$ 或 $\dfrac{e}{h_T}$ | | | | | | |
|---|---|---|---|---|---|---|---|
| | 0 | 0.025 | 0.05 | 0.075 | 0.1 | 0.125 | 0.15 |
| 22 | 0.58 | 0.53 | 0.49 | 0.45 | 0.41 | 0.38 | 0.35 |
| 24 | 0.54 | 0.49 | 0.45 | 0.41 | 0.38 | 0.35 | 0.32 |
| 26 | 0.50 | 0.46 | 0.42 | 0.38 | 0.35 | 0.33 | 0.30 |
| 28 | 0.46 | 0.42 | 0.39 | 0.36 | 0.33 | 0.30 | 0.28 |
| 30 | 0.42 | 0.39 | 0.36 | 0.33 | 0.31 | 0.28 | 0.26 |

| β | $\dfrac{e}{h}$ 或 $\dfrac{e}{h_T}$ | | | | | |
|---|---|---|---|---|---|---|
| | 0.175 | 0.2 | 0.225 | 0.25 | 0.275 | 0.3 |
| ≤3 | 0.73 | 0.68 | 0.62 | 0.57 | 0.52 | 0.48 |
| 4 | 0.64 | 0.58 | 0.53 | 0.49 | 0.45 | 0.41 |
| 6 | 0.59 | 0.54 | 0.49 | 0.45 | 0.42 | 0.38 |
| 8 | 0.54 | 0.50 | 0.46 | 0.42 | 0.39 | 0.36 |
| 10 | 0.50 | 0.46 | 0.42 | 0.39 | 0.36 | 0.33 |
| 12 | 0.47 | 0.43 | 0.39 | 0.36 | 0.33 | 0.31 |
| 14 | 0.43 | 0.40 | 0.36 | 0.34 | 0.31 | 0.29 |
| 16 | 0.40 | 0.37 | 0.34 | 0.31 | 0.29 | 0.27 |
| 18 | 0.37 | 0.34 | 0.31 | 0.29 | 0.27 | 0.25 |
| 20 | 0.34 | 0.32 | 0.29 | 0.27 | 0.25 | 0.23 |
| 22 | 0.32 | 0.30 | 0.27 | 0.25 | 0.24 | 0.22 |
| 24 | 0.30 | 0.28 | 0.26 | 0.24 | 0.22 | 0.21 |
| 26 | 0.28 | 0.26 | 0.24 | 0.22 | 0.21 | 0.19 |
| 28 | 0.26 | 0.24 | 0.22 | 0.21 | 0.19 | 0.18 |
| 30 | 0.24 | 0.22 | 0.21 | 0.20 | 0.18 | 0.17 |

**影响系数 $\varphi$**（砂浆强度等级 M2.5）  表 3-3

| β | $\dfrac{e}{h}$ 或 $\dfrac{e}{h_T}$ | | | | | | |
|---|---|---|---|---|---|---|---|
| | 0 | 0.025 | 0.05 | 0.075 | 0.1 | 0.125 | 0.15 |
| ≤3 | 1 | 0.99 | 0.97 | 0.94 | 0.89 | 0.84 | 0.79 |
| 4 | 0.97 | 0.94 | 0.89 | 0.84 | 0.78 | 0.73 | 0.67 |
| 6 | 0.93 | 0.89 | 0.84 | 0.78 | 0.73 | 0.67 | 0.62 |
| 8 | 0.89 | 0.84 | 0.78 | 0.72 | 0.67 | 0.62 | 0.57 |
| 10 | 0.83 | 0.78 | 0.72 | 0.67 | 0.61 | 0.56 | 0.52 |
| 12 | 0.78 | 0.72 | 0.67 | 0.61 | 0.56 | 0.52 | 0.47 |
| 14 | 0.72 | 0.66 | 0.61 | 0.56 | 0.51 | 0.47 | 0.43 |
| 16 | 0.66 | 0.61 | 0.56 | 0.51 | 0.47 | 0.43 | 0.40 |
| 18 | 0.61 | 0.56 | 0.51 | 0.47 | 0.43 | 0.40 | 0.36 |
| 20 | 0.56 | 0.51 | 0.47 | 0.43 | 0.39 | 0.36 | 0.33 |

| $\beta$ | $\dfrac{e}{h}$ 或 $\dfrac{e}{h_T}$ | | | | | | |
|---|---|---|---|---|---|---|---|
| | 0 | 0.025 | 0.05 | 0.075 | 0.1 | 0.125 | 0.15 |
| 22 | 0.51 | 0.47 | 0.43 | 0.39 | 0.36 | 0.33 | 0.31 |
| 24 | 0.46 | 0.43 | 0.39 | 0.36 | 0.33 | 0.31 | 0.28 |
| 26 | 0.42 | 0.39 | 0.36 | 0.33 | 0.31 | 0.28 | 0.26 |
| 28 | 0.39 | 0.36 | 0.33 | 0.30 | 0.28 | 0.26 | 0.24 |
| 30 | 0.36 | 0.33 | 0.30 | 0.28 | 0.26 | 0.24 | 0.22 |

| $\beta$ | $\dfrac{e}{h}$ 或 $\dfrac{e}{h_T}$ | | | | | |
|---|---|---|---|---|---|---|
| | 0.175 | 0.2 | 0.225 | 0.25 | 0.275 | 0.3 |
| ≤3 | 0.73 | 0.68 | 0.62 | 0.57 | 0.52 | 0.48 |
| 4 | 0.62 | 0.57 | 0.52 | 0.48 | 0.44 | 0.40 |
| 6 | 0.57 | 0.52 | 0.48 | 0.44 | 0.40 | 0.37 |
| 8 | 0.52 | 0.48 | 0.44 | 0.40 | 0.37 | 0.34 |
| 10 | 0.47 | 0.43 | 0.40 | 0.37 | 0.34 | 0.31 |
| 12 | 0.43 | 0.40 | 0.37 | 0.34 | 0.31 | 0.29 |
| 14 | 0.40 | 0.36 | 0.34 | 0.31 | 0.29 | 0.27 |
| 16 | 0.36 | 0.34 | 0.31 | 0.29 | 0.26 | 0.25 |
| 18 | 0.33 | 0.31 | 0.29 | 0.26 | 0.24 | 0.23 |
| 20 | 0.31 | 0.28 | 0.26 | 0.24 | 0.23 | 0.21 |
| 22 | 0.28 | 0.26 | 0.24 | 0.23 | 0.21 | 0.20 |
| 24 | 0.26 | 0.24 | 0.23 | 0.21 | 0.20 | 0.18 |
| 26 | 0.24 | 0.22 | 0.21 | 0.20 | 0.18 | 0.17 |
| 28 | 0.22 | 0.21 | 0.20 | 0.18 | 0.17 | 0.16 |
| 30 | 0.21 | 0.20 | 0.18 | 0.17 | 0.16 | 0.15 |

影响系数 $\varphi$（砂浆强度 0）    表 3-4

| $\beta$ | $\dfrac{e}{h}$ 或 $\dfrac{e}{h_T}$ | | | | | | |
|---|---|---|---|---|---|---|---|
| | 0 | 0.025 | 0.05 | 0.075 | 0.1 | 0.125 | 0.15 |
| ≤3 | 1 | 0.99 | 0.97 | 0.94 | 0.89 | 0.84 | 0.79 |
| 4 | 0.87 | 0.82 | 0.77 | 0.71 | 0.66 | 0.60 | 0.55 |
| 6 | 0.76 | 0.70 | 0.65 | 0.59 | 0.54 | 0.50 | 0.46 |
| 8 | 0.63 | 0.58 | 0.54 | 0.49 | 0.45 | 0.41 | 0.38 |
| 10 | 0.53 | 0.48 | 0.44 | 0.41 | 0.37 | 0.34 | 0.32 |
| 12 | 0.44 | 0.40 | 0.37 | 0.34 | 0.31 | 0.29 | 0.27 |
| 14 | 0.36 | 0.33 | 0.31 | 0.28 | 0.26 | 0.24 | 0.23 |
| 16 | 0.30 | 0.28 | 0.26 | 0.24 | 0.22 | 0.21 | 0.19 |
| 18 | 0.26 | 0.24 | 0.22 | 0.21 | 0.19 | 0.18 | 0.17 |
| 20 | 0.22 | 0.20 | 0.19 | 0.18 | 0.17 | 0.16 | 0.15 |

| $\beta$ | $\dfrac{e}{h}$ 或 $\dfrac{e}{h_T}$ | | | | | | |
|---|---|---|---|---|---|---|---|
| | 0 | 0.025 | 0.05 | 0.075 | 0.1 | 0.125 | 0.15 |
| 22 | 0.19 | 0.18 | 0.16 | 0.15 | 0.14 | 0.14 | 0.13 |
| 24 | 0.16 | 0.15 | 0.14 | 0.13 | 0.13 | 0.12 | 0.11 |
| 26 | 0.14 | 0.13 | 0.13 | 0.12 | 0.11 | 0.11 | 0.10 |
| 28 | 0.12 | 0.12 | 0.11 | 0.11 | 0.10 | 0.10 | 0.09 |
| 30 | 0.11 | 0.10 | 0.10 | 0.09 | 0.09 | 0.09 | 0.08 |

| $\beta$ | $\dfrac{e}{h}$ 或 $\dfrac{e}{h_T}$ | | | | | |
|---|---|---|---|---|---|---|
| | 0.175 | 0.2 | 0.225 | 0.25 | 0.275 | 0.3 |
| ≤3 | 0.73 | 0.68 | 0.62 | 0.57 | 0.52 | 0.48 |
| 4 | 0.51 | 0.46 | 0.43 | 0.39 | 0.36 | 0.33 |
| 6 | 0.42 | 0.39 | 0.36 | 0.33 | 0.30 | 0.28 |
| 8 | 0.35 | 0.32 | 0.30 | 0.28 | 0.25 | 0.24 |
| 10 | 0.29 | 0.27 | 0.25 | 0.23 | 0.22 | 0.20 |
| 12 | 0.25 | 0.23 | 0.21 | 0.20 | 0.19 | 0.17 |
| 14 | 0.21 | 0.20 | 0.18 | 0.17 | 0.16 | 0.15 |
| 16 | 0.18 | 0.17 | 0.16 | 0.15 | 0.14 | 0.13 |
| 18 | 0.16 | 0.15 | 0.14 | 0.13 | 0.12 | 0.12 |
| 20 | 0.14 | 0.13 | 0.12 | 0.12 | 0.11 | 0.10 |
| 22 | 0.12 | 0.12 | 0.11 | 0.10 | 0.10 | 0.09 |
| 24 | 0.11 | 0.10 | 0.10 | 0.09 | 0.09 | 0.08 |
| 26 | 0.10 | 0.09 | 0.09 | 0.08 | 0.08 | 0.07 |
| 28 | 0.09 | 0.08 | 0.08 | 0.08 | 0.07 | 0.07 |
| 30 | 0.08 | 0.07 | 0.07 | 0.07 | 0.07 | 0.06 |

# 3.2 局 部 受 压
## Local Bearing Strength of Masonry

1.3 节中已指出局部受压分为局部均匀受压和局部不均匀受压。

### 3.2.1 砌体局部均匀受压
**Uniformly Local Bearing**

1. 局部抗压强度提高系数

砌体局部受压时，其抗压强度为 $\gamma f$。$\gamma$ 称为砌体局部抗压强度提高系数，与周边约束局部受压面积的砌体截面面积以及局部受压砌体所处的位置等因素有关。取：

$$\gamma = 1 + \xi \sqrt{\frac{A_0}{A_l} - 1} \tag{3-15}$$

式 (3-15) 中等号右边第一项是局部受压面积范围内砌体自身的单轴抗压强度，第二项反映了周边非直接受压砌体对局部受压砌体的侧向压力作用及力的扩散的影响。其系数 $\xi$，对于中心局部受压（图 1-7），$\xi=0.7$；对其他情况，$\xi=0.35$。为简化且偏于安全，统一取 $\xi=0.35$。于是砌体的局部抗压强度提高系数 $\gamma$ 统一按式（3-16）计算：

$$\gamma = 1 + 0.35 \sqrt{\frac{A_0}{A_l} - 1} \tag{3-16}$$

式中  $A_0$——影响砌体局部抗压强度的计算面积；

   $A_l$——局部受压面积。

为了避免 $A_0/A_l$ 大于某一限值时会出现危险的劈裂破坏，视砌体局部受压所处的位置，计算所得 $\gamma$ 值，尚应符合下列规定：

（1）在图 3-7（a）的情况下，$\gamma \leqslant 2.5$；

（2）在图 3-7（b）的情况下，$\gamma \leqslant 2.0$；

（3）在图 3-7（c）的情况下，$\gamma \leqslant 1.5$；

（4）在图 3-7（d）的情况下，$\gamma \leqslant 1.25$；

（5）按规定要求（见 4.3.2 节）灌孔的混凝土砌块砌体，在上述（1）、（2）的情况下，尚应符合 $\gamma \leqslant 1.5$，未灌孔混凝土砌块砌体，取 $\gamma=1.0$；

（6）对多孔砖砌体孔洞难以灌实时，应按 $\gamma=1.0$ 取用；当设置混凝土垫块时，按垫块下的砌体局部受压计算。

2. 影响砌体局部抗压强度的计算面积 $A_0$

视砌体局部受压所处位置按图 3-7 确定 $A_0$：

在图 3-7（a）的情况下，$A_0 = (a+c+h)h$；

在图 3-7（b）的情况下，$A_0 = (b+2h)h$；

在图 3-7（c）的情况下，$A_0 = (a+h)h + (b+h_1-h)h_1$；

在图 3-7（d）的情况下，$A_0 = (a+h)h$。

图中 $a$、$b$ 为矩形局部受压面积 $A_l$ 的边长；$c$ 为矩形局部受压面积的外边缘至构件边缘的较小距离，当大于 $h$ 时，应取为 $h$；$h$、$h_1$ 为墙厚或柱的较小边长、墙厚。

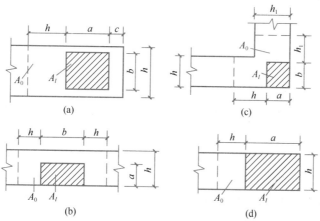

图 3-7 影响局部抗压强度的面积 $A_0$

3. 承载力计算

砌体截面受局部均匀压力时的承载力，应按下式计算：

$$N_l \leqslant \gamma f A_l \qquad\qquad (3\text{-}17)$$

式中　$N_l$——局部受压面积上的轴向力设计值；

　　　$\gamma$——砌体局部抗压强度提高系数；

　　　$f$——砌体抗压强度设计值，对于局部受压计算，可不考虑 2.4.4 节中第（1）项强度调整系数 $\gamma_a$ 的影响；

　　　$A_l$——局部受压面积。

### 3.2.2　梁端支承处砌体的局部受压
**Local Bearing at Beam Supports**

1. 梁端有效支承长度

梁端支承在砌体上时，由于梁的挠曲变形和支承处砌体压缩变形的影响，梁端支承长度将由实际支承长度 $a$ 变为有效支承长度 $a_0$（图 3-8）。因此梁端下砌体局部受压面积应为 $A_l = a_0 b$（$b$ 为梁的宽度）。

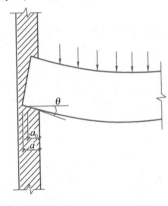

图 3-8　梁端有效支承长度

假定梁端转角为 $\theta$，砌体的变形和压应力均按直线分布，则砌体边缘的变形 $y_e = a_0 \tan\theta$，该点的压应力 $\sigma_{max} = k y_e$（$k$ 为梁端支承处砌体的压缩刚度系数）。由于实际的压应力呈曲线分布，应考虑砌体压应力图形的完整系数 $\eta$，则可取 $\sigma_{max} = \eta k y$。按静力平衡条件，得：

$$N_l = \eta k y_e a_0 b = \eta k a_0^2 b \tan\theta$$

根据试验结果，可取 $\eta k = 0.332 f_m = \dfrac{0.33}{0.48} f = 0.692 f$。此外，对工程上常见的钢筋混凝土简支梁，可取 $N_l = ql/2$（$q$ 为均布荷载，$l$ 为梁跨度），$\tan\theta \approx \theta = ql^3/24B$，$h_c/l \approx 1/11$（$h_c$ 为梁高）；考虑钢筋混凝土梁允许出现裂缝，以及长期荷载效应对梁刚度的影响，可取梁刚度 $B \approx 0.3 E_c I_c$；当梁采用混凝土 C20 时，$E_c = 25.5 \text{kN/mm}^2$。于是，梁端有效支承长度，近似按式（3-18）计算。

$$a_0 = 10 \sqrt{\dfrac{h_c}{f}} \qquad\qquad (3\text{-}18)$$

式中　$h_c$——梁的截面高度（mm）；

　　　$f$——砌体抗压强度设计值（MPa）。

2. 上部荷载对局部抗压强度的影响

作用在梁端砌体上的轴向力除梁端支承压力 $N_l$ 外，还有由上部荷载产生的轴向力 $N_0$，且梁端底面砌体上的应力不均匀分布，呈曲线图形，属局部不均匀受压（图 3-9a）。试验表明，当上部荷载产生的平均压应力 $\sigma_0$ 较小时，随梁上荷载增加，梁端底部砌体的局部压缩变形增大，梁端顶部与砌体的接触面减小，甚至梁端顶面与砌体脱开形成缝隙，砌体逐渐以内拱作用传递上部荷载（图 3-9b），此时，$\sigma_0$ 的存在和扩散对下部砌体有横向约束作用，提高了砌体局部受压承载力。但上述内拱作用是有变化的，如随着 $\sigma_0$ 的增大，梁端顶部与砌体接触面也增大，上述内拱作用逐渐减小，其有利效应也减小。这一影响以上部荷载的折减系数表示。根据试验研究，且偏于安全，规定当 $A_0/A_l \geqslant 3$ 时，不考虑上部荷载的影响。

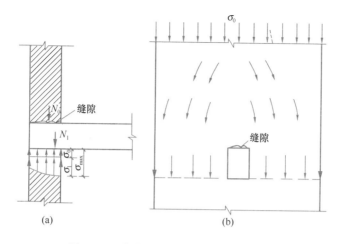

图 3-9　上部荷载对局部抗压的影响示意

3. 梁端支承处砌体的局部受压承载力计算

若上部实际荷载产生的平均压应力为 $\sigma'_0$，梁端支承压力 $N_l$ 产生的边缘应力为 $\sigma_l$，则梁端支承边缘的最大应力 $\sigma_{max}$，即应符合下式要求：

$$\sigma_{max} = \sigma'_0 + \sigma_l = \sigma'_0 + \frac{N_l}{\eta A_l} \leqslant \gamma f$$

即：

$$\eta A_l \sigma'_0 + N_l \leqslant \eta \gamma f A_l$$

现取上部荷载产生的计算平均应力 $\sigma_0$，并取 $\eta \sigma'_0 = \psi \sigma_0$ 代入上式，则得梁端支承处砌体的局部受压承载力，按下列公式计算：

$$\psi N_0 + N_l \leqslant \eta \gamma f A_l \tag{3-19a}$$

$$\psi = 1.5 - 0.5 \frac{A_0}{A_l} \tag{3-19b}$$

$$N_0 = \sigma_0 A_l \tag{3-19c}$$

$$A_l = a_0 b \tag{3-19d}$$

式中　$\psi$——上部荷载的折减系数，当 $A_0/A_l$ 大于或等于 3 时，应取 $\psi$ 等于 0；

$N_0$——局部受压面积内上部轴向力设计值（N）；

$N_l$——梁端支承压力设计值（N）；

$\sigma_0$——上部平均压应力设计值（N/mm²）；

$\eta$——梁端底面应力图形的完整系数，应取 0.7，对于过梁和墙梁应取 1.0；

$a_0$——梁端有效支承长度（mm），当 $a_0$ 大于 $a$ 时，应取 $a_0$ 等于 $a$，$a$ 为梁端实际支承长度（mm）；

$b$——梁的截面宽度（mm）。

4. 梁端下设有刚性垫块时砌体的局部受压承载力计算

当梁端支承处砌体局部受压的计算不能满足要求时，可在梁端设置刚性垫块。刚性垫块不仅使梁端压力较好地传至砌体截面上，且可增大局部受压面积。梁下垫块通常采用预制刚性垫块，有时也将垫块与梁现浇成整体。

刚性垫块是指高度 $t_b \geqslant 180\text{mm}$，而挑出梁边的长度不大于 $t_b$ 的垫块（图 3-10）。试验

73

研究和分析表明，考虑到垫块底面压应力分布的不均匀性，为偏于安全，垫块外砌体面积的有利影响系数 $\gamma_1$ 取为 $0.8\gamma$；刚性垫块下砌体的局部受压可采用砌体偏心受压短柱的承载力表达式进行计算。因此，在梁端下设有预制或现浇刚性垫块的砌体局部受压承载力，按下列公式计算：

$$N_0 + N_l \leqslant \varphi \gamma_1 f A_{\rm b} \tag{3-20a}$$

$$N_0 = \sigma_0 A_{\rm b} \tag{3-20b}$$

$$A_{\rm b} = a_{\rm b} b_{\rm b} \tag{3-20c}$$

式中　$N_0$——垫块面积 $A_{\rm b}$ 内上部轴向力设计值（N）；

　　　$\varphi$——垫块上 $N_0$ 及 $N_l$ 合力的影响系数，应采用表 3-2～表 3-4 中当 $\beta \leqslant 3$ 时的 $\varphi$ 值；

　　　$\gamma_1$——垫块外砌体面积的有利影响系数，$\gamma_1$ 应为 $0.8\gamma$，但不小于 $1.0$，$\gamma$ 为砌体局部抗压强度提高系数，按式（3-16）以 $A_{\rm b}$ 代替 $A_l$ 计算得出；

　　　$A_{\rm b}$——垫块面积（$mm^2$）；

　　　$a_{\rm b}$——垫块伸入墙内的长度（mm）；

　　　$b_{\rm b}$——垫块的宽度（mm）。

在带壁柱墙的壁柱内设刚性垫块时，由于墙的翼缘部分大多位于压应力较小处，参加工作程度有限，其计算面积应取壁柱范围内的面积，而不计算翼缘部分，同时壁柱上垫块伸入翼墙内的长度不应小于 120mm（图 3-10）。

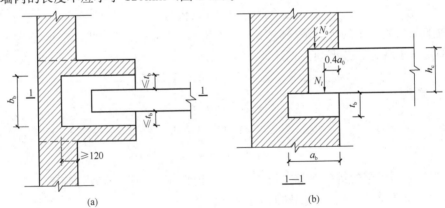

图 3-10　壁柱上设有刚性垫块

垫块上 $N_l$ 作用点的位置可取 $0.4a_0$（图 3-10b）。$a_0$ 为刚性垫块上表面梁端有效支承长度，按下式计算：

$$a_0 = \delta_1 \sqrt{\frac{h_{\rm c}}{f}} \tag{3-21}$$

式中　$\delta_1$——刚性垫块的影响系数，可按表 3-5 采用。

刚性垫块的影响系数 $\delta_1$ 取值　　　　　　　　　　　　　　表 3-5

| $\sigma_0/f$ | 0 | 0.2 | 0.4 | 0.6 | 0.8 |
|---|---|---|---|---|---|
| $\delta_1$ | 5.4 | 5.7 | 6.0 | 6.9 | 7.8 |

注：表中其间的数值可采用插入法求得。

在 $\varphi$ 的计算中，确定 $N_0$ 与 $N_l$ 的大小及作用位置十分重要，其中 $N_0$ 是由上部荷载作用于垫块面积内的压力，位于垫块截面重心处；$N_l$ 为在梁端产生的支承压力，位置为 $0.4a_0$ 处，此时的 $a_0$ 应按式（3-21）而不是按式（3-18）计算，在对其下部墙体的受压承载力计算中亦是如此；对于砌体的局部受压不考虑纵向弯曲的影响，因而 $N_0$ 与 $N_l$ 合力的影响系数 $\varphi$，按式（3-10）计算，或查表 3-2～表 3-4 中 $\beta \leqslant 3$ 一栏的 $\varphi$ 值。

5. 梁端下设有钢筋混凝土垫梁时砌体的局部受压承载力计算

当梁或屋架端部支承处的砌体上设有垫梁时（如钢筋混凝土梁），垫梁可视为承受集中荷载的弹性地基梁，而砌体为支承垫梁的弹性地基。由弹性力学分析可知，弹性地基梁下表面的压应力分布（图 3-11）与梁的抗弯刚度以及弹性地基的压缩刚度系数有关，其最大应力 $\sigma_{\max}$ 为：

$$\sigma_{\max} = 0.306 \frac{N_l}{b_b} \sqrt[3]{\frac{Eh}{E_b I_b}} \tag{3-22}$$

式中 $E_b$、$I_b$——分别为垫梁的混凝土弹性模量和截面惯性矩；

$b_b$——垫梁的宽度；

$E$——砌体的弹性模量。

对于长度大于 $\pi h_0$ 的垫梁，现将垫梁下的压应力分布简化为三角形分布（图 3-11），取折算的应力分布长度 $s = \pi h_0$，则由静力平衡条件可得：

$$N_l = \frac{1}{2} \pi h_0 b_b \sigma_{\max} \tag{3-23}$$

将式（3-23）代入式（3-22），得垫梁的折算高度 $h_0$ 为：

$$h_0 = 2 \sqrt[3]{\frac{E_b I_b}{Eh}} \tag{3-24}$$

式中 $h$——墙厚（mm）。

考虑垫梁和砌体的受力性能，取 $\sigma_{\max} \leqslant 1.5f$，在上部荷载 $N_0$ 和 $N_l$ 的作用下，有：

$$N_0 + N_l \leqslant \frac{\pi b_b h_0}{2} \times 1.5f \approx 2.4 b_b h_0 f$$

考虑 $N_l$ 沿墙厚分布不均匀的影响后，梁端设有长度大于 $\pi h_0$ 的垫梁下的砌体局部受压承载力，应按下列公式计算：

$$N_0 + N_l \leqslant 2.4 \delta_2 f b_b h_0 \tag{3-25}$$

$$N_0 = \frac{\pi b_b h_0 \sigma_0}{2} \tag{3-26}$$

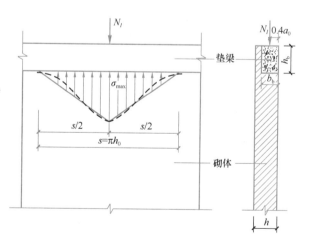

图 3-11 垫梁下砌体局部受压

式中 $N_0$——垫梁上部轴向力设计值（N）；

$b_b$——垫梁在墙厚方向的宽度（mm）；

$\delta_2$——垫梁底面压应力分布系数，当荷载沿墙厚方向均匀分布时取 1.0，不均匀时取 0.8；

$h_0$——垫梁的折算高度（mm），按式（3-24）计算。

梁搁置在圈梁上则存在出平面不均匀的局部受压情况，而且这是大多数的受力状态。经过计算分析考虑了柔性垫梁不均匀局压情况，给出 $\delta_2 = 0.8$ 的修正系数。

计算中，垫梁上的梁端有效支承长度，近似按式（3-21）计算。

## 3.3 轴心受拉、受弯和受剪构件
### Axially Tensile Members，Flexural Members and
### Shear Strength Members of Masonry

### 3.3.1 轴心受拉构件
#### Axially Tensile Members

砌体轴心抗拉强度很低，工程上很少采用砌体轴心受拉构件。但对于小型圆形水池或筒仓等结构，在液体或松散物料的侧向力作用下，池壁或筒壁内只产生环向拉力时（图3-12），可采用砌体结构。

无筋砌体轴心受拉构件的承载力，应按下式计算：

$$N_t \leqslant f_t A \tag{3-27}$$

式中 $N_t$——轴心拉力设计值；

$f_t$——砌体轴心抗拉强度设计值，按表 2-11 采用。

### 3.3.2 受弯构件
#### Flexural Members

过梁及挡土墙等受弯构件，在弯矩作用下砌体可能沿齿缝截面（图 3-13a）或沿通缝截面（图 3-13b）因弯曲受拉而破坏，应进行受弯承载力计算。在支座处存在较大的剪力，因而还应对其受剪承载力进行验算。

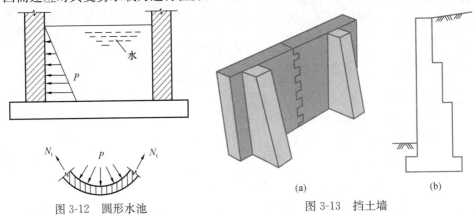

图 3-12  圆形水池          图 3-13  挡土墙

1. 受弯构件的受弯承载力，应按下式计算：

$$M \leqslant f_{tm} W \tag{3-28}$$

式中 $M$——弯矩设计值；

$f_{tm}$——砌体弯曲抗拉强度设计值，按表 2-11 采用；

$W$——截面抵抗矩，对矩形截面 $W = bh^2/6$。

2. 受弯构件的受剪承载力，按下式计算：

$$V \leqslant f_{v0}bz \qquad (3\text{-}29a)$$

$$z = I/S \qquad (3\text{-}29b)$$

式中 $V$——剪力设计值；

$f_{v0}$——砌体抗剪强度设计值，按表 2-11 采用；

$b$——截面宽度；

$z$——内力臂，当截面为矩形时取 $z = 2h/3$（$h$ 为截面高度）；

$I$、$S$——分别为截面惯性矩和截面面积矩。

### 3.3.3 受剪构件

**Shear Strength Members**

图 3-14 所示无筋砌体墙在垂直压力和水平剪力作用下，产生沿水平通缝截面或沿阶梯形截面的受剪破坏。

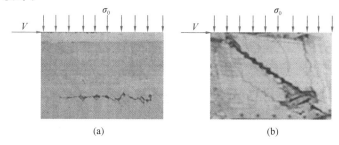

图 3-14 墙体受剪破坏

（a）水平裂缝破坏；（b）斜裂缝破坏

按可靠度要求，将公式（1-12）相关平均值、标准值转换为设计值，得不同种类砌体构件通缝截面或阶梯形截面的受剪承载力：

$$V \leqslant (f_{v0} + \alpha\mu\sigma_0)A \qquad (3\text{-}30a)$$

$$\mu = 0.24 - 0.07\frac{\sigma_0}{f} \qquad (3\text{-}30b)$$

式中 $V$——剪力设计值；

$A$——水平截面面积；

$f_{v0}$——砌体抗剪强度设计值，按表 2-11 采用，对灌孔的混凝土砌块砌体取 $f_{vg}$；

$\alpha$——修正系数，砖砌体、多孔砖砌体取 0.60，混凝土砌块砌体取 0.64；

$\mu$——剪压复合受力影响系数；

$f$——砌体抗压强度设计值；

$\sigma_0$——永久荷载设计值产生的水平截面平均压应力，其值不应大于 $0.8f$。

设计计算时，应控制轴压比 $\sigma_0/f$ 不大于 0.8，以防止墙体产生斜压破坏。还应注意到，上述 $f_{v0}$ 取值不等于砌体的抗震抗剪强度设计值。

## 3.4 计 算 例 题

### Examples

**【例题 3-1】** 某矩形截面砖柱，计算高度为 4.2m，柱截面承受轴心压力设计值为 $N=$ 184kN，截面尺寸 370mm×490mm，采用烧结页岩普通砖 MU10、水泥混合砂浆 M5 砌筑，施工质量控制等级为 B 级。试验算该砖柱的受压承载力。

**【解】** 由公式（3-12）：

砖柱高厚比 $\beta = \gamma_\beta \dfrac{H_0}{b} = 1.0 \times \dfrac{4.2}{0.37} = 11.35$

查表 3-2，得 $\varphi = 0.836$。如果按式（3-4）计算，$\varphi = \varphi_0 = \dfrac{1}{1+\eta\beta^2} = \dfrac{1}{1+0.0015 \times 11.35^2}$ $=0.838$，与查表结果相差很小。

因 $A = 0.37 \times 0.49 = 0.181 \text{m}^2 < 0.3 \text{m}^2$

取 $\gamma_a = 0.7 + A = 0.7 + 0.181 = 0.881$，由表 2-4 得：

$$f = 0.881 \times 1.50 = 1.32 \text{MPa}$$

按式（3-11），$\varphi f A = 0.836 \times 1.32 \times 181000 \times 10^{-3} = 199.8 \text{kN} > 184 \text{kN}$，该柱安全。

**【例题 3-2】** 某矩形截面柱，截面尺寸为 490mm×740mm，采用蒸压灰砂普通砖 MU15 和水泥混合砂浆 M5 砌筑，柱的计算高度为 6m，承受轴向荷载为 280kN，施工质量控制等级为 B 级，荷载沿柱长边方向的偏心距为 90mm 和 200mm，试分别验算该柱的承载力。

**【解】**

1. 当荷载偏心距为 90mm 时

$$H_0 = 6\text{m}$$

$$\beta = \gamma_\beta \frac{H_0}{h} = 1.2 \times \frac{6}{0.74} = 9.7$$

$$\frac{e}{h} = \frac{0.09}{0.74} = 0.122, \quad \frac{e}{y} = 2 \times 0.122 = 0.244 < 0.6$$

查表 3-2 得 $\varphi = 0.61$

$A = 0.49 \times 0.74 = 0.363 \text{m}^2 > 0.3 \text{m}^2$，取 $\gamma_a = 1$

由表 2-6，$f = 1.83 \text{MPa}$

则 $\varphi f A = 0.61 \times 1.83 \times 0.363 \times 10^3 = 405.2 \text{kN} > 280 \text{kN}$

还应按较小边长方向验算其轴心受压承载力：

$$\beta = \gamma_\beta \frac{H_0}{h} = 1.2 \times \frac{6}{0.49} = 14.6$$

查表 3-2 得 $\varphi = 0.755$

则 $\varphi f A = 0.755 \times 1.83 \times 0.363 \times 10^3 = 501.5 \text{kN} > 280 \text{kN}$，这种情况下，柱安全。

2. 荷载沿柱长边方向的偏心距为 200mm 时

由上得 $\beta = 9.7$

$$\frac{e}{h}=\frac{0.2}{0.74}=0.27, \quad \frac{e}{y}=2\times0.27=0.54<0.6$$

查表 3-2 得 $\varphi=0.37$

取 $\gamma_a=1$

由表 2-6，$f=1.83\text{MPa}$

则 $\varphi fA=0.37\times1.83\times0.363\times10^3=245.8\text{kN}<280\text{kN}$，这种情况下，柱不安全。

【例题 3-3】如图 3-15 所示为一带壁柱砖墙，采用烧结煤矸石普通砖 MU15、水泥混合砂浆 M7.5 砌筑，施工质量控制等级为 B 级，计算高度为 6m，试计算当轴向压力作用于该墙截面重心 $O$、$A$ 点及 $B$ 点时的承载力。

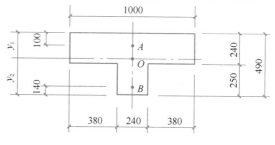

图 3-15 带壁柱砖墙

【解】

先计算截面几何特征：

截面面积：$A=1\times0.24+0.24\times0.25=0.3\text{m}^2$

截面重心位置：

$$y_1=\frac{1\times0.24\times0.12+0.24\times0.25\times0.365}{0.3}=0.169\text{m}$$

$$y_2=0.49-0.169=0.321\text{m}$$

截面惯性矩：

$$I=\frac{1\times0.24^3}{12}+1\times0.24\times(0.169-0.12)^2+\frac{0.24\times0.25^3}{12}$$
$$+0.24\times0.25\times(0.321-0.125)^2$$
$$=0.0043\text{m}^4$$

回转半径：

$$i=\sqrt{\frac{I}{A}}=\sqrt{\frac{0.00434}{0.3}}=0.12\text{m}$$

折算厚度：$\quad h_t=3.5i=3.5\times0.12=0.42\text{m}$

1. 轴向力作用于截面重心 $O$（轴心受压）

$$\beta=\gamma_\beta\frac{H_0}{h_T}=1.0\times\frac{6}{0.42}=14.29$$

查表 3-2 得 $\varphi=0.76$，查表 2-6 得 $f=2.07\text{MPa}$

则按式(3-11)，承载力为：

$$N=\varphi fA=0.76\times2.07\times0.3\times10^6=472\text{kN}$$

2. 轴向力作用于 $A$ 点（偏心受压）

已知轴向力的偏心距 $e=y_1-0.1=0.169-0.1=0.069\text{m}$

$$\frac{e}{h_T}=\frac{0.069}{0.42}=0.164, \quad \frac{e}{y_1}=\frac{0.069}{0.169}=0.408<0.6$$

查表 3-2 得 $\varphi=0.443$，则该墙的承载力为：

$$N = \varphi f A = 0.443 \times 2.07 \times 0.3 \times 10^6 = 275.1 \text{kN}$$

3. 轴向力作用于 B 点（偏心受压）

已知轴向力的偏心距 $e = y_2 - 0.14 = 0.321 - 0.14 = 0.181\text{m}$

$$\frac{e}{h_T} = \frac{0.181}{0.42} = 0.43, \quad \frac{e}{y_2} = \frac{0.181}{0.321} = 0.56 < 0.6$$

因在表中查不到 $\varphi$ 的值，则按公式（3-10）计算

$$\varphi = \frac{1}{1 + 12\left[\frac{e}{h_T} + \sqrt{\frac{1}{12}\left(\frac{1}{\varphi_0} - 1\right)}\right]^2} = \frac{1}{1 + 12\left[0.43 + \sqrt{\frac{1}{12}\left(\frac{1}{0.76} - 1\right)}\right]^2} = 0.192$$

则该承载力为：

$$N = \varphi f A = 0.192 \times 2.07 \times 0.3 \times 10^6 = 119.2 \text{kN}$$

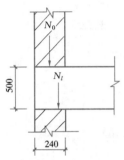

图 3-16  窗间墙砌体
局部受压

【例题 3-4】某窗间墙（图 3-16），截面尺寸为 1200mm × 240mm，采用烧结普通砖 MU15、混合砂浆 M5 砌筑，施工质量控制等级为 B 级。墙上支承钢筋混凝土梁，截面尺寸为 $b \times h = 200\text{mm} \times 500\text{mm}$，支座压力设计值 $N_l = 70\text{kN}$，梁底截面处的上部荷载设计值 150kN。试验算梁支承处砌体的局部受压承载力。

【解】

查表 2-6，$f = 1.83\text{MPa}$［因计算局部受压，不考虑 2.4.4 节中第（1）项强度调整系数的影响，$\gamma_a = 1.0$］

又  $A_0 = (b + 2h)h = (0.2 + 2 \times 0.24) \times 0.24 = 0.163 \text{ m}^2$

$$a_0 = 10\sqrt{\frac{h_c}{f}} = 10 \times \sqrt{\frac{500}{1.83}} = 165.3\text{mm} < a = 240\text{mm},$$

取 $a_0 = 165.3\text{mm}$

$$A_l = a_0 b = 0.1653 \times 0.2 = 0.033\text{m}^2$$

$$\frac{A_0}{A_l} = \frac{0.163}{0.033} = 4.939 > 3, 取 \psi = 0，即不考虑上部荷载的影响。$$

由式（3-16）得：

$$\gamma = 1 + 0.35\sqrt{\frac{A_0}{A_l} - 1} = 1 + 0.35\sqrt{4.939 - 1} = 1.695 < 2.0, 取 \gamma = 1.695$$

按式（3-19a）并取 $\eta = 0.7$，得：

$\eta \gamma f A_l = 0.7 \times 1.695 \times 1.83 \times 0.033 \times 10^3 = 71.6\text{kN} > N_l = 70\text{kN}$，满足要求。

【例题 3-5】某窗间墙截面尺寸为 1200mm × 190mm、采用烧结多孔砖 MU10、混合砂浆 M7.5 砌筑，施工质量控制等级为 B 级。墙上支承截面尺寸为 250mm × 650mm 的钢筋混凝土梁，梁端荷载设计值产生的支承压力为 92kN，上部荷载设计值产生的轴向力为 40kN。试验算梁端支承处砌体的局部受压承载力。

【解】1. 局部受压承载力验算

查表 2-6，有 $f = 1.69\text{MPa}$［因计算局部受压，不考虑 2.4.4 节中第（1）项强度调整系数的影响，$\gamma_a = 1.0$］

$$A_0 = (b + 2h)h = (0.25 + 2 \times 0.19) \times 0.19 = 0.1197\text{m}^2$$

$$a_0 = 10 \sqrt{\frac{h_c}{f}} = 10 \times \sqrt{\frac{650}{1.69}} = 196\text{mm} > a = 190\text{mm}$$

$$A_l = a_0 b = 0.19 \times 0.25 = 0.0475\text{m}^2$$

$$\frac{A_0}{A_l} = \frac{0.1197}{0.0475} = 2.52 < 3.0, \text{应考虑上部荷载的影响。}$$

$$\psi = 1.5 - 0.5\frac{A_0}{A_l} = 1.5 - 0.5 \times 2.52 = 0.24$$

$$\sigma_0 = \frac{40 \times 10^3}{1200 \times 190} = 0.175\text{MPa}$$

$$N_0 = \sigma_0 A_l = 0.175 \times 0.0475 \times 10^3 = 8.3\text{kN}$$

由式（3-16）得：

$$\gamma = 1 + 0.35 \sqrt{\frac{A_0}{A_l} - 1} = 1 + 0.35\sqrt{2.52 - 1} = 1.43 < 2.0$$

按式（3-19a）并取 $\eta = 0.7$，得：

$$\psi N_0 + N_l = 0.24 \times 8.3 + 92 = 94\text{kN}$$

$$\eta \gamma f A_l = 0.7 \times 1.43 \times 1.69 \times 0.0475 \times 10^3 = 80.4\text{kN} < 94\text{kN}$$

故梁端支承处砌体局部受压不安全。

2. 设置垫块

为了保证砌体的局部受压承载力，现设置 $b_b \times a_b \times t_b = 650\text{mm} \times 190\text{mm} \times 200\text{mm}$ 预制混凝土垫块，其尺寸符合刚性垫块的要求。

因为 $650 + 2 \times 190 = 1030\text{mm} < 1200\text{mm}$

取 $A_0 = (b + 2h)h = (650 + 2 \times 190) \times 190 = 195700\text{mm}^2 = 0.1957\text{m}^2$

$$A_l = A_b = a_b \times b_b = 190 \times 650 = 123500\text{mm}^2 = 0.1235\text{m}^2$$

$$\frac{A_0}{A_l} = \frac{0.1957}{0.1235} = 1.585 < 3$$

$$\gamma = 1 + 0.35 \sqrt{\frac{A_0}{A_l} - 1} = 1 + 0.35\sqrt{1.585 - 1} = 1.268 < 2.0$$

$$\gamma_1 = 0.8\gamma = 1.01 > 1.0$$

上部荷载产生的平均压应力：

$$\sigma_0 = \frac{40 \times 10^3}{1200 \times 190} = 0.175\text{MPa}$$

$\frac{\sigma_0}{f} = \frac{0.175}{1.69} = 0.104$，查表 3-5，$\delta_1 = 5.56$

由式（3-21），刚性垫块上表面梁端有效支承长度：

$$a_0 = \delta_1 \sqrt{\frac{h_c}{f}} = 5.56 \times \sqrt{\frac{650}{1.69}} = 109.04\text{mm}$$

$N_l$ 合力点至墙边的位置为 $0.4a_0 = 0.4 \times 109.04 = 43.62\text{mm}$

$N_l$ 对垫块重心的偏心距为 $e_l = 95 - 43.62 = 51.38\text{mm}$

垫块上的上部荷载为 $N_0 = \sigma_0 A_b = 0.175 \times 0.1235 \times 10^3 = 21.61\text{kN}$

作用在垫块上的轴向力 $N = N_0 + N_l = 21.61 + 92 = 113.61\text{kN}$

轴向力对垫块重心的偏心距:

$$e = \frac{N_l e_l}{N_0 + N_l} = \frac{92 \times 51.38}{21.61 + 92} = 41.61 \text{mm}$$

$$\frac{e}{a_b} = \frac{41.61}{190} = 0.219$$

查表 3-2 ($\beta \leqslant 3$),$\varphi = 0.634$

按式 (3-20a) 得,$\varphi \gamma_1 f A_b = 0.634 \times 1.01 \times 1.69 \times 123500 = 133649 \text{N} = 133.6 \text{kN} > N = N_0 + N_l = 113.61 \text{kN}$

设置预制垫块后,砌体局部受压安全。

3. 设置垫梁

现利用该墙体上的圈梁,圈梁截面尺寸为 190mm × 190mm,C20 混凝土 ($E_b = 25.5 \text{kN/mm}^2$)。由表 1-14,$E = 1600f = 1600 \times 1.69 \times 10^{-3} = 2.7 \text{kN/mm}^2$。

由式 (3-24) 得:

$$h_0 = 2 \sqrt[3]{\frac{E_b I_b}{Eh}} = 2 \sqrt[3]{\frac{25.5 \times \frac{1}{12} \times 190 \times 190^3}{2.7 \times 190}} = 350.8 \text{mm}$$

因该圈梁沿墙长设置,其长度大于 $\pi h_0 = 1.102 \text{m}$,故该圈梁可作为砌体局部受压时的垫梁。

由式 (3-26)、式 (3-25) 得:

$$N_0 = \frac{1}{2} \pi b_b h_0 \sigma_0 = \frac{\pi}{2} \times 0.19 \times 0.3508 \times 0.175 \times 10^3 = 18.3 \text{kN}$$

$$N = N_0 + N_l = 18.3 + 92 = 110.3 \text{kN}$$

考虑荷载沿墙厚方向分布不均匀,取 $\delta_2 = 0.8$,从而得:

$2.4 \delta_2 f b_b h_0 = 2.4 \times 0.8 \times 1.69 \times 0.19 \times 0.3508 \times 10^3 = 216.3 \text{kN} > 110.3 \text{kN}$

此时垫梁下砌体的局部受压承载力满足要求。

讨论:局部受压中,梁端下设刚性垫块或钢筋混凝土垫梁的适用范围以及特点比较见表 3-6。

梁端下设刚性垫块或钢筋混凝土垫梁的适用范围以及特点比较　　　　表 3-6

| 形式 | 使用条件 | 适用范围 | 特点 |
| --- | --- | --- | --- |
| 梁端下设刚性垫块 | 高度 $t_b \geqslant 180 \text{mm}$,挑出梁边的长度不大于 $t_b$ | 可用于梁与砌体柱或壁柱交接处 | 1. 增大了局部受压面积,可有效分散梁端集中力,防止砌体局压破坏;<br>2. 减小砌体柱或壁柱的局部损坏 |
| 梁端下设钢筋混凝土垫梁 | 垫梁长度大于 $\pi h_0$ | 可用于梁与砌体墙交接处 | 1. 增大了砌体墙局部受压面积,可有效分散梁端集中力,防止砌体墙局压破坏;<br>2. 圈梁兼作垫梁,可增强砌体墙的整体性 |

【例题 3-6】某圆形水池,采用混凝土普通砖 MU20、专用砂浆 Mb10 砌筑,施工质量控制等级为 B 级。其中某 1m 高的池壁内作用的环向拉力为 $N_t = 95 \text{kN}$。试选择池壁厚度。

【解】因砂浆强度等级大于 M5,故 $\gamma_a = 1.0$,查表 2-11,该池壁沿齿缝截面的轴心抗拉强度设计值 $f_t = 0.19 \text{MPa}$。

$$h = \frac{N_t}{1 \times f_t} = \frac{95}{1 \times 0.19} = 500\text{mm}$$

选取池壁厚度为 500mm。

【例题 3-7】某悬臂式水池池壁（图 3-17），高 1.2m，采用烧结普通砖 MU10、水泥砂浆 M10 砌筑，施工质量控制等级为 B 级。验算池壁下端截面的承载力。

【解】沿竖向方向截取单位宽度的池壁。因池壁自重产生的垂直压力较小，可忽略不计。该池壁为悬臂受弯构件。

1. 按式（3-28）计算受弯承载力

按《给水排水工程构筑物结构设计规范》GB 50069—2002，构筑物内部的盛水压力属永久作用，水的重度标准值取 $10\text{kN/m}^3$；永久作用分项系数取 1.27，故有池壁底端产生的弯矩：

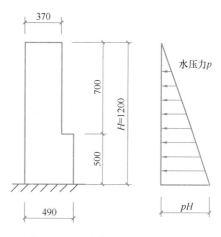

图 3-17 悬臂式水池池壁计算简图

$$p = 10\text{kN/m}^2$$

$$M = \frac{1}{6}pH^3 = \frac{1}{6} \times 10 \times 1.27 \times 1.2^3 = 3.66\text{kN} \cdot \text{m}$$

$$W = \frac{1}{6}bh^2 = \frac{1}{6} \times 1 \times 0.49^2 = 0.04\text{m}^3$$

因采用水泥砂浆强度等级不低于 M5，取 $\gamma_a = 1.0$，由表 2-11，该池壁沿通缝截面的弯曲抗拉强度设计值 $f_{tm} = 0.17\text{MPa}$，则 $Wf_{tm} = 0.04 \times 0.17 \times 10^3 = 6.8\text{kN} \cdot \text{m} > 3.66\text{kN} \cdot \text{m}$，池壁受弯承载力符合要求。

2. 按式（3-29a）计算受剪承载力

池壁底端产生的剪力：

$$V = \frac{1}{2}pH^2 = \frac{1}{2} \times 10 \times 1.27 \times 1.2^2 = 9.14\text{kN}$$

由表 2-11，$f_{v0} = 0.17\text{MPa}$

$$bzf_{v0} = 1 \times \frac{2}{3} \times 0.49 \times 0.17 \times 10^3 = 55.53\text{kN} > 9.14\text{kN}$$，池壁受剪承载力符合要求。

思 考 题 与 习 题

**Questions and Exercises**

3-1 砌体结构构件常见的受力状态主要有哪几种？

3-2 砌体结构受压构件可分为哪几种类型，划分的依据是什么？

3-3 为什么对受压构件轴向力的偏心距加限制？当超过规定限值时，设计上可采取何种方法？

3-4 试述受压构件承载力计算中系数 $\varphi$、$\varphi_0$、$\alpha$ 三者之间的关系。

3-5 对于矩形截面受压构件，当偏心方向在长边时，需不需要对短边方向进行受压承载力验算，为什么？

3-6 你认为砌体局部受压有哪些特点？原因何在？

3-7 对砌体局部抗压强度提高系数的取值有哪些限制？梁下端带壁柱时，砌体局部抗压强度提高系数怎么取值?

3-8  如何确定影响砌体局部抗压强度的计算面积 $A_0$?

3-9  何谓梁端下的刚性垫块?

3-10  在梁端支承处砌体的局部受压承载力计算中,梁端有效支承长度与设有刚性垫块时的梁端有效支承长度有何不同?

3-11  有哪些方法可提高梁端支承处砌体局部受压承载力?

3-12  如何计算砌体受弯构件和受剪构件的受剪承载力?

3-13  截面为 $b \times h = 490\text{mm} \times 620\text{mm}$ 的砖柱,采用 MU10 烧结普通砖及 M7.5 的水泥砂浆砌筑,施工质量控制等级为 B 级,计算高度 $H_0 = 7\text{m}$,柱顶处承受由式(2-10)计算而得的轴向力设计值 $N = 300\text{kN}$,试验算该砖柱的受压承载力(计算时,应计入柱自重)。

3-14  某混凝土小型空心砌块(单排孔)承重横墙,墙长 5.6m,墙厚 190mm,计算高度 $H_0 = 3\text{m}$,采用 MU7.5 砌块、Mb7.5 砂浆砌筑,承受轴心荷载,试计算当施工质量控制等级分别为 B、C 级时,每米横墙所能承受的轴心压力设计值。

3-15  一截面尺寸为 1000mm×190mm 的窗间墙,计算高度 $H_0 = 3\text{m}$,采用 MU15 混凝土多孔砖、Mb5 砂浆砌筑,承受轴向力设计值 $N = 155\text{kN}$,偏心距 $e = 300\text{mm}$,施工质量控制等级为 B 级,试验算该窗间墙的受压承载力。

3-16  某窗间墙截面尺寸为 1000mm×240mm,采用 MU10 烧结多孔砖、M5 水泥混合砂浆砌筑,施工质量控制等级为 B 级,墙上支承钢筋混凝土梁,支承长度 240mm,梁截面尺寸 $b \times h = 200\text{mm} \times 500\text{mm}$,梁端支承压力的设计值为 80kN,上部荷载传来的轴向力设计值为 140kN,试验算梁端局部受压承载力是否满足要求。若不能满足承载力要求,则在梁端设置刚性垫块,使梁端局部受压承载力满足要求。

3-17  某浅而长的矩形水池,壁高 $H = 1.2\text{m}$,采用 MU20 烧结普通砖、M10 水泥砂浆砌筑,壁厚 $h = 490\text{mm}$,若忽略池壁自重产生的竖向压力的影响,试验算该水池满水时池壁的承载力。

3-18  某圆形水池,壁厚 490mm,采用 MU20 烧结普通砖和 M10 水泥砂浆砌筑,池壁承受的环向拉力设计值为 60kN/m。试验算池壁的受拉承载力是否满足要求。

3-19  某房屋中的横墙,截面尺寸为 4200mm×190mm,采用 MU20 混凝土普通砖和 Mb7.5 水泥砂浆砌筑,施工质量控制等级 B 级。由恒荷载标准值作用于墙顶水平截面上的平均压应力为 $0.96\text{N/mm}^2$,作用于墙顶的水平剪力设计值为 200kN。试验算该段墙体的受剪承载力。

# 第 4 章　砌体结构房屋墙体
# Wall of Masonry Structure Building

**学习提要**　本章介绍砌体结构房屋的结构选型与布置原则，墙、柱的设计计算，刚性基础的计算以及这种房屋墙、柱的构造要求。应掌握刚性方案房屋墙、柱的计算方法及刚性基础的设计方法；熟悉墙、柱在设计上采取的构造措施，并掌握墙、柱高厚比验算方法。

在现代，一幢房屋的承重结构全部由砌体制成已不多见，砌体结构房屋实际上是一种混合结构房屋。其结构由砌体墙、柱与钢筋混凝土楼盖、屋盖或木楼盖、屋盖组成。这种结构的房屋习惯上称为砌体结构房屋。砌体结构房屋中的墙、柱及基础的设计是否合理对满足建筑使用功能要求、节省造价以及确保房屋的安全、可靠具有十分重要的影响。

## 4.1　房屋墙柱内力分析方法
### Analysis of Forces due to Loads for Masonry Walls or Columns in Buildings

设计砌体结构房屋时，首先进行结构选型与结构布置，然后确定房屋的静力计算方案，进行墙、柱内力分析；最后验算墙、柱的承载力并采取相应的构造措施。

在砌体结构房屋的设计中，承重墙、柱的布置不仅影响房屋的平面划分、房间的大小和使用要求，还影响房屋的空间刚度，同时也决定了荷载传递路径。砌体结构房屋墙、柱的静力计算方案，实际上就是通过对房屋空间受力性能的分析，根据房屋空间刚度的大小确定墙、柱的计算简图。它是墙、柱内力分析以及承载力计算和相应的构造措施的主要依据。

### 4.1.1　砌体结构的整体稳固性
#### Robustness of Masonry Structure

结构的整体稳固性是指当结构发生局部破坏时，不引发大范围倒塌的性能，即 Robustness（也有译作鲁棒性，原意为"皮实"、"经折腾"的意思）。这是决定结构安全最重要的性能。对事故和灾后倒塌和未倒塌结构的调查分析表明，结构抗灾和防倒塌的能力主要取决于其整体稳固性。对砌体结构同样应重视其整体稳固性。

结构设计中的安全控制可以从四个方面着手，即结构方案、内力分析、截面计算以及连接构造，其中对结构安全影响最大的是结构方案。传统的设计过分强调"截面计算"的作用，即构件应依据其受力分别计算轴心受压、偏心受压、局部受压、受弯及受剪等承载力，保证构件有足够的强度，满足安全性的要求，而忽视"结构方案"和"内力分析"对安全具有更重要的影响，轻视"连接构造"也往往造成整体性差而容易发生结构倒塌事故。

结构方案在与建筑方案协调时应考虑结构外形（高宽比、长宽比）适当；结构的平、立面形状方正、规则；质量和刚度分布均匀、连续；结构体系中的传力途径简捷、明确；

竖向构件应垂直、贯通；宜采用超静定结构；重要而关键的受力部位应有冗余约束；并宜增加备用的传力途径；结构宜适当分缝以避免因局部破坏而引起连续倒塌。结构还应配合建筑满足使用功能，并考虑节省材料、方便施工以及节能环保的综合要求。

构件之间连接构造设计应保证连接节点处被连接构件之间的传力性能符合设计要求；保证不同材料（混凝土、钢、砌体等）结构构件之间的良好结合；选择可靠的连接方式以保证传力可靠；连接节点尚应考虑被连接构件之间变形的影响以及相容条件，以避免或减少不利影响。

基于以上所述，砌体结构的选型应符合下列原则：

（1）满足使用要求；

（2）布置合理、受力明确、传力途径合理，并应保证结构的整体性和稳定性；

（3）施工简便；

（4）经济合理。

### 4.1.2　砌体结构房屋的结构布置
#### Masonry Structure Building Layout

根据荷载传递路线的不同，砌体结构房屋的结构布置有横墙承重、纵墙承重、纵横墙承重以及底部框架承重等方式。

1. 横墙承重

屋盖和楼盖构件均搁置在横墙上，横墙将承担屋盖、各层楼盖传来的荷载，而纵墙仅起围护作用的布置方案，称为横墙承重结构。纵墙虽只起围护作用，但也应满足风荷载及地震作用影响下的稳定性要求。这种布置方案的荷载传递路径是：楼（屋）盖荷载→横墙→基础→地基。

横墙承重结构的特点是：

（1）横墙间距较小（一般为 2.7～4.8m）且数量较多，房屋横向刚度较大，整体性好，抵抗风荷载、地震作用以及调整地基不均匀沉降的能力较强。

（2）屋（楼）盖结构一般采用钢筋混凝土板，屋（楼）盖结构较简单、施工较方便。

（3）外纵墙因不承重，建筑立面易处理，门窗的布置及大小较灵活。

（4）因横墙较密，建筑平面布局不灵活，今后欲改变房屋使用条件，拆除横墙较困难。

横墙承重结构主要用于房间大小固定、横墙间距较密的住宅、宿舍、旅馆以及办公楼等房屋中。

2. 纵墙承重

屋盖、楼盖传来的荷载由纵墙承重的布置方案，称为纵墙承重结构。屋（楼）盖荷载有两种传递方式，一种为楼板直接搁置在纵墙上，另一种为楼板搁置在梁上而梁搁置在纵墙上。工程上第二种方式用得较多。

纵墙承重结构的特点是：

（1）因横墙数量少且自承重，建筑平面布局较灵活，但房屋横向刚度一般较弱。

（2）纵墙承受的荷载较大，纵墙上门窗洞口的布置及大小受到一定的限制。

（3）与横墙承重结构相比，墙体材料用量较少，屋（楼）盖构件所用材料较多。

纵墙承重结构主要用于开间较大的教学楼、医院、食堂、仓库等房屋中。

3. 纵横墙承重

屋盖、楼盖传来的荷载由纵墙和横墙承重的布置方案，称为纵横墙承重结构。其荷载的传递路径是：楼（屋）盖荷载→纵墙或横墙→基础→地基。工程上这种承重结构广为存在。

纵横墙承重结构的特点是：

（1）房屋沿纵、横向刚度均较大且砌体应力较均匀，具有较强的抗风能力。

（2）占地面积相同的条件下，外墙面积较少。

纵横墙承重结构主要用于多层塔式住宅等房屋中。

4. 底部框架承重

由于建筑使用功能上的不同要求，底层为商场或餐厅，上部为住宅、招待所，此时可采用底部为钢筋混凝土框架，上部为多层砌体结构。与全框架结构相比，可节约钢材、水泥，降低房屋造价。由于该体系上部和下部所用材料和结构形式不同，因此其抗震性能较差，在抗震设防地区只允许采用底层或底部两层框架-抗震墙房屋。

### 4.1.3　房屋静力计算方案的划分

**Division of Static Analysis Schemes of Buildings**

砌体结构房屋由屋盖、楼盖、墙、柱及基础组成，在竖向荷载和水平荷载作用下构成一个空间受力体系。工程设计上，根据影响房屋空间刚度的两个主要因素即屋盖或楼盖的类别和横墙的间距，将砌体结构房屋静力计算方案划分为刚性方案、刚弹性方案和弹性方案三种。

随着我国经济实力的增强，刚弹性方案房屋的经济效益有限，为进一步提升砌体结构的质量和简化设计计算，建议砌体结构房屋只采用刚性方案和弹性方案（按表 4-1 确定），且多层砌体结构房屋采用刚性方案。

房屋的静力计算方案

表 4-1

| | 屋盖或楼盖类别 | 刚性方案 | 弹性方案 |
|---|---|---|---|
| 1 | 整体式、装配整体和装配式无檩体系钢筋混凝土屋盖或钢筋混凝土楼盖 | $s<32$ | $s\geqslant32$ |
| 2 | 装配式有檩体系钢筋混凝土屋盖、轻钢屋盖和有密铺望板的木屋盖或木楼盖 | $s<20$ | $s\geqslant20$ |
| 3 | 瓦材屋面的木屋盖和轻钢屋盖 | $s<16$ | $s\geqslant16$ |

注：1. 表中 $s$ 为房屋横墙间距，其长度单位为"m"；

2. 对无山墙或伸缩缝处无横墙的房屋，应按弹性方案考虑。

1. 刚性方案房屋

刚性方案房屋是指在荷载作用下，房屋的水平位移很小，可忽略不计，墙、柱的内力按屋架、大梁与墙、柱为不动铰支承的竖向构件计算的房屋。砌体结构的多层教学楼、办公楼、宿舍、医院、住宅等一般均属刚性方案房屋。

2. 弹性方案房屋

弹性方案房屋是指在荷载作用下，房屋的水平位移较大，不能忽略不计，墙、柱的内力按屋架、大梁与墙、柱为铰接的平面排架或框架计算的房屋。砌体结构的单层厂房、仓库、礼堂、食堂等多属于弹性方案房屋。

#### 4.1.4 刚性方案房屋的横墙

刚性方案房屋中的横墙应具有足够的刚度，为此，该方案房屋的横墙应符合下列条件：

（1）横墙的厚度不宜小于180mm；

（2）横墙中开有洞口时，洞口的水平截面面积不应超过横墙截面面积的50%；

（3）单层房屋的横墙长度不宜小于其高度，多层房屋的横墙长度不宜小于 $H/2$（$H$ 为横墙总高度）。

当横墙不能同时符合上述要求时，应对横墙的刚度进行验算。如其最大水平位移值 $u_{max} \leqslant H/4000$ 时，仍可视作刚性方案房屋的横墙。凡符合此刚度要求的一段横墙或其他结构构件（如框架等），也可视作刚性方案房屋的横墙。

## 4.2 墙、柱计算高度及计算截面
### Effective Height and Section of Walls or Columns

#### 4.2.1 墙、柱的计算高度
#### Effective Height of Walls or Columns

在墙、柱内力分析、承载力计算及高厚比验算中需采用计算高度，砌体结构房屋墙、柱的计算高度 $H_0$ 与房屋的静力计算方案和墙、柱周边支承条件等有关。刚性方案房屋的空间刚度较大，而弹性方案房屋的空间刚度较差，因此刚性方案房屋的墙、柱计算高度往往比弹性方案房屋的小；对于带壁柱墙或周边有拉结的墙，其横墙间距 $s$ 的大小与墙体稳定性有关。

为此，墙、柱计算高度 $H_0$ 应根据房屋类别和墙、柱支承条件等因素按表4-2的规定采用。

受压构件的计算高度 $H_0$　　　　　　　表 4-2

| 房 屋 类 别 | | | 柱 | | 带壁柱墙或周边拉结的墙 | | |
|---|---|---|---|---|---|---|---|
| | | | 排架方向 | 垂直排架方向 | $s>2H$ | $2H\geqslant s>H$ | $s\leqslant H$ |
| 有吊车的单层房屋 | 变截面柱上段 | 弹性方案 | $2.5H_u$ | $1.25H_u$ | $2.5H_u$ | | |
| | | 刚性方案 | $2.0H_u$ | $1.25H_u$ | $2.0H_u$ | | |
| | 变截面柱下段 | | $1.0H_l$ | $0.8H_l$ | $1.0H_l$ | | |
| 无吊车的单层和多层房屋 | 单跨 | 弹性方案 | $1.5H$ | $1.0H$ | $1.5H$ | | |
| | 多跨 | 弹性方案 | $1.25H$ | $1.0H$ | $1.25H$ | | |
| | 刚性方案 | | $1.0H$ | $1.0H$ | $1.0H$ | $0.4s+0.2H$ | $0.6s$ |

注：1. 表中 $H_u$ 为变截面柱的上段高度；$H_l$ 为变截面柱的下段高度；

　　2. 对于上端为自由端的构件，$H_0=2H$；

　　3. 独立砖柱，当无柱间支撑时，柱在垂直排架方向的 $H_0$ 应按表中数值乘以1.25后采用；

　　4. $s$——房屋横墙间距；

　　5. 自承重墙的计算高度应根据周边支承或拉结条件确定。

表 4-3 中墙、柱的高度 $H$，应按下列规定采用：

（1）在房屋底层，墙、柱的高度 $H$ 为楼板顶面到构件下端支点的距离。下端支点的位置，可取在基础顶面。当墙、柱基础埋置较深且有刚性地坪时，可取室外地面下 500mm 处。

（2）在房屋其他层次，墙、柱的高度 $H$ 为楼板或其他水平支点间的距离。

（3）对于无壁柱的山墙，其高度 $H$ 可取层高加山墙尖高度的 1/2；对于带壁柱的山墙则可取壁柱处的山墙高度。

### 4.2.2 计算截面

**Effective Section**

确定砌体结构房屋中墙、柱的计算截面，关键在于正确取用截面翼缘宽度 $b_f$。

（1）多层房屋中，当有门窗洞口时，带壁柱墙的计算截面翼缘宽度 $b_f$ 可取窗间墙宽度；当无门窗洞口时，每侧翼缘宽度可取壁柱高度的 1/3。

（2）单层房屋中，带壁柱墙的计算截面翼缘宽度 $b_f$ 可取壁柱宽加 2/3 墙高，但不应大于窗间墙宽度和相邻壁柱间的距离。

（3）计算带壁柱墙的条形基础时，计算截面翼缘宽度 $b_f$ 可取相邻壁柱间的距离。

（4）当转角墙段角部受竖向集中荷载时，计算截面的长度可从角点算起，每侧宜取层高的 1/3。当上述墙体范围内有门窗洞口时，则计算截面取至洞边，但不宜大于层高的 1/3。

## 4.3 房屋墙柱构造要求

Detailing Requirements of Walls and Columns in Buildings

在进行砌体结构房屋设计时，不仅要求砌体结构和构件在各种受力状态下应具有足够的承载力，而且还应确保房屋具有良好的工作性能和足够的耐久性。然而，有的砌体结构和构件的承载力计算尚不能完全反映结构和构件的实际抵抗能力，有的在计算中未考虑诸如温度变化、砌体收缩变形等因素的影响。因此，为确保砌体结构的安全和正常使用，采取必要和合理的构造措施尤为重要。

砌体结构房屋墙柱构造要求主要包括以下三个方面：①墙、柱高厚比的要求；②墙、柱的一般构造要求；③防止或减轻墙体开裂的主要措施。

### 4.3.1 墙、柱高厚比要求

**Allowable Ratio of Height to Sectional Thickness of Walls or Columns**

墙、柱的高厚比是指墙、柱的计算高度和墙厚或矩形柱较小边长的比值，用符号 $\beta$ 表示。墙、柱的高厚比越大，其稳定性越差，越易产生倾斜或变形，从而影响墙、柱的正常使用甚至发生倒塌事故。因此，必须对墙、柱高厚比加以限制，即墙、柱的高厚比要满足允许高厚比 $[\beta]$ 的要求，它是确保砌体结构稳定、满足正常使用极限状态要求的重要构造措施之一。

1. 矩形截面墙、柱高厚比的验算

矩形截面墙、柱高厚比应按式（4-1）验算：

$$\beta = \frac{H_0}{h} \leqslant \mu_1 \mu_2 [\beta] \tag{4-1}$$

式中 $H_0$——墙、柱的计算高度，查表 4-2 确定；

$h$—— 墙厚或矩形柱与 $H_0$ 相对应的边长；

$[\beta]$—— 墙、柱的允许高厚比，查表 4-3 确定；

$\mu_1$—— 自承重墙（$h \leqslant 240mm$）允许高厚比的修正系数，按下列规定采用：

当 $h=240mm$ 时，$\mu_1=1.2$；

当 $h=90mm$ 时，$\mu_1=1.5$；

当 $240mm>h>90mm$ 时，$\mu_1$ 可按插入法取值；

$\mu_2$—— 有门窗洞口墙允许高厚比的修正系数，应按式（4-2）计算：

$$\mu_2 = 1 - 0.4 \frac{b_s}{s} \tag{4-2}$$

式中　$b_s$—— 在宽度 $s$ 范围内的门窗洞口总宽度（如图 4-1 所示）；

　　　$s$—— 相邻窗间墙或壁柱之间的距离。

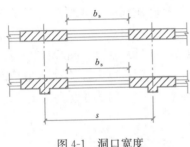

图 4-1　洞口宽度

当按式（4-2）计算的 $\mu_2$ 值小于 0.7 时，应取 0.7。当洞口高度等于或小于墙高的 1/5 时，可取 $\mu_2=1.0$。

当洞口高度大于或等于墙高的 4/5 时，可按独立墙段验算高厚比。

在应用式（4-1）时，应注意以下几个问题：

（1）允许高厚比 $[\beta]$

允许高厚比限值 $[\beta]$ 的规定，与墙、柱的承载力计算无关，主要是根据房屋中墙、柱的稳定性由实践经验确定的。一般而言，墙、柱的变形主要取决于砂浆强度等级和砌筑方式，而块体强度等级的影响不大。表 4-3 亦反映了 $[\beta]$ 的大小与砂浆强度等级有关，砌筑砂浆的强度等级越高，$[\beta]$ 值越大。

（2）修正系数 $\mu_1$

自承重墙属于不考虑抵抗力的墙，拆除它不会对结构剩余部分的整体性产生损害。自承重墙只有本身自重作用，属房屋中的次要构件。根据弹性稳定理论，当其他条件相同情况下，自承重墙的临界荷载要比承重墙的大，因此可适当放宽自承重墙的允许高厚比限值，即计算时在 $[\beta]$ 值上乘以一个大于 1 的系数 $\mu_1$。

墙、柱的允许高厚比 $[\beta]$ 值　　　　　　　　　　表 4-3

| 砌体类型 | 砂浆强度等级 | 墙 | 柱 |
|---|---|---|---|
| 无筋砌体 | M2.5 | 22 | 15 |
| | M5.0 或 Mb5.0、Ms5.0 | 24 | 16 |
| | ≥M7.5 或 Mb7.5、Ms7.5 | 26 | 17 |
| 配筋砌块砌体 | — | 30 | 21 |

注：1. 毛石墙、柱的允许高厚比应按表中数值降低 20%；

　　2. 混凝土或砂浆面层的组合砖砌体构件的允许高厚比，可按表中无筋砌体数值提高 20%，但不得大于 28；

　　3. 验算施工阶段砂浆尚未硬化的新砌砌体构件高厚比时，允许高厚比对墙取 14，对柱取 11。

当自承重墙的上端为自由端时，$[\beta]$ 值除按上述规定提高外，尚可提高 30%；对厚度小于 90mm 的墙，当双面用不低于 M10 的水泥砂浆抹面，包括抹面层的墙厚不小于 90mm 时，可按墙厚等于 90mm 验算高厚比。

（3）修正系数 $\mu_2$

墙体开洞，对墙体稳定不利，故计算时在 $[\beta]$ 值上乘一个小于 1 的系数 $\mu_2$ 来加以考虑。式（4-2）中 $b_s/s$ 反映了墙体受到削弱的程度，洞口削弱程度越大，对墙体的稳定越不利，$\mu_2$ 亦越小。

（4）相邻两横墙间的距离很小的墙

当与墙连接的相邻两横墙间的距离 $s \leqslant \mu_1 \mu_2 [\beta] h$ 时，墙的计算高度 $H_0$ 可不受式（4-1）的限制。

（5）变截面柱高厚比验算

对于变截面柱，可按上、下截面分别验算高厚比，且验算上柱的高厚比时，墙、柱的允许高厚比 $[\beta]$ 可按表 4-3 的数值乘以 1.3 后确定。

2. 带壁柱墙和带构造柱墙的高厚比验算

对于带壁柱或带构造柱的墙体，需分别对整片墙和壁柱间墙或构造柱间墙进行高厚比验算。

（1）整片墙的高厚比验算

对于带壁柱墙，由于其截面为 T 形，因此按公式（4-1）验算高厚比时，公式中 $h$ 应改用带壁柱墙截面的折算厚度 $h_T$，即

$$\beta = \frac{H_0}{h_T} \leqslant \mu_1 \mu_2 [\beta] \tag{4-3}$$

式中　$h_T$——带壁柱墙截面的折算厚度，$h_T = 3.5i$，$i$ 为带壁柱墙截面的回转半径，$i = \sqrt{\dfrac{I}{A}}$，$I$、$A$ 分别为带壁柱墙截面的惯性矩和面积。

确定带壁柱墙的计算高度 $H_0$ 时，墙长 $s$ 取相邻横墙间的距离。

计算截面回转半径 $i$ 时，带壁柱墙的计算截面的翼缘宽度 $b_f$，应按第 4.2 节的规定采用。

对于带构造柱墙，当构造柱截面宽度不小于墙厚 $h$ 时，可按式（4-4）验算：

$$\beta = \frac{H_0}{h} \leqslant \mu_1 \mu_2 \mu_c [\beta] \tag{4-4}$$

由于钢筋混凝土构造柱可提高墙体使用阶段的稳定性和刚度，因此带构造柱墙的允许高厚比 $[\beta]$ 可乘以一个大于 1 的提高系数 $\mu_c$，$\mu_c$ 可按式（4-5）计算：

$$\mu_c = 1 + \gamma \frac{b_c}{l} \tag{4-5}$$

式中　$\gamma$——系数，对细料石砌体，$\gamma = 0$；对混凝土砌块、混凝土多孔砖、粗料石、毛料石及毛石砌体，$\gamma = 1.0$；其他砌体，$\gamma = 1.5$；

　　　$b_c$——构造柱沿墙长方向的宽度；

　　　$l$——构造柱的间距。

当 $b_c/l > 0.25$ 时，取 $b_c/l = 0.25$；当 $b_c/l < 0.05$ 时，取 $b_c/l = 0$，这主要是考虑构造柱间距过大时，对提高墙体刚度和稳定性作用很小，此时 $\mu_c$ 取 1.0。

确定公式（4-4）中的墙体计算高度 $H_0$ 时，$s$ 取相邻横墙间的距离，$h$ 取墙厚。

由于在施工过程中大多是先砌筑墙体后浇筑构造柱，因此考虑构造柱有利作用的高厚比验算不适用于施工阶段，应采取措施保证设构造柱墙在施工阶段的稳定性。

（2）壁柱间墙或构造柱间墙的高厚比验算

验算壁柱间墙或构造柱间墙的高厚比时，可将壁柱或构造柱视为壁柱间墙或构造柱间墙的不动铰支点，按矩形截面墙验算。因此，确定 $H_0$ 时，墙长 $s$ 取相邻壁柱间或相邻构造柱间的距离。

对于设有钢筋混凝土圈梁的带壁柱墙或带构造柱墙，当 $b/s \geqslant 1/30$（$b$ 为圈梁宽度）时，圈梁可视作壁柱间墙或构造柱间墙的不动铰支点。如不允许增加圈梁宽度，可按墙体平面外等刚度原则增加圈梁高度，以满足壁柱间墙或构造柱间墙不动铰支点的要求。此时墙体的 $H_0$ 为圈梁之间的距离。

### 4.3.2 墙、柱的一般构造要求
**General Detailing Requirements of Walls or Columns**

1. 板的支承、连接构造要求

为保证结构安全与房屋整体性，钢筋混凝土楼、屋面板在梁、圈梁或墙上应有足够的支承长度，且板之间应有可靠连接，这样才能保证楼、屋面板的整体作用，增加墙体约束，减小墙体竖向变形，亦可避免楼板在较大位移时发生坍塌。具体来说，应符合下列构造要求：

（1）现浇钢筋混凝土楼板或屋面板伸进纵、横墙内的长度，均不应小于 120mm；

（2）预制钢筋混凝土板在混凝土梁或圈梁上的支承长度不应小于 80mm；当板未直接搁置在圈梁上时，在内墙上的支承长度不应小于 100mm，在外墙上的支承长度不应小于 120mm；

（3）预制钢筋混凝土板端钢筋应与支座处沿墙或圈梁配置的纵筋绑扎，应采用强度等级不低于 C25 的混凝土浇筑成板带；

（4）预制钢筋混凝土板与现浇板对接时，预制板端钢筋应与现浇板可靠连接；

（5）当预制钢筋混凝土板的跨度大于 4.8m 并与外墙平行时，靠外墙的预制板侧边应与墙或圈梁拉结；

（6）钢筋混凝土预制板应相互拉结，并应与梁、墙或圈梁拉结。

2. 墙体转角处和纵横墙交接处的构造要求

工程实践表明，墙体转角处和纵横墙交接处设拉结钢筋或焊接钢筋网片，是提高墙体稳定性和房屋整体性的重要措施之一，同时对防止墙体因温度或干缩变形引起的开裂也有一定作用。为此，墙体转角处和纵横墙交接处应沿竖向每隔 400~500mm 设拉结钢筋，其数量为每 120mm 墙厚不少于 1 根直径 6mm 的钢筋或采用焊接钢筋网片。

由于多孔砖孔洞的存在，钢筋在多孔砖砌体灰缝内的锚固承载力小于同等条件下在实心砖砌体灰缝内的锚固承载力。对于孔洞率不大于 30％ 的多孔砖，墙体水平灰缝拉结筋的锚固长度应为实心砖墙体的 1.4 倍。因此，上述在墙体转角处和纵横墙交接处所设的拉结钢筋或焊接钢筋网片的埋入长度从墙的转角或交接处算起，对普通砖墙每边不小于 500mm，对多孔砖墙和砌块墙不小于 700mm。

3. 墙、柱截面最小尺寸

墙、柱截面尺寸越小，其稳定性越差，越容易失稳，此外，截面局部削弱、施工质量对墙、柱承载力的影响更加明显。因此，承重的独立砖柱截面尺寸不应小于 240mm×370mm。对于毛石墙，其厚度不宜小于 350mm，对于毛料石柱，其截面较小边长不宜小

于 400mm。当有振动荷载时，墙、柱不宜采用毛石砌体。

4. 垫块设置

屋架、大梁搁置于墙、柱上时，屋架、大梁端部支承处的砌体处于局部受压状态。当屋架、大梁的受荷面积较大而局部受压面积又较小时，容易发生局部受压破坏。因此，对于跨度大于 6m 的屋架和跨度大于 4.8m（采用砖砌体时）、4.2m（采用砌块或料石砌体时）、3.9m（采用毛石砌体时）的梁，应在支承处砌体上设置混凝土或钢筋混凝土垫块；当墙中设有圈梁时，垫块与圈梁宜浇成整体。

5. 壁柱设置

当墙体高度较大且厚度较薄，而所受的荷载却较大时，墙体平面外的刚度和稳定性往往较差。为了加强墙体的刚度和稳定性，可在墙体的适当部位设置壁柱。当梁的跨度大于或等于 6m（采用 240mm 厚的砖墙）、4.8m（采用 180mm 厚的砖墙）、4.8m（采用砌块、料石墙）时，其支承处宜加设壁柱，或采取其他加强措施。山墙处的壁柱宜砌至山墙顶部，屋面构件应与山墙可靠拉结。

6. 砌体中留槽洞及埋设管道时的构造要求

在砌体中预留槽洞及埋设管道对砌体的承载力影响较大，尤其是对截面尺寸较小的承重墙体、独立柱更加不利。因此，不应在截面长边小于 500mm 的承重墙体或独立柱内埋设管线；不宜在墙体中穿行暗线或预留、开凿沟槽，无法避免时应采取必要的措施或按削弱后的截面验算墙体的承载力。对受力较小或未灌孔的砌块砌体，允许在墙体的竖向孔洞中设置管线。

7. 混凝土砌块墙体的构造要求

为了增强混凝土砌块房屋的整体刚度、提高其抗裂能力，混凝土砌块墙体应符合下列要求：

（1）砌块砌体应分皮错缝搭砌，上、下皮搭砌长度不得小于 90mm。当搭砌长度不满足上述要求时，应在水平灰缝内设置不少于 2ϕ4 的焊接钢筋网片（横向钢筋的间距不宜大于 200mm），网片每端均应超过该垂直缝，其长度不得小于 300mm。

（2）砌块墙与后砌隔墙交接处，应沿墙高每 400mm 在水平灰缝内设置不少于 2ϕ4、横筋间距不应大于 200mm 的焊接钢筋网片，如图 4-2 所示。

（3）混凝土砌块房屋，宜将纵横墙交接处，距墙中心线每边不小于 300mm 范围内的孔洞，采用不低于 Cb20 灌孔混凝土灌实，灌实高度应为墙身全高。

（4）混凝土砌块墙体的下列部位，如未设圈梁或混凝土垫块，应采用不低于 Cb20 灌孔混凝土将孔洞灌实：

1）搁栅、檩条和钢筋混凝土楼板的支承面下，高度不小于 200mm 的砌体；

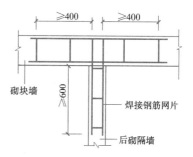

图 4-2　砌块墙与后砌隔墙连接

2）屋架、梁等构件的支承面下，高度不小于 600mm、长度不小于 600mm 的砌体；

3）挑梁支承面下，距墙中心线每边不小于 300mm、高度不小于 600mm 的砌体。

### 4.3.3 圈梁的设置及构造要求
### Layout and Detailing Requirements of Ring Beams

为了增强房屋的整体刚度、防止由于地基不均匀沉降或较大振动荷载等对房屋引起的不利影响，应在房屋的檐口、窗顶、楼层、吊车梁顶或基础顶面标高处，沿砌体墙水平方向设置封闭状的现浇钢筋混凝土圈梁。设在房屋檐口处的圈梁，常称为檐口圈梁，设在基础顶面标高处的圈梁常称为基础圈梁。

1. 圈梁的设置

圈梁设置的位置和数量通常取决于房屋的类型、层数、所受的振动荷载以及地基情况等因素。

（1）厂房、仓库、食堂等空旷的单层房屋，檐口标高为 5～8m（砖砌体房屋）或 4～5m（砌块及料石砌体房屋）时，应在檐口标高处设置一道圈梁，檐口标高大于 8m（砖砌体房屋）或 5m（砌块及料石砌体房屋）时，应增加设置数量。

有吊车或较大振动设备的单层工业房屋，当未采取有效的隔振措施时，除在檐口或窗顶标高处设置现浇钢筋混凝土圈梁外，尚应增加设置数量。

（2）住宅、办公楼等多层砌体民用房屋，且层数为 3～4 层时，应在底层、檐口标高处各设置一道圈梁。当层数超过 4 层时，除应在底层和檐口标高处各设置一道圈梁外，至少应在所有纵横墙上隔层设置。

多层砌体工业房屋，应每层设置现浇钢筋混凝土圈梁。

设置墙梁的多层砌体房屋应在托梁、墙梁顶面和檐口标高处设置现浇钢筋混凝土圈梁。

（3）建筑在软弱地基或不均匀地基上的砌体房屋，除按上述规定设置圈梁外，尚应符合《建筑地基基础设计规范》GB 50007—2011 的有关规定。

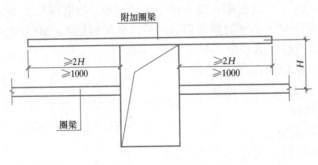

图 4-3　附加圈梁

2. 圈梁的构造要求

圈梁的受力及内力分析比较复杂，目前尚难以进行计算，一般均按构造要求设置。

（1）圈梁宜连续地设在同一水平面上，并形成封闭状；当圈梁被门窗洞口截断时，应在洞口上部增设相同截面的附加圈梁。附加圈梁与圈梁的搭接长度不应小于其中到中垂直间距的 2 倍，且不得小于 1m，如图 4-3 所示。

（2）纵横墙交接处的圈梁应有可靠的连接。弹性方案房屋中的圈梁应与屋架、大梁等构件可靠连接。

（3）钢筋混凝土圈梁的宽度宜与墙厚相同，且不应小于 190mm，当墙厚 $h \geqslant 240mm$ 时，其宽度不宜小于 $2h/3$。圈梁高度不应小于 120mm。纵向钢筋不应少于 4$\phi$10，绑扎接头的搭接长度按受拉钢筋考虑，箍筋间距不应大于 200mm。

（4）圈梁兼作过梁时，过梁部分的钢筋应按计算用量另行增配。

由于预制混凝土楼（屋）盖普遍存在裂缝，因此目前许多地区大多采用现浇混凝土楼板。采用现浇钢筋混凝土楼（屋）盖的多层砌体结构房屋的层数超过 5 层时，除应在檐口标高处设置一道圈梁外，可隔层设置圈梁，并应与楼（屋）面板一起现浇。未设置圈梁的楼面板嵌入墙内的长度不应小于 120mm，并沿墙长配置不少于 $2\phi10$ 的纵向钢筋。

### 4.3.4 防止或减轻墙体开裂的主要措施
**Main Measures to Prevent or Reduce Cracks of Walls**

混合结构房屋墙体裂缝的形成往往并不是单一因素所导致的，而是内因和外因共同作用的结果。其中内因是混合结构房屋的屋盖、楼盖是采用钢筋混凝土，墙体则是采用砌体材料，这两种材料的物理力学特性和刚度存在明显差异。外因主要包括温度变化、地基不均匀沉降以及构件之间的相互约束等因素。

钢筋混凝土的线膨胀系数为 $(1.0 \sim 1.4) \times 10^{-5}/℃$，烧结普通砖砌体为 $5 \times 10^{-6}/℃$，混凝土砌块砌体则为 $1.0 \times 10^{-5}/℃$，毛料石砌体为 $8 \times 10^{-6}/℃$。由此可见，钢筋混凝土和砌体材料的线膨胀系数不同。另外，屋盖和墙体的刚度也不相同。当温度升高时，钢筋混凝土屋盖和墙体变形不协调，前者的变形大于后者的变形。然而墙体与屋盖相互支承和约束，屋盖伸长变形受到墙体的阻碍，屋盖处于受压状态而墙体则处于受拉和受剪状态。实际工程中，由于屋顶温差大，因此房屋顶层端部墙体的应力最大。当墙体中的主拉应力或剪应力超过砌体的抗拉或抗剪强度时，墙体中将出现斜裂缝和水平裂缝。顶层墙体开裂最为严重，外纵墙和横墙上端裂缝呈八字形分布，屋盖与墙体之间产生水平裂缝，纵横墙交接处呈包角裂缝。

钢筋混凝土的最大收缩率约为 $(200 \sim 400) \times 10^{-6}$，而砌体的收缩则很小。当温度降低或钢筋混凝土干缩时，则情况正好与上述相反，屋盖或楼盖处于受拉和受剪状态，当主拉应力超过混凝土的抗拉强度时，屋盖或楼盖将出现裂缝。在负温差和砌体收缩共同作用下，则可能在房屋的中部产生拉应力，从而在墙体中形成上下贯通裂缝。另外，门窗洞口边也极易因应力集中产生斜裂缝。按照温度变化、砌体干缩、地基不均匀沉降等在墙体中引起的裂缝形式和分布的规律，应分别采取相应的措施。

1. 防止或减轻由温差和砌体收缩引起的墙体竖向裂缝

墙体因温差和砌体收缩引起的拉应力与房屋的长度呈正比。当房屋很长时，为了防止或减轻房屋在正常使用条件下由温差和收缩引起墙体出现竖向裂缝，应在因温度和收缩变形可能引起应力集中、砌体产生裂缝可能性最大的墙体中设置伸缩缝，如房屋平面转折处、体型变化处、房屋的中间部位以及房屋的错层处。伸缩缝的间距与屋盖、楼盖的类别、砌体的类别以及是否设置保温层或隔热层等因素有关。当屋盖、楼盖的刚度较大，砌体的收缩变形又较大且无保温层或隔热层时，可能产生较大的温度和收缩变形，此时伸缩缝的间距则宜小些。表 4-4 规定了各类砌体房屋伸缩缝的最大间距。

砌体房屋伸缩缝的最大间距（m）　　　　　　　　　　　　表 4-4

| 屋盖或楼盖类别 | | 间　距 |
|---|---|---|
| 整体式或装配整体式钢筋混凝土结构 | 有保温层或隔热层的屋盖、楼盖 | 50 |
| | 无保温层或隔热层的屋盖 | 40 |
| 装配式无檩体系钢筋混凝土结构 | 有保温层或隔热层的屋盖、楼盖 | 60 |
| | 无保温层或隔热层的屋盖 | 50 |

| 屋盖或楼盖类别 | | 间　距 |
|---|---|---|
| 装配式有檩体系<br>钢筋混凝土结构 | 有保温层或隔热层的屋盖 | 75 |
| | 无保温层或隔热层的屋盖 | 60 |
| 瓦材屋盖、木屋盖或楼盖、轻钢屋盖 | | 100 |

注：1. 对烧结普通砖、烧结多孔砖、配筋砌块砌体房屋，取表中数值；对石砌体、蒸压灰砂普通砖、蒸压粉煤灰普通砖、混凝土砌块、混凝土普通砖和混凝土多孔砖房屋，取表中数值乘以 0.8 的系数，当墙体有可靠外保温措施时，其间距可取表中数值；
2. 在钢筋混凝土屋面上挂瓦的屋盖应按钢筋混凝土屋盖采用；
3. 层高大于 5m 的烧结普通砖、烧结多孔砖、配筋砌块砌体结构单层房屋，其伸缩缝间距可按表中数值乘以 1.3；
4. 温差较大且变化频繁地区和严寒地区不采暖的房屋及构筑物墙体的伸缩缝的最大间距，应按表中数值予以适当减小；
5. 墙体的伸缩缝应与结构的其他变形缝相重合，缝宽度应满足各种变形缝的变形要求；在进行立面处理时，必须保证缝隙的变形作用。

## 2. 防止或减轻房屋顶层墙体的裂缝

由前面分析可知，为了防止或减轻房屋顶层墙体的裂缝，可采取降低屋盖与墙体之间的温差、选择整体性和刚度较小的屋盖、减小屋盖与墙体之间的约束以及提高墙体本身的抗拉、抗剪强度等措施。具体来说，可根据实际情况采取下列措施：

（1）屋面应设置保温、隔热层。

墙体中的温度应力与温差几乎呈线性关系，屋面设置的保温、隔热层可降低屋面顶板的温度，缩小屋盖与墙体的温差，从而可推迟或阻止顶层墙体裂缝的出现。

（2）屋面保温（隔热）层或屋面刚性面层及砂浆找平层应设置分隔缝，分隔缝间距不宜大于 6m，并与女儿墙隔开，其缝宽不小于 30mm。该措施的主要目的是减小屋面板温度应力以及屋面板与墙体之间的约束。

（3）采用装配式有檩体系钢筋混凝土屋盖和瓦材屋盖。

屋面的整体性和刚度越小，温度变化时屋面的水平位移也越小，墙体所受的温度应力亦随之降低。

（4）顶层屋面板下设置现浇钢筋混凝土圈梁，并沿内外墙拉通，房屋两端圈梁下的墙体内宜适当设置水平钢筋。

现浇钢筋混凝土圈梁可增加墙体的整体性和刚度，从而缩小屋盖与墙体之间刚度的差异。房屋两端墙体易出现水平裂缝或斜裂缝，在该部位墙体内配置水平钢筋可提高墙体本身的抗拉、抗剪强度。

（5）顶层墙体有门窗等洞口时，在过梁上的水平灰缝内设置 2～3 道焊接钢筋网片或 $2\phi6$ 钢筋，并应伸入过梁两端墙内不小于 600mm。

门窗洞口过梁上的水平灰缝内配置钢筋网片或钢筋的作用与顶层挑梁下墙体内配筋的作用相同，主要是为了提高墙体本身的抗拉或抗剪强度。

（6）顶层及女儿墙砂浆强度等级不低于 M7.5（Mb7.5、Ms7.5）。

（7）女儿墙应设置构造柱，构造柱间距不宜大于 4m，构造柱应伸至女儿墙顶并与现浇钢筋混凝土压顶整浇在一起。

（8）对顶层墙体施加竖向预应力。

顶层及女儿墙受外界温度变化的影响较大，施加竖向预应力后，砌体的抗拉、抗剪强度增大，是一种有效的防裂方法。

3. 防止或减轻房屋底层墙体裂缝

房屋底层墙体受地基不均匀沉降的敏感程度较其他楼层大，底层窗洞边则受墙体干缩和温度变化的影响产生应力集中。增大基础圈梁的刚度，尤其增大圈梁的高度以及在窗台下墙体灰缝内配筋，可提高墙体的抗拉、抗剪强度。工程中，可根据具体情况采取下列措施：

（1）增大基础圈梁的刚度。

（2）在底层的窗台下墙体灰缝内设置 3 道钢筋网片或 2φ6 钢筋，并伸入两边窗间墙内不小于 600mm。

4. 墙体防裂的加强措施

在每层门、窗过梁上方的水平灰缝内及窗台下第一道和第二道水平灰缝内，宜设置焊接钢筋网片或 2 根直径 6mm 钢筋，焊接钢筋网片或钢筋应伸入两边窗间墙内不小于 600mm。

当实体墙长超过 5m 时，由于砌体的干缩变形较大，往往在墙体中部出现两端小、中间大的竖向收缩裂缝，为防止或减轻这类裂缝的出现，宜在每层墙高度中部设置 2～3 道焊接钢筋网片或 3 根直径 6mm 的通长水平钢筋，竖向间距为 500mm。

5. 防止或减轻房屋两端和底层第一、第二开间门窗洞处的裂缝

房屋两端和底层第一、第二开间门窗洞处因应力集中、受力复杂，更容易在这些部位出现裂缝。为此，可采取下列防裂措施：

（1）在门窗洞口两边墙体的水平灰缝中，设置长度不小于 900mm、竖向间距为 400mm 的 2 根直径 4mm 的焊接钢筋网片。

（2）在顶层和底层设置通长钢筋混凝土窗台梁，窗台梁高宜为块材高度的模数，梁内纵筋不少于 4φ10，箍筋不少于 φ6@200，混凝土强度等级不低于 C20。

（3）在混凝土砌块房屋门窗洞口两侧不少于一个孔洞中设置直径不小于 12mm 的竖向钢筋，竖向钢筋应在楼层圈梁或基础内锚固，孔洞用不低于 Cb20 混凝土灌实。

6. 设置竖向控制缝

工程上，根据砌体材料的干缩特性，通过设置沿墙长方向能自由伸缩的缝，将较长的砌体房屋的墙体划分成若干个较小的区段，使砌体因温度、干缩变形引起的应力小于砌体的抗拉、抗剪强度或者裂缝很小，从而达到可以控制的地步，这种允许在墙平面上产生自由变形的灰缝称为控制缝。在裂缝的多发部位设置控制缝是一种有效的措施。当房屋刚度较大时，可在窗台下或窗台角处墙体内、在墙体高度或厚度突然变化处设置竖向控制缝。竖向控制缝宽度不宜小于 25mm，缝内填以压缩性能好的填充材料，且外部用密封材料密封，并采用不吸水的、闭孔发泡聚乙烯实心圆棒（背衬）作为密封膏的隔离物，如图 4-4 所示。

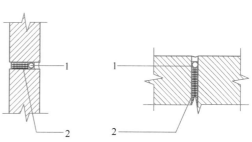

图 4-4　控制缝构造
1—不吸水的、闭孔发泡聚乙烯实心圆棒；
2—柔软、可压缩的填充物

7. 防止地基不均匀沉降引起的墙体裂缝

（1）设置沉降缝

沉降缝与温度伸缩缝不同的是必须自基础起将两侧房屋在结构构造上完全分开。砌体结构房屋的下列部位宜设置沉降缝：

1）建筑平面的转折部位；

2）高度差异或荷载差异处；

3）长高比过大的房屋的适当部位；

4）地基土的压缩性有显著差异处；

5）基础类型不同处；

6）分期建造房屋的交界处。

沉降缝最小宽度的确定，要考虑避免相邻房屋因地基沉降不同产生倾斜引起相邻构件碰撞，因而与房屋的高度有关。沉降缝的最小宽度一般为：二～三层房屋取 50～80mm；四～五层房屋取 80～120mm；五层以上房屋不小于 120mm。

（2）增强房屋的整体刚度和强度

对于砌体结构房屋，为防止因地基发生过大不均匀沉降在墙体上产生的各种裂缝，宜采用下列措施：

1）对于三层和三层以上的房屋，其长高比 $L/H_f$ 宜小于或等于 2.5（其中，$L$ 为建筑物长度或沉降缝分隔的单元长度，$H_f$ 为自基础底面标高算起的建筑物高度）；当房屋的长高比为 $2.5 < L/H_f \leqslant 3.0$ 时，宜做到纵墙不转折或少转折，并应控制其内横墙间距或增强基础刚度和强度。当房屋的预估最大沉降量小于或等于 120mm 时，其长高比可不受限制。

2）墙体内宜设置钢筋混凝土圈梁。

3）在墙体上开洞时，宜在开洞部位配筋或采用构造柱及圈梁加强。

基于以上分析，对于防止或减轻砌体结构房屋墙体裂缝，下述措施值得重点关注：

墙体裂缝最容易在房屋顶层、底层产生（八字形裂缝、包角裂缝以及水平裂缝等）。在屋面上设置保温层、架空隔热板；对顶层墙体施加竖向预应力；女儿墙设置贯通其全高的构造柱，并与顶部钢筋混凝土压顶整浇，这些措施可防止或减轻房屋顶层墙体裂缝。增大基础圈梁的刚度；在底层窗台下墙体灰缝内设置 3 道焊接钢筋网片或 2 根直径 6mm 钢筋并伸入两边墙内不小于 600mm；提高砂浆强度等级；在顶层及底层设置通长钢筋混凝土窗台梁，这些措施可防止或减轻房屋底层墙体裂缝。对于采用轻骨料混凝土小型空心砌块砌筑框架填充墙砌体，施工时应注意砌块龄期不应小于 28d；不得与其他砌块混砌；水平和竖向砂浆饱满度均不应小于 80%；砌块的搭接长度不应小于 90mm，竖向通缝不应大于 2 皮。

## 4.4　刚性方案房屋墙、柱的计算
### Load-bearing Capacity of Walls and Columns in Buildings with Rigid Analysis Scheme

### 4.4.1　单层房屋承重墙的计算
#### Load-bearing Walls of One-story Buildings

图 4-5（a）为某单层刚性方案房屋计算单元内（常取一个开间为计算单元）墙、柱的

计算简图，墙、柱为上端不动铰支承于屋（楼）盖、下端嵌固于基础的竖向构件。

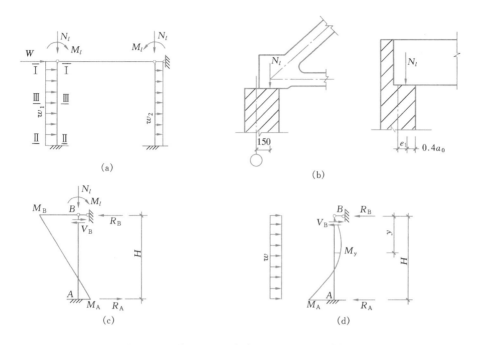

图 4-5　单层刚性方案房屋墙、柱内力分析

（a）计算简图；（b）$N_l$ 作用点位置；（c）竖向荷载作用下的内力；（d）风荷载作用下的内力

### 1. 内力分析

刚性方案房屋墙、柱在竖向荷载和风荷载作用下的内力按下述方法计算：

（1）竖向荷载作用

竖向荷载包括屋盖自重、屋面活荷载或雪荷载以及墙、柱自重。屋面荷载通过屋架或大梁作用于墙体顶部，屋架或屋面大梁的支承反力 $N_l$ 作用位置如图 4-5（b）所示，即 $N_l$ 存在偏心距。墙、柱自重则作用于墙、柱截面的重心。

屋面荷载作用下墙、柱内力如图 4-5（c）所示，分别为：

$$\left.\begin{array}{l} R_A = -R_B = -3M_l/2H \\ M_B = M_l \\ M_A = -M_l/2 \end{array}\right\} \tag{4-6}$$

（2）风荷载作用

包括屋面风荷载和墙面风荷载两部分。由于屋面风荷载最后以集中力通过屋架而传递，在刚性方案中通过不动铰支点由屋盖复合梁传给横墙，因此不会对墙、柱的内力造成影响。墙面风荷载作用下墙、柱内力如图 4-5（d）所示，分别为：

$$\left.\begin{array}{l} R_A = 5wH/8 \\ R_B = 3wH/8 \\ M_A = wH^2/8 \\ M_y = -wHy(3-4y/H)/8 \\ M_{max} = -9wH^2/128 \quad (y = 3H/8 \text{ 时}) \end{array}\right\} \tag{4-7}$$

计算时，迎风面 $w=w_1$，背风面 $w=-w_2$。

2. 内力组合

根据上述各种荷载单独作用下的内力，按照可能而又最不利的原则进行控制截面的内力组合，确定其最不利内力。通常控制截面有三个，即墙、柱的上端截面 Ⅰ-Ⅰ、下端截面 Ⅱ-Ⅱ 和均布风荷载作用下的最大弯矩截面 Ⅲ-Ⅲ（图 4-5a）。

3. 截面承载力验算

对截面 Ⅰ-Ⅰ～Ⅲ-Ⅲ，按偏心受压进行承载力验算。对截面 Ⅰ-Ⅰ 即屋架或大梁支承处的砌体还应进行局部受压承载力验算。

### 4.4.2 多层房屋承重纵墙的计算
**Load-bearing Longitudinal Walls of Multi-story Buildings**

1. 计算简图

图 4-6（a）、（b）为某多层刚性方案房屋计算单元内的承重纵墙。计算时常选取一个有代表性或较不利的开间墙、柱作为计算单元，其承受荷载范围的宽度 $s$ 取相邻两开间的平均值。在竖向荷载作用下，墙、柱在每层高度范围内可近似地视作两端铰支的竖向构件，其计算简图如图 4-6（c）所示。在水平荷载作用下，则视作竖向连续梁，其计算简图如图 4-6（e）所示。

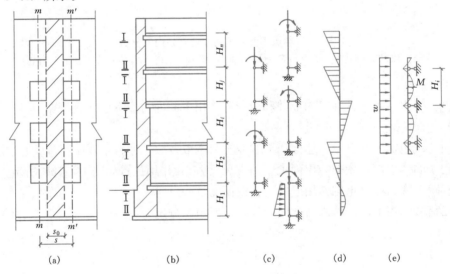

图 4-6  多层刚性方案房屋计算简图

2. 内力分析

墙、柱的控制截面取墙、柱的上、下端 Ⅰ-Ⅰ 和 Ⅱ-Ⅱ 截面，如图 4-6（b）所示。

每层墙、柱承受的竖向荷载包括上面楼层传来的竖向荷载 $N_u$、本层传来的竖向荷载 $N_l$ 和本层墙体自重 $N_G$。$N_u$ 和 $N_l$ 作用点位置如图 4-7 所示，其中 $N_u$ 作用于上一楼层墙、柱截面的重心处；根据理论研究和试验的实际情况并考虑上部荷载和内力重分布的塑性影响，$N_l$ 距离墙内边缘的距离取 $0.4a_0$（$a_0$ 为有效支承长度）。$N_G$ 则作用于本层墙体截面重心处。

作用于每层墙上端的轴向压力 $N$ 和偏心距分别为：$N=N_u+N_l$，$e=(N_le_1-N_ue_0)/(N_u+N_l)$，其中 $e_1$ 为 $N_l$ 对本层墙体重心轴的偏心距，$e_0$ 为上、下层墙体重心轴线之间的距离。

每层墙、柱的弯矩图为三角形，上端 $M=Ne$，下端 $M=0$，如图 4-6（d）所示。轴向力上端为 $N=N_\mathrm{u}+N_l$，下端则为 $N=N_\mathrm{u}+N_l+N_\mathrm{G}$。

Ⅰ-Ⅰ截面的弯矩最大，轴向压力最小；Ⅱ-Ⅱ截面的弯矩最小，而轴向压力最大。

均布风荷载 $w$ 引起的弯矩可近似按式（4-8）计算：

$$M = wH_i^2/12 \tag{4-8}$$

式中　$w$——计算单元每层高墙体上作用的风荷载；

　　　　$H_i$——层高。

图 4-7　$N_\mathrm{u}$、$N_l$
作用点位置

3. 截面承载力验算

对截面Ⅰ-Ⅰ按偏心受压和局部受压验算承载力；对截面Ⅱ-Ⅱ，按轴心受压验算承载力。

对于刚性方案房屋，一般情况下风荷载引起的内力往往不足全部内力的 5%，因此墙体的承载力主要由竖向荷载所控制。基于大量计算和调查结果，当多层刚性方案房屋的外墙符合下列要求时，可不考虑风荷载的影响：

（1）洞口水平截面面积不超过全截面面积的 2/3；

（2）层高和总高不超过表 4-5 的规定；

（3）屋面自重不小于 $0.8\mathrm{kN/m^2}$。

外墙不考虑风荷载影响时的最大高度　　　　　　表 4-5

| 基本风压值<br>（kN/m²） | 层　高<br>（m） | 总　高<br>（m） |
|:---:|:---:|:---:|
| 0.4 | 4.0 | 28 |
| 0.5 | 4.0 | 24 |
| 0.6 | 4.0 | 18 |
| 0.7 | 3.5 | 18 |

注：对于多层混凝土砌块房屋，当外墙厚度不小于 190mm、层高不大于 2.8m、总高不大于 19.6m、基本风压不大于 $0.7\mathrm{kN/m^2}$ 时，可不考虑风荷载的影响。

试验与研究表明，墙与梁（板）连接处的约束程度与上部荷载、梁端局部压应力等因素有关。对于梁跨度大于 9m 的墙承重的多层房屋，除按上述方法计算墙体承载力外，尚需考虑梁端约束弯矩对墙体产生的不利影响。此时可按梁两端固结计算梁端弯矩，将其乘以修正系数 $\gamma$ 后，按墙体线刚度分到上层墙底部和下层墙顶部。其修正系数 $\gamma$ 可按式（4-9）确定：

$$\gamma = 0.2\sqrt{a/h} \tag{4-9}$$

式中　$a$——梁端实际支承长度；

　　　　$h$——支承墙体的墙厚，当上、下墙厚不同时取下部墙厚，当有壁柱时取 $h_\mathrm{T}$。

### 4.4.3　多层房屋承重横墙的计算
**Load-bearing Transverse Walls of Multi-story Buildings**

多层房屋承重横墙的计算原理与承重纵墙相同，但常沿墙轴线取宽度为 1.0m 的墙作为计算单元，如图4-8（a）所示。

对于多层混合结构房屋，当横墙的砌体材料和墙厚相同时，可只验算底层截面Ⅱ-Ⅱ的承载力（图4-8b）。当横墙的砌体材料或墙厚改变时，尚应对改变处进行承载力验算。当左、右两开间不等或楼面荷载相差较大时，尚应对顶部截面Ⅰ-Ⅰ按偏心受压进行承载力验算。当楼面梁支承于横墙上时，还应验算梁端下砌体的局部受压承载力。

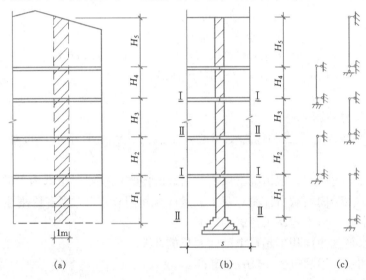

图4-8　横墙计算简图

### 4.4.4　地下室墙的计算
**Load-bearing Walls of Basement**

有的混合结构房屋设有地下室，地下室墙体一般砌筑在钢筋混凝土基础底板上，顶部为首层楼面，室外有回填土，因此墙厚一般大于房屋首层墙厚。另外，为了保证房屋具有足够的整体刚度，地下室内的横墙数量多、间距小。因而地下室墙体可按刚性方案进行静力计算，且一般可不进行高厚比验算。然而，作用于地下室外墙的荷载较多，其内力分析和承载力计算的工作量较大，这是需要注意的。

1. 计算简图

刚性方案房屋的地下室外墙的计算简图亦为两端铰支的竖向构件，如图4-9所示，其

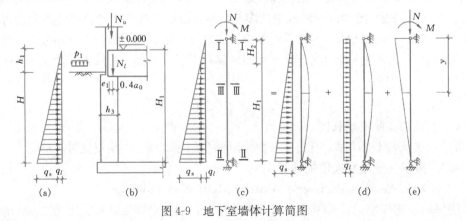

图4-9　地下室墙体计算简图

上端铰支于±0.000处的室内地面，下端铰支于底板顶面。如果混凝土地面较薄或施工期间未浇筑混凝土或混凝土未达到足够的强度就在室内外回填土时，墙体底端铰支承应取在基础底板的板底处。此外，如果基础具有一定的阻止墙体发生转动的能力时，下端将存在嵌固弯矩，其下端则应按部分嵌固考虑。

2. 荷载计算

地下室的墙体除了承受上部结构传来的轴向压力外，对于地下室的外墙，还应考虑室外地面上的堆积物、填土以及地下水压力的作用。作用于地下室墙体的荷载如图4-10所示，按下列方法计算：

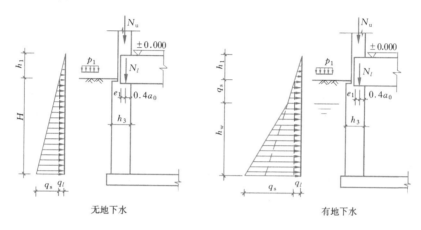

无地下水　　　　　　　　　　　有地下水

图4-10　地下室墙体的荷载

（1）±0.000以上墙体自重以及屋面、楼面传来的恒荷载和活荷载 $N_u$，作用在第一层墙体截面的形心上。

（2）第一层楼面梁、板传来的轴向力 $N_l$，其偏心距 $e = h_3/2 - 0.4a_0$。

（3）室外地面活荷载 $p_1$，是指堆积在室外地面上的建筑材料等产生的荷载，根据实际情况确定，同时不应小于 $10kN/m^2$。为简化计算，通常将 $p_1$ 按式（4-10）换算成当量的土层厚度 $h_1$（m）并入土压力中：

$$h_1 = p_1/\gamma_s \tag{4-10}$$

式中　$\gamma_s$——回填土的重力密度，可取 $20kN/m^3$。

（4）土壤侧压力 $q_s$，作用于地下室墙体外侧单位面积上的土压力，其大小与有无地下水有关。

无地下水时，如果底板标高以上土的深度为 $H$，则墙体单位面积上土侧压力为：

$$q_s = k_0 \gamma_s H \tag{4-11}$$

式中　$k_0$——静止土压力系数，可取0.5；

　　　$H$——底板标高至填土表面的深度（m）。

有地下水时，地下水深度为 $h_w$，则在 $h_w$ 高度范围内应考虑水的浮力对土的影响，底板标高处作用于墙体单位面积上的土侧压力 $q_s$ 为：

$$q_s = 0.5\gamma_s h_s + 0.5\gamma'_s h_w + \gamma_w h_w \qquad (4\text{-}12)$$

式中　$\gamma'_s$——土壤含水饱和时的重力密度（$kN/m^3$）；

　　　$h_s$——未浸水的回填土高度（m）；

　　　$\gamma_w$——水的重力密度，可取 $10kN/m^3$。

由于 $\gamma'_s = \gamma_s - \gamma_w$，代入式（4-12）得：

$$q_s = 0.5(\gamma_s H + \gamma_w h_w) \qquad (4\text{-}13)$$

当量土层厚度为 $h_1$ 时的土侧压力 $q_l$ 为：

$$q_l = 0.5\gamma_s h_1 \qquad (4\text{-}14)$$

（5）应计入地下室墙体自重 $G$。

3. 内力计算

地下室墙的控制截面为Ⅰ-Ⅰ、Ⅱ-Ⅱ和Ⅲ-Ⅲ，其中截面Ⅲ-Ⅲ为地下室墙跨中最大弯矩所在截面。首先按结构力学的方法计算地下室墙体在各种荷载单独作用下的内力（图4-9c、d、e），然后进行控制截面的内力组合。

4. 截面承载力验算

对截面Ⅰ-Ⅰ进行偏心受压和局部受压承载力验算；对截面Ⅱ-Ⅱ进行轴心受压承载力验算；对截面Ⅲ-Ⅲ则进行偏心受压承载力验算。

## 4.5　弹性方案房屋墙、柱的计算
## Load-bearing Capacity of Walls and Columns in Buildings with Elastic Analysis Schemes

单层弹性方案房屋按屋架或屋面大梁与墙、柱为铰接且不考虑空间工作的平面排架确定墙、柱的内力，即按一般结构力学的方法进行计算，如图4-11所示。

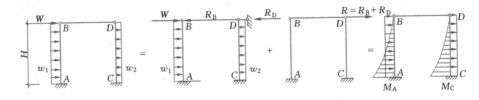

图 4-11　弹性方案房屋墙、柱内力分析

单层弹性方案房屋墙、柱的控制截面有两个，即柱顶和柱底截面，均按偏心受压验算墙、柱的承载力，对柱顶截面尚需验算砌体局部受压承载力。对于变截面柱，还应验算变截面处截面的受压承载力。

多层混合结构房屋应避免设计成弹性方案的房屋。这是因为此类房屋的楼面梁与墙、柱的连接处不能形成类似于钢筋混凝土框架整体性好的节点，因此梁与墙的连接通常假设为铰接，在水平荷载作用下墙、柱水平位移很大，往往不能满足使用要求。另外，这类房屋空间刚度较差，容易引起连续倒塌。

# 4.6 刚性基础计算

## Design and Calculation of Rigid Foundation

由砖、毛石、混凝土或毛石混凝土等材料制成的,且不需配置钢筋的墙下条形基础或柱下独立基础,称为无筋扩展基础,习惯上也称刚性基础。

作用于基础上的荷载向地基传递时,压应力分布线形成一个夹角,其极限值称为刚性角 $\alpha$。刚性基础的基础底面位于刚性角范围内,主要承受压应力而弯曲应力和剪应力则很小,因此它通常是采用抗压强度较高而抗拉、抗剪强度很低的材料砌筑或浇筑而成。其中,刚性角 $\alpha$ 随基础材料不同而有所不同。

设计刚性基础时,往往通过控制基础台阶的宽度与高度之比不超过表 4-6 所示的台阶宽高比允许值等构造措施以确保基础底面控制在刚性角限定的范围内,亦即要求刚性基础底面宽度符合下列条件:

$$b \leqslant b_0 + 2H_0 \cdot \tan\alpha \tag{4-15}$$

式中　$b$——基础底面宽度;

　　$b_0$——基础顶面的砌体宽度;

　　$H_0$——基础高度;

　　$\tan\alpha$——基础台阶宽高比的允许值,查表 4-6 确定。

当基础承受的荷载较大时,按地基承载力要求确定的基础底面宽度 $b$ 也较大。由式(4-15)可知,相应的基础高度 $H_0$ 亦较大,此时基础自重、埋深以及材料用量随之增大。因此,刚性基础主要适用于六层和六层以下结构房屋的基础。

结构房屋的墙、柱刚性基础设计,需选择基础类型;确定基础埋置深度;按承载力要求计算基础底面面积和基础高度;最后绘出基础施工图。

无筋扩展基础台阶宽高比的允许值　　　　　　　　　表 4-6

| 基础材料 | 质量要求 | 台阶宽高比的允许值 | | |
|---|---|---|---|---|
| | | $p_k \leqslant 100$ | $100 < p_k \leqslant 200$ | $200 < p_k \leqslant 300$ |
| 混凝土基础 | C15 混凝土 | 1:1.00 | 1:1.00 | 1:1.25 |
| 毛石混凝土基础 | C15 混凝土 | 1:1.00 | 1:1.25 | 1:1.50 |
| 砖基础 | 砖不低于 MU10,砂浆不低于 M5 | 1:1.50 | 1:1.50 | 1:1.50 |
| 毛石基础 | 砂浆不低于 M5 | 1:1.25 | 1:1.50 | — |
| 灰土基础 | 体积比为 3:7 或 2:8 的灰土,其最小干密度:<br>粉土 1.55t/m³<br>粉质黏土 1.50t/m³<br>黏土 1.45t/m³ | 1:1.25 | 1:1.50 | |
| 三合土基础 | 体积比 1:2:4~1:3:6<br>(石灰:砂:骨料),每层约虚铺 220m,夯至 150mm | 1:1.50 | 1:2.00 | — |

注:1. $p_k$ 为荷载效应标准组合时基础底面处的平均压力值 (kPa);
　　2. 阶梯形毛石基础的每阶伸出宽度,不宜大于 200mm;
　　3. 当基础由不同材料叠合组成时,应对接触部分作抗压验算;
　　4. 基础底面处的平均压力值超过 300kPa 的混凝土基础,尚应进行抗剪验算。

### 4.6.1 刚性基础的类型

**Types of Rigid Foundation**

根据所用材料的不同，常用的刚性基础有砖基础、毛石基础、混凝土基础以及毛石混凝土基础。

1. 砖基础

砖基础剖面通常采用等高大放脚，台阶宽度为 60mm，高度为 120mm，亦可采用不等高大放脚。为了使基础和地基之间能均匀传递压力，在砖基础底面以下常做 100mm 厚的混凝土垫层，混凝土强度等级为 C15。

2. 毛石基础

毛石基础是由毛石砌筑而成的，在产石地区应用较多。所选用的毛石应质地坚硬、不易风化。

3. 混凝土基础和毛石混凝土基础

混凝土基础是由混凝土浇筑而成的，其强度、耐久性和抗冻性均比砖基础好，而且刚性角也较大，但造价比砖基础稍高，适用于地下水位较高的情况。

当混凝土基础体积较大时，为了节约水泥用量、降低造价，可在混凝土中加入 25%～30%的毛石，从而形成毛石混凝土基础。

### 4.6.2 基础的埋置深度

**Depth of Foundation Buried**

基础的埋置深度一般指基础底面距室外设计地面的距离，用 $d$ 表示。对于内墙、柱基础，$d$ 可取基础底面至室内设计地面的距离；对于地下室的外墙基础则取 $d$ 为：

$$d = (d_1 + d_2)/2 \tag{4-16}$$

式中　$d_1$——基础底面至地下室室内设计地面的距离；

　　　$d_2$——基础底面至室外设计地面的距离。

影响基础埋深的因素较多，设计时应根据工程地质条件和《建筑地基基础设计规范》GB 50007—2011 的要求确定适宜的埋置深度。一般来说，在满足地基稳定和变形要求的前提下，基础应尽量浅埋，以减小基础工程量，降低造价。除岩石地基外，基础埋置的最小深度不宜小于 0.5m，基础顶面距室外设计地面应至少 0.15～0.2m，以确保基础不受外界的不利影响。对于冻胀性地基，基础底面应处在冰冻线以下 100～200mm，以免冻胀融陷对建筑物造成不利（轻则引起墙体开裂，重则引起建筑物破坏）。此外，当新建筑与原有建筑相邻时，新建筑物的基础埋深不宜大于原有建筑物的基础埋深，否则两基础间应保持一定净距，以保证相邻建筑物的安全和正常使用。净距应根据荷载大小和地质情况而定，一般取相邻基础底面高差的 1～2 倍。

### 4.6.3 墙、柱基础的计算

**Strength of Foundation of Walls or Columns**

墙、柱基础的计算包括确定基础底面面积和基础的高度。

基础底面应具有足够的面积以确保地基反力不超过地基承载力、防止地基发生整体剪切破坏或失稳破坏；同时控制基础的沉降量在规定的允许限值之内，减少不均匀沉降对房屋墙、柱造成的不利影响。对于五层及五层以下的混合结构房屋，可根据地基承载力的要求直接确定墙、柱基础的底面尺寸，基础高度则由式（4-15）确定，一般不必验算地基的变形。

1. 计算单元

对于横墙基础，通常沿墙长度方向取 1.0m 为计算单元，其上承受左、右1/2跨度范围内全部的均布恒荷载和活荷载，按条形基础计算。

对于纵墙基础，其计算单元为一个开间，将屋盖、楼盖传来的荷载以及墙体、门窗自重的总和折算为沿墙长每米的均布荷载，按条形基础计算。

对于带壁柱的条形基础，其计算单元为以壁柱轴线为中心，两侧各取相邻壁柱间距的 1/2，且应按 T 形截面计算。

2. 轴心受压条形基础的计算

根据地基承载力要求，轴心受压条形基础（如图 4-12 所示）的底面宽度 $b$ 应满足下列条件：

$$p_k = \frac{F_k + G_k}{1 \times b} \leqslant f_a \qquad (4\text{-}17)$$

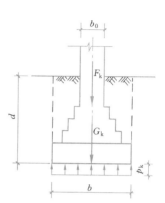

图 4-12 轴心受压基础

式中 $p_k$——相应于荷载效应标准组合时，基础底面处的平均压力值；

$F_k$——相应于荷载效应标准组合时，上部结构传至基础顶面的竖向力值；

$G_k$——基础自重和基础上的土重；

$f_a$——修正后的地基承载力特征值。

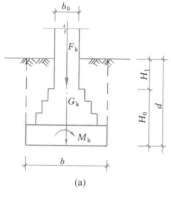

因式（4-17）中的 $G_k$ 与基础底面尺寸有关，故式（4-17)用于设计不太方便。如果近似取 $G_k = \gamma_m \cdot d \cdot A$，代入式（4-17），则：

$$b \geqslant \frac{F_k}{f_a - \gamma_m d} \qquad (4\text{-}18)$$

式中 $\gamma_m$——基础与基础上面回填土的平均重度，设计时可取 $\gamma_m = 20\text{kN/m}^3$，地下水位以下取有效重度；

$d$——基础埋置深度（m）。

此外，基础底面宽度 $b$ 尚应满足刚性角要求，即式（4-15)的要求。

3. 偏心受压条形基础的计算

根据地基承载力的要求，偏心受压条形基础（如图 4-13所示）的底面宽度 $b$ 应满足下列条件：

(a)

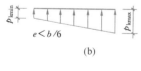

$e < b/6$

(b)

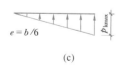

$e = b/6$

(c)

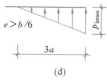

$e > b/6$

(d)

图 4-13 偏心受压基础

$$p_{kmax} = \frac{F_k + G_k}{1 \times b} + \frac{M_k}{W} \leqslant 1.2 f_a \qquad (4\text{-}19)$$

$$p_{kmin} = \frac{F_k + G_k}{1 \times b} - \frac{M_k}{W} \geqslant 0 \qquad (4\text{-}20)$$

$$\frac{p_{kmax} + p_{kmin}}{2} \leqslant f_a \qquad (4\text{-}21)$$

式中　$p_{kmax}$、$p_{kmin}$——分别为相应于荷载效应标准组合时，基础底面边缘的最大、最小压力值；

　　　　　$M_k$——相应于荷载效应标准组合时，作用于基础底面的力矩值；

　　　　　$W$——基础底面的抵抗矩。

将 $W = \dfrac{1}{6}b^2$ 代入式（4-19）、式（4-20）得：

$$p^{kmax}_{kmin} = \frac{F_k + G_k}{b} \pm \frac{6M_k}{b^2} \tag{4-22}$$

随着偏心距 $e\ [=M_k/\ (F_k+G_k)]$ 的不断增大，基础底面地基反力的分布及地基的压缩变形越发不均匀。当偏心距 $e>b/6$ 时，如图 4-13（d）所示，$p_{kmin}$ 为负值，即产生拉应力。现不考虑拉应力，由静力平衡条件，$p_{kmax}$ 应按式（4-23）计算：

$$p_{kmax} = \frac{2(F_k + G_k)}{3a} \leqslant 1.2f_a \tag{4-23}$$

式中　$a$——合力作用点至基础底面最大压力边缘的距离。

工程上亦可设计成偏离墙中心的偏置基础，如图 4-14 所示。当基础底面中心与偏心压力作用点正好重合时，宽度为 $b_1$ 的基础底面压应力将呈均匀分布，此时基础底面的宽度仍应满足刚性角的要求。

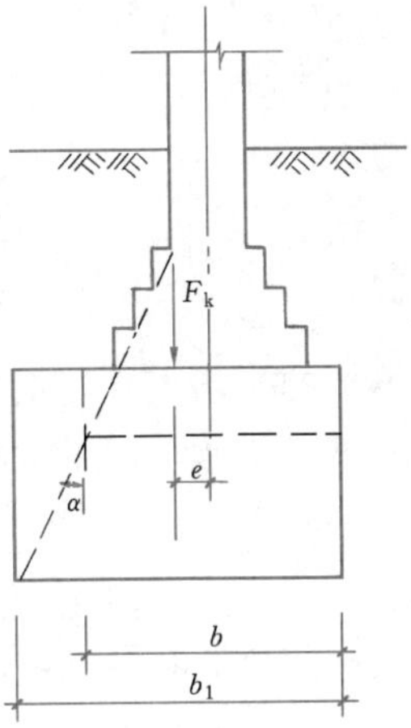

#### 4. 柱下单独基础的计算

根据式（4-18），轴心受压柱下单独基础的底面面积 $l \times b$ 应按式（4-24）计算：

$$l \times b \geqslant F_k/(f_a - \gamma_m d) \tag{4-24}$$

当基础底面为方形时，基础底面尺寸即为：

$$l = b = \sqrt{F_k/(f_a - \gamma_m d)} \tag{4-25}$$

当基础底面为矩形时，基础底面的短边尺寸 $l$ 为：

$$l = \sqrt{F_k/\left[\frac{b}{l}(f_a - \gamma_m d)\right]} \tag{4-26}$$

图 4-14　偏置基础

其中长短边之比 $b/l$ 宜控制在 1.5～2.0 之间。

对于偏心受压柱下单独基础，基础底面一般为矩形，可按式（4-19）～式（4-23）进行计算，只需将 $l \times b$ 代替公式中的 $1 \times b$。

## 4.7　装配式砌体结构
### Fabricated Masonry Structure

装配式建筑，即将在工厂已经预制好的各种构件运送到施工现场直接装配而成的建筑。党的二十大报告提出"高质量发展是全面建设社会主义现代化国家的首要任务"，要"推进新型工业化，加快建设制造强国、质量强国"。发展装配式建筑是实现高质量发展、节约资源能源、促进建筑业与工业化深度融合、培育新产业新动能的重要举措。

砌体结构在我国有着悠久的发展历史，然而，我国传统的砌体结构建筑生产模式存在劳动密集、现场湿作业多、建造质量难以控制等问题，加之我国人口老龄化程度不断加深，劳动力缺失越来越显著，且劳务人员对施工环境的要求变高，建造成本越来越高。

装配式砌体结构，即为采用工厂预制的整片墙体构件在施工现场通过不同连接方式组装而成的砌体结构。相较于传统的墙体砌筑施工，装配式砌筑结构具有以下显著的优点：

（1）绿色环保。墙体在工厂进行预制，避免了施工现场的砌筑和抹灰等施工工序，有效减少了施工现场的湿作业和施工过程产生的垃圾，有利于保持工地的干净整洁、减少对环境的污染。

（2）可标准化、自动化且高效地生产预制墙体。通过引进先进的预制墙体生产线，装配式砌体结构可以实现预制墙体生产的标准化和自动化。其中，半自动造墙机能够有效缩短铺设黏结剂或砂浆的时间，全自动移墙机则能24h运行，其每天的预制墙体生产量可达1000余立方米，极大地提高了经济效益。

（3）墙体质量好。传统的墙体砌筑施工作业由于受到包括施工工人技术、环境等因素在内的影响，墙体质量往往参差不齐，而预制端体得益于标准化、自动化的生产模式，其相较于传统方式砌筑的墙体有着更好的平整度和整体性，并且在墙体防裂、防渗等方面有着更加优异的表现。

（4）施工速度快。装配式砌体结构是将在工厂预制好的墙体直接运输到施工现场进行拼装，极大地提高了施工速度、降低了现场施工的强度，相较于传统的砌筑施工作业能节省近30%的时间，因而大大缩短了整体工期。

（5）经济效益显著。随着我国人口老龄化的加剧，施工现场的一线作业工人年龄普遍偏大，人工费用逐年攀升。而预制墙体自动化生产线仅需5～6人即可完成整个生产过程，施工现场也仅需少数工人配合机械作业即可快速完成墙体的装配，因而大大减少了人力成本。此外，装配式砌体结构能够减少传统施工作业中的材料浪费，节省了原材料、工序方面的费用，同时还能极大地缩短工期，具有显著的经济效益。

近年来，为了推动砌体结构的革新，同时规范相关行业的发展，我国正积极推进装配式砌体结构相关规范标准的制定。目前，中国工程建设标准化协会已发布《装配式混凝土砌块砌体建筑技术规程》T/CECS 816—2021，并于2021年7月1日起正式施行。该规程将装配式砌块砌体房屋分为预制砌块砌体房屋与干垒砌块砌体房屋，从设计、构件制作、施工安装、质量验收等方面系统提出了装配式砌块砌体建筑标准化技术解决方案。相信在政策与技术的推动下，装配式砌体结构一定会在未来蓬勃发展。

## 4.8　计　算　例　题
### Examples

【例题 4-1】某四层数学综合楼的平面、剖面图如图4-15所示，屋盖、楼盖采用预制钢筋混凝土空心板，墙体采用烧结粉煤灰砖和水泥混合砂浆砌筑，砖的强度等级为MU10，三、四层砂浆的强度等级为M2.5，一、二层砂浆的强度等级为M5。环境类别为1类，设计使用年限为50年，施工质量控制等级为B级。各层墙厚如图所示。试验算各

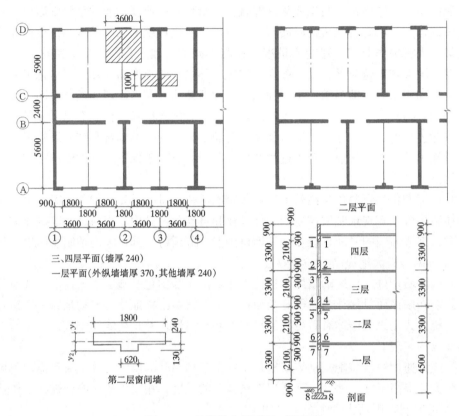

图 4-15　教学综合楼平面、剖面图

层墙体的高厚比。

【解】1. 确定房屋的静力计算方案

最大横墙间距 $s=3.6\times3=10.8$m，屋盖、楼盖类别属于第 1 类，查表 4-1，$s<32$m，因此本房屋属刚性方案房屋。

2. 外纵墙高厚比验算

本房屋第一层墙体采用 M5 水泥混合砂浆，其高厚比 $\beta=4.5/0.37=12.2$。

第三、四层墙体采用 M2.5 水泥混合砂浆，其高厚比 $\beta=3.3/0.24=13.8$。

墙体采用的砖、砂浆强度等级符合环境类别 1 的要求。

第二层窗间墙的截面几何特征为：

$A=1.8\times0.24+0.13\times0.62=0.5126$m$^2$

$y_1=[(1.8-0.62)\times0.24\times0.12+0.62\times0.37\times0.185]/0.5126$

$=0.149$m

$y_2=0.37-0.149=0.221$m

$I=[1.8\times0.149^3+(1.8-0.62)\times(0.24-0.149)^3+0.62\times0.221^3]/3$

$=4.512\times10^{-3}$m$^4$

$i=\sqrt{I/A}=0.094$m

$h_\mathrm{T}=3.5i=0.328$m

第二层墙体的高厚比 $\beta = 3.3/0.328 = 10.1$。由此可见，第三、四层墙体的高厚比最大，而且砂浆强度等级相对较低，因此首先应对其加以验算。

对于砂浆强度等级为 M2.5 的墙，查表 4-3 可知 $[\beta] = 22$。

取 D 轴线上横墙间距最大的一段外纵墙，$H = 3.3\text{m}$，$s = 10.8\text{m} > 2H = 6.6\text{m}$，查表 4-2，$H_0 = 1.0H = 3.3\text{m}$，考虑窗洞的影响，$\mu_2 = 1 - 0.4 \times 1.8/3.6 = 0.8 > 0.7$。

$\beta = 3.3/0.24 = 13.8 < \mu_2 [\beta] = 0.8 \times 22 = 17.6$，符合要求。

3. 内纵墙高厚比验算

轴线 C 上横墙间距最大的一段内纵墙上开有两个门洞，$\mu_2 = 1 - 0.4 \times 2.4/10.8 = 0.91 > 0.8$，故不需验算即可知该墙高厚比符合要求。

4. 横墙高厚比验算

横墙厚度为 240mm，墙长 $s = 5.9\text{m}$，且墙上无门窗洞口，其允许高厚比较纵墙的有利，因此不必再作验算，亦能满足高厚比要求。

【例题 4-2】由于使用的需要，例题 4-1 中四楼层高由 3.3m 改为 4.5m。试验算该四楼墙体高厚比。

【解】由例题 4-1 可知，取 D 轴线上横墙间距最大的一段外纵墙，$H = 4.5\text{m}$，$s = 10.8\text{m} > 2H = 9\text{m}$，查表 4-2，$H_0 = 1.0H = 4.5\text{m}$，考虑窗洞的影响，$\mu_2 = 1 - 0.4 \times 1.8/3.6 = 0.8 > 0.7$。

$\beta = 4.5/0.24 = 18.8 > \mu_2 [\beta] = 0.8 \times 22 = 17.6$，不符合要求。

沿外纵墙每隔 3.6m（一个开间）设截面尺寸为 240mm×240mm 的钢筋混凝土构造柱。

由式（4-5）：

$$\mu_c = 1 + \gamma \frac{b_c}{l} = 1 + 1.5 \times \frac{0.24}{3.6} = 1.1$$

此时带构造柱墙的允许高厚比为 $\mu_2 \mu_c [\beta] = 0.8 \times 1.1 \times 22 = 19.4 > 18.8$，符合要求。

通过该例题不难发现，影响墙体高厚比验算的主要因素有屋盖（楼盖）类别、横墙间距、墙体高度、砂浆强度等级以及门窗洞口的影响。其中，屋盖（楼盖）类别、横墙间距、墙体高度、门窗洞口大小及位置往往是由使用要求决定的。横墙间距决定了墙体周边支承条件进而影响墙体的计算高度。砂浆强度等级由 M2.5 提高到 M5，砂浆强度等级提高 100%，墙的允许高厚比仅提高 9%，柱的允许高厚比仅提高 6%。门窗洞口的影响系数 $\mu_2$ 规定了下限值 0.7。由此可见，横墙间距是墙体高厚比验算最主要的影响因素，而砂浆强度等级和门窗洞口的影响则相对小些。当墙体高厚比验算不能满足要求时，除了采取提高砂浆强度等级外，通过设置钢筋混凝土构造柱亦是一种切实可行的措施。

【例题 4-3】某单层单跨厂房，壁柱间距 6m，全长 14×6 = 84m，跨度为 15m，如图 4-16 所示（无吊车作用）。屋面采用预制钢筋混凝土大型屋面板，墙体采用 MU10 烧结页岩砖、M7.5 水泥混合砂浆砌筑。环境类别为 1 类，设计使用年限为 50 年，施工质量控制等级为 B 级。试验算墙体的高厚比。

【解】本题需验算房屋的纵墙和山墙的高厚比。

墙体采用的砖、砂浆强度等级符合环境类别 1 的要求。

房屋的屋盖类别为第 1 类，山墙（横墙）的间距 $s = 84\text{m}$，查表 4-1，$s > 32\text{m}$，因此属

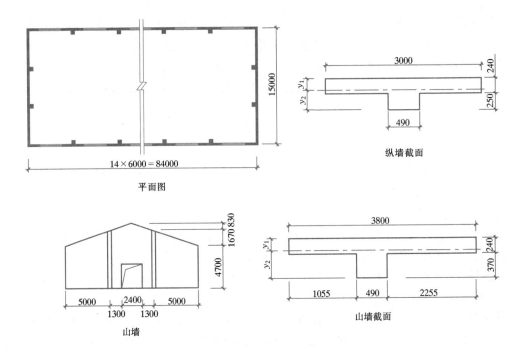

图 4-16  单层房屋平面、侧立面图

弹性方案房屋。

1. 纵墙高厚比验算

本房屋的纵墙为带壁柱墙，因此不仅需验算其整片墙的高厚比，还需验算壁柱间墙的高厚比。

（1）整片墙的高厚比验算

查表 4-2，$H_0 = 1.5H = 1.5 \times 4.7 = 7.05$m

纵墙为带壁柱的 T 形截面，需先确定其折算厚度 $h_\mathrm{T}$。

带壁柱墙的截面面积：

$$A = 3 \times 0.24 + 0.49 \times 0.25 = 0.8425\mathrm{m}^2$$

截面重心位置：

$$y_1 = [3 \times 0.24 \times 0.12 + 0.49 \times 0.25 \times (0.24 + 0.25/2)]/0.8425$$
$$= 0.156\mathrm{m}$$
$$y_2 = 0.24 + 0.25 - 0.156 = 0.334\mathrm{m}$$

截面惯性矩：

$$I = [3 \times 0.156^3 + (3 - 0.49) \times (0.24 - 0.156)^3 + 0.49 \times 0.334^3]/3$$
$$= 0.0104\mathrm{m}^4$$

截面回转半径：

$$i = \sqrt{I/A} = 0.111\mathrm{m}$$

截面折算厚度：

$$h_\mathrm{T} = 3.5i = 3.5 \times 0.111 = 0.389\mathrm{m}$$

整片墙的实际高厚比：

$$\beta = H_0/h_T = 7.05/0.389 = 18.12$$

墙上有窗洞，$\mu_2 = 1 - 0.4 \times 3/6 = 0.8$，查表 4-3 可知 $[\beta] = 26$，该墙的允许高厚比 $\mu_2[\beta] = 0.8 \times 26 = 20.8 > 18.12$，因此，山墙之间整片纵墙的高厚比满足要求。

（2）壁柱间墙的高厚比验算

验算壁柱间墙的高厚比时，不论房屋属何种静力计算方案，一律按刚性方案考虑。此时，墙厚为 240mm，墙长 $s = 6$m，查表 4-2，因 $H < s < 2H$，故 $H_0 = 0.4s + 0.2H = 0.4 \times 6 + 0.2 \times 4.7 = 3.34$m，$\beta = 3.34/0.24 = 13.9 < 20.8$，亦满足高厚比要求。

2. 山墙高厚比验算

该山墙的高度是变化的，墙等厚时，其高度可自基础顶面取至山墙尖高度的 1/2 处。现因山墙设有壁柱，其高度取壁柱处的高度。该山墙与屋面有可靠的连接，且 $s = 15$m，查表 4-2 可知，$H_0 = 1.5H = 1.5 \times 6.37 = 9.555$m。

对于单层房屋，带壁柱墙的计算截面翼缘宽度 $b_f$ 可取壁柱宽加 2/3 墙高，但不应大于窗间墙宽度和相邻壁柱间的距离。本例中壁柱宽加 2/3 墙高为：$\frac{2}{3} \times 6.37 + 0.49 = 4.74$m。

窗间墙宽度为：$1.3 + 2.5 = 3.8$m。

相邻壁柱间的距离为 5m。

取上述三者的最小值，得 $b_f = 3.8$m。

带壁柱山墙的截面面积：

$$A = 3.8 \times 0.24 + 0.49 \times 0.37 = 1.0933 \text{m}^2$$

截面重心位置：

$$y_1 = (3.8 \times 0.24 \times 0.12 + 0.49 \times 0.37 \times 0.425)/1.0933 = 0.171 \text{m}$$

$$y_2 = 0.61 - 0.171 = 0.439 \text{m}$$

截面惯性矩：

$$I = [3.8 \times 0.171^3 + (3.8 - 0.49) \times (0.24 - 0.171)^3 + 0.49 \times 0.439^3]/3 = 0.0205 \text{m}^4$$

截面回转半径：

$$i = \sqrt{\frac{I}{A}} = \sqrt{\frac{0.0205}{1.0933}} = 0.137 \text{m}$$

截面折算厚度：

$$h_T = 3.5i = 3.5 \times 0.137 = 0.48 \text{m}$$

山墙的实际高厚比 $\beta$：

$$\beta = H_0/h_T = 9.555/0.48 = 19.91$$

该墙的允许高厚比为：

$$\mu_2[\beta] = \left(1 - 0.4 \times \frac{1.2}{5}\right) \times 26 = 23.50 > \beta(=19.91)$$

因此，整片山墙高厚比满足要求。

此外还须验算山墙壁柱间墙的高厚比。

屋脊处墙高 $H = 7.2$m，壁柱间山墙平均高度 $H = 7.2 - (7.2 - 6.37)/2 = 6.785$m，此时 $s = 5$m $< H$，查表 4-2，按刚性方案确定计算高度 $H_0 = 0.6s = 0.6 \times 5 = 3$m，墙厚为

240mm，$\mu_2 = 1 - 0.4 \times 2.4/5 = 0.808$，山墙壁柱间墙的实际高厚比 $\beta = H_0/h = 3/0.24 = 12.5 < 0.808 \times 26 = 21$，亦能满足高厚比要求。

【例题 4-4】试验算例题 4-1 中纵墙、横墙的承载力。

【解】1. 确定静力计算方案

根据例题 4-1 可知，此房屋属刚性方案房屋。

2. 荷载资料

根据设计要求，荷载资料如下：

（1）屋面恒荷载标准值

40 厚 C30 细石混凝土刚性防水层，表面压光：
$$25 \times 0.04 = 1.0 \text{kN/m}^2$$

20 厚 1：2.5 水泥砂浆找平：
$$20 \times 0.02 = 0.4 \text{kN/m}^2$$

40 厚挤塑聚苯板：
$$0.4 \times 0.04 = 0.016 \text{kN/m}^2$$

20 厚 1：2.5 水泥砂浆找平：
$$20 \times 0.02 = 0.4 \text{kN/m}^2$$

3 厚氯丁沥青防水涂料（二布八涂）：
$$0.045 \text{kN/m}^2$$

110 厚预应力混凝土空心板（包括灌缝）：
$$2.0 \text{kN/m}^2$$

20 厚板底粉刷：
$$\frac{16 \times 0.02 = 0.32 \text{kN/m}^2}{\text{合计 } 4.18 \text{kN/m}^2}$$

屋面梁自重：
$$25 \times 0.2 \times 0.5 = 2.5 \text{kN/m}$$

（2）上人屋面的活荷载标准值
$$2.0 \text{kN/m}^2$$

（3）楼面恒荷载标准值

20 厚大理石面层：
$$28 \times 0.02 = 0.56 \text{kN/m}^2$$

20 厚水泥砂浆找平：
$$20 \times 0.02 = 0.4 \text{kN/m}^2$$

110 厚预应力混凝土空心板（包括灌缝）：
$$2.0 \text{kN/m}^2$$

20 厚板底粉刷：
$$\frac{16 \times 0.02 = 0.32 \text{kN/m}^2}{\text{合计 } 3.28 \text{kN/m}^2}$$

楼面梁自重：
$$25 \times 0.2 \times 0.5 = 2.5 \text{kN/m}$$

（4）墙体自重标准值

240厚墙体自重：

$$5.24kN/m^2（按墙面计）$$

370厚墙体自重：

$$7.71kN/m^2（按墙面计）$$

真空双层玻璃窗自重：

$$0.5kN/m^2（按窗面积计）$$

（5）楼面活荷载标准值

根据《建筑结构荷载规范》GB 50009—2012，教室的楼面活荷载标准值为$2.5kN/m^2$。因本教学综合楼使用荷载较大，根据实际情况楼面活荷载标准值取$3.0kN/m^2$。此外，按荷载规范，设计房屋墙和基础时，楼面活荷载标准值采用与其楼面梁相同的折减系数，而楼面梁的从属面积为$5.9\times3.6=21.24m^2<50m^2$，因此楼面活荷载不必折减。

该房屋所在地区的基本风压为$0.35kN/m^2$，且房屋层高小于4m，房屋总高小于28m，由表4-5可知，该房屋设计时可不考虑风荷载的影响。

3. 纵墙承载力计算

（1）选取计算单元

该房屋有内、外纵墙。对于外纵墙，相对而言，D轴线墙比A轴线墙更不利。对于内纵墙，虽然走廊楼面荷载使内纵墙（B、C轴线）上的竖向压力有所增加，但梁（板）支承处墙体的轴向力偏心距却有所减小，并且内纵墙上的洞口宽度较外纵墙上的小。因此可只在D轴线上取一个开间的外纵墙作为计算单元，其受荷面积为$3.6\times2.95=10.62m^2$（实际需扣除一部分墙体的面积，这里仍近似地以轴线尺寸计算）。

（2）确定计算截面

通常每层墙的控制截面位于墙的顶部梁（或板）的底面（如截面1-1）和墙底的底面（如截面2-2）处。在截面1-1等处，梁（或板）传来的支承压力产生的弯矩最大，且为梁（或板）端支承处，其偏心受压和局部受压均为不利。相对而言，截面2-2等处承受的轴向压力最大（相同楼层条件下）。

本楼第三层和第四层墙体所用的砖、砂浆强度等级、墙厚虽相同，但轴向力的偏心距不同；第一层和第二层墙体的墙厚不同，因此需对截面1-1～8-8的承载力分别进行计算。

（3）荷载计算

取一个计算单元，作用于纵墙的荷载标准值如下：

屋面恒荷载：

$$4.18\times10.62+2.5\times2.95=51.77kN$$

女儿墙自重（厚240mm，高900mm，双面粉刷）：

$$5.24\times0.9\times3.6=16.98kN$$

二、三、四层楼面恒荷载：

$$3.28\times10.62+2.5\times2.95=42.21kN$$

屋面活荷载：

$$2.0\times10.62=21.24kN$$

二、三、四层楼面活荷载：
$$3.0 \times 10.62 = 31.86 \text{kN}$$

三、四层墙体和窗自重：
$$5.24 \times (3.3 \times 3.6 - 2.1 \times 1.8) + 0.5 \times 2.1 \times 1.8 = 44.33 \text{kN}$$

二层墙体（包括壁柱）和窗自重：
$$5.24 \times (3.3 \times 3.6 - 2.1 \times 1.8 - 0.62 \times 3.3) + 0.5 \times 2.1 \times 1.8$$
$$+ 7.71 \times 0.62 \times 3.3 = 49.39 \text{kN}$$

一层墙体和窗自重：
$$7.71 \times (3.6 \times 4.5 - 2.1 \times 1.8) + 0.5 \times 2.1 \times 1.8 = 97.65 \text{kN}$$

（4）控制截面的内力计算

1）第四层：

①第四层截面 1-1 处：
$$N_1 = 1.3 \times (51.77 + 16.98) + 1.5 \times 1.0 \times 21.24 = 121.24 \text{kN}$$
$$N_{5l} = 1.3 \times 51.77 + 1.5 \times 1.0 \times 21.24 = 99.16 \text{kN}$$

三、四层墙体采用 MU10 烧结粉煤灰砖、M2.5 水泥混合砂浆砌筑，查表 2-4 可知砌体的抗压强度设计值 $f = 1.3 \text{MPa}$；一、二层墙体采用 MU10 烧结粉煤灰砖、M5 水泥混合砂浆砌筑，砌体的抗压强度设计值 $f = 1.5 \text{MPa}$。

屋（楼）面梁端均设有刚性垫块，由式（3-18）和表 3-5 取 $\sigma_0/f \approx 0$，$\delta_1 = 5.4$，此时刚性垫块上表面处梁端有效支承长度 $a_0$ 为：

$$a_0 = 5.4\sqrt{\frac{h_c}{f}} = 5.4\sqrt{\frac{500}{1.3}} = 106 \text{mm}$$

$$M_1 = N_{5l}(y - 0.4a_0) = 99.16 \times (0.12 - 0.4 \times 0.106) = 7.695 \text{kN} \cdot \text{m}$$

$$e_1 = M_1/N_1 = 7.695/121.24 = 0.063 \text{m}$$

②第四层截面 2-2 处：

轴向力为上述荷载 $N_1$ 与本层墙自重之和：
$$N_2 = 121.24 + 1.3 \times 44.33 = 178.87 \text{kN}$$

2）第三层：

①第三层截面 3-3 处：

轴向力为上述荷载 $N_2$ 与本层楼盖荷载 $N_{4l}$ 之和：
$$N_{4l} = 1.3 \times 42.21 + 1.5 \times 1.0 \times 31.86 = 102.66 \text{kN}$$
$$N_3 = 178.87 + 102.66 = 281.53 \text{kN}$$

$$\sigma_0 = \frac{178.87 \times 10^{-3}}{1.8 \times 0.24} = 0.414 \text{MPa}, \quad \sigma_0/f = 0.414/1.3 = 0.32，查表 3-5，\delta_1 = 5.88，$$

则：

$$a_0 = 5.88\sqrt{\frac{500}{1.3}} = 115 \text{mm}$$

$$M_3 = N_{4l}(y - 0.4a_0)$$
$$= 102.66 \times (0.12 - 0.4 \times 0.115)$$
$$= 7.597 \text{kN} \cdot \text{m}$$
$$e_3 = M_3/N_3 = 7.597/281.53 = 0.027 \text{m}$$

②第三层截面 4-4 处：

轴向力为上述荷载 $N_3$ 与本层墙自重之和：
$$N_4 = 281.53 + 1.3 \times 44.33 = 339.16 \text{kN}$$

3）第二层：

①第二层截面 5-5 处：

轴向力为上述荷载 $N_4$ 与本层楼盖荷载之和：
$$N_{3l} = 102.66 \text{kN}$$
$$N_5 = 339.16 + 102.66 = 441.82 \text{kN}$$
$$\sigma_0 = 339.16 \times 10^{-3}/0.5126 = 0.662 \text{MPa}$$
$$\sigma_0/f = 0.612/1.5 = 0.441$$

查表 3-5，$\delta_1 = 6.18$，则：

$$a_0 = 6.18\sqrt{\frac{500}{1.5}} = 113 \text{mm}$$
$$M_5 = N_{3l}(y_2 - 0.4a_0) - N_4(y_1 - y)$$
$$= 102.66 \times (0.221 - 0.4 \times 0.113) - 339.16 \times (0.149 - 0.12)$$
$$= 8.212 \text{kN} \cdot \text{m}$$
$$e_5 = M_5/N_5 = 8.212/441.82 = 0.019 \text{m}$$

②第二层截面 6-6 处：

轴向力为上述荷载 $N_5$ 与本层墙体自重之和：
$$N_6 = 441.82 + 1.3 \times 49.39 = 506.03 \text{kN}$$

4）第一层：

①第一层截面 7-7 处：

轴向力为上述荷载 $N_6$ 与本层楼盖荷载之和：
$$N_{2l} = 102.66 \text{kN}$$
$$N_7 = 506.03 + 102.66 = 608.69 \text{kN}$$
$$\sigma_0 = 506.03 \times 10^{-3}/(1.8 \times 0.37) = 0.760 \text{MPa}$$
$$\sigma_0/f = 0.760/1.5 = 0.507$$

查表 3-5，$\delta_1 = 6.48$，则：

$$a_0 = 6.48\sqrt{\frac{500}{1.5}} = 118 \text{mm}$$

$$M_7 = N_{2l}(y - 0.4a_0) - N_6(y - y_1)$$

$$= 102.66 \times (0.185 - 0.4 \times 0.118) - 506.03 \times (0.185 - 0.149)$$

$$= -4.071 \text{kN} \cdot \text{m}$$

$$e_7 = 4.071/608.69 = 0.007\text{m}$$

②第一层截面 8-8 处：

轴向力为上述荷载 $N_7$ 与本层墙体自重之和：

$$N_8 = 608.69 + 1.3 \times 97.65 = 735.64\text{kN}$$

（5）第四层窗间墙承载力验算

1）第四层截面 1-1 处窗间墙受压承载力验算：

$$N_1 = 121.24\text{kN}, \quad e_1 = 0.063\text{m}$$

$$e/h = 0.063/0.24 = 0.26$$

$$e/y = 0.063/0.12 = 0.53 < 0.6$$

$$\beta = H_0/h = 3.3/0.24 = 13.75$$

查表 3-3，$\varphi = 0.306$

$A = 1.8 \times 0.24 = 0.432\text{m}^2 > 0.3\text{m}^2$，故 $f$ 不调整。

按式（3-11）：

$\varphi f A = 0.306 \times 1.3 \times 1.8 \times 0.24 \times 10^3 = 171.85\text{kN} > 121.24\text{kN}$，满足要求。

2）第四层截面 2-2 处窗间墙受压承载力验算：

$$N_2 = 178.87\text{kN}, \quad e_2 = 0$$

$e/h = 0$，$\beta = 13.75$，查表 3-2，$\varphi = 0.73$。

按式（3-11）：

$\varphi f A = 0.73 \times 1.3 \times 1.8 \times 0.24 \times 10^3 = 409.97\text{kN} > 178.87\text{kN}$，满足要求。

3）梁端支承处（截面 1-1）砌体局部受压承载力验算：

梁端设置尺寸为 740mm×240mm×300mm 的预制刚性垫块。

$$A_b = a_b b_b = 0.24 \times 0.74 = 0.1776\text{m}^2$$

$$\sigma_0 = 0.029\text{MPa}, \quad N_{5l} = 99.16\text{kN}, \quad a_0 = 106\text{mm}$$

$$N_0 = \sigma_0 A_b = 0.029 \times 0.1776 \times 10^3 = 5.15\text{kN}$$

$$N_0 + N_{5l} = 5.15 + 99.16 = 104.31\text{kN}$$

$$e = N_{5l}(y - 0.4a_0)/(N_0 + N_{5l})$$

$$= 99.16 \times (0.12 - 0.4 \times 0.106)/104.31$$

$$= 0.074\text{m}$$

$e/h = 0.074/0.24 = 0.30$，$\beta \leqslant 3$ 时，查表 3-3，$\varphi = 0.48$

$$A_0 = (0.74 + 2 \times 0.24) \times 0.24 = 0.2928\text{m}^2$$

$$A_0/A_b = 1.649$$

$$\gamma = 1 + 0.35\sqrt{1.649 - 1} = 1.282 < 2$$

$$\gamma_1 = 0.8\gamma = 1.026$$

尽管 $A_b = 0.1776\text{m}^2 < 0.3\text{m}^2$，但局部受压时，砌体抗压强度 $f$ 不调整。

按式（3-20a），$\varphi \gamma_1 f A_b = 0.48 \times 1.026 \times 1.3 \times 0.1776 \times 10^3 = 113.70\text{kN} > N_0 + N_{5l}$

$(= 104.31\text{kN})$，满足要求。

（6）第三层窗间墙承载力验算

1）窗间墙受压承载力验算结果列于表4-7。

第三层窗间墙受压承载力验算结果 表 4-7

| 项　　目 | 截　面 | |
|---|---|---|
| | 3-3 | 4-4 |
| $N$ (kN) | 281.53 | 339.16 |
| $e$ (mm) | 27 | 0 |
| $e/h$ | 0.11 | — |
| $y$ (mm) | 120 | — |
| $e/y$ | 0.22 | — |
| $\beta$ | 13.75 | 13.75 |
| $\varphi$ | 0.50 | 0.728 |
| $A$ (m²) | 0.432＞0.3 | 0.432＞0.3 |
| $f$ (MPa) | 1.3 | 1.3 |
| $\varphi f A$ (kN) | 280.8＜281.53 | 408.84＞339.16 |
| 结论 | 不满足要求 | |

虽然计算结果不符合要求，但在误差允许的范围内，仍可认为第三层窗间墙受压承载力满足要求。

2）梁端支承处（截面3-3）砌体局部受压承载力验算：

梁端设置尺寸为800mm×240mm×300mm的预制刚性垫块。

$\sigma_0 = 0.414$MPa，$N_{4l} = 102.66$kN，$a_0 = 115$mm

$$N_0 = \sigma_0 A_b = 0.414 \times 0.192 \times 10^3 = 79.49\text{kN}$$

$$N_0 + N_{4l} = 79.49 + 102.66 = 182.15\text{kN}$$

$$e = N_{4l}(y - 0.4a_0)/(N_0 + N_{4l})$$

$$= 102.66 \times (0.12 - 0.4 \times 0.115)/182.15$$

$$= 0.042\text{m}$$

$e/h = 0.042/0.24 = 0.18$，$\beta \leqslant 3$时，查表3-3，$\varphi = 0.72$

$$A_0 = (0.8 + 2 \times 0.24) \times 0.24 = 0.3072\text{m}^2$$

$$A_0/A_b = 1.6$$

$$\gamma = 1 + 0.35\sqrt{1.6 - 1} = 1.271 < 2$$

$$\gamma_1 = 0.8\gamma = 1.017$$

按式（3-20a），$\varphi\gamma_1 f A_b = 0.72 \times 1.017 \times 1.3 \times 0.192 \times 10^3$

$$= 182.77\text{kN} > 182.15\text{kN}，满足要求。$$

（7）第二层窗间墙承载力验算

1）窗间墙受压承载力验算结果列于表 4-8。

| 项　目 | 截　面 | |
|---|---|---|
| | 5-5 | 6-6 |
| $N$ (kN) | 441.82 | 506.03 |
| $e$ (mm) | 19 | 0 |
| $e/h_T$ | $19/328=0.06$ | — |
| $y$ (mm) | 221 | — |
| $e/y$ | $19/221=0.09$ | — |
| $\beta$ | 10.1 | 10.1 |
| $\varphi$ | 0.74 | 0.87 |
| $A$ (m²) | 0.5126 | 0.5126 |
| $f$ (MPa) | 1.5 | 1.5 |
| $\varphi fA$ (kN) | $568.99>441.82$ | $668.94>506.03$ |
| 结论 | 满足要求 | |

2）梁端支承处（截面 5-5）砌体局部受压承载力验算：

梁端设置尺寸为 620mm×370mm×240mm 的刚性垫块。

$$A_b = 0.62 \times 0.37 = 0.2294 m^2$$

$$N_0 = \sigma_0 A_b = 0.662 \times 0.2294 \times 10^3 = 151.86 kN$$

$$N_0 + N_{3l} = 151.86 + 102.66 = 254.52 kN$$

$$e = 102.66 \times (0.185 - 0.4 \times 0.113)/254.52 = 0.056 m$$

$$e/h = 0.056/0.37 = 0.15，按 \beta \leqslant 3，查表 3-2，\varphi = 0.79$$

$A_0 = 0.62 \times 0.37 = 0.2294 m^2$（只计壁柱面积），并取 $\gamma_1 = 1.0$。

按式（3-20a），$\varphi\gamma_1 fA_b = 0.79 \times 1.0 \times 1.5 \times 0.2294 \times 10^3 = 271.84 kN > N_0 + N_{3l}$（$=$ 254.52kN），满足要求。

（8）第一层窗间墙承载力验算

1）窗间墙受压承载力验算结果列于表 4-9。

| 项　目 | 截　面 | |
|---|---|---|
| | 7-7 | 8-8 |
| $N$ (kN) | 608.69 | 735.64 |
| $e$ (mm) | 7 | — |
| $e/h$ | $7/370=0.019$ | — |
| $y$ (mm) | 185 | — |
| $e/y$ | $7/185=0.038$ | — |
| $\beta$ | 12.2 | 12.2 |
| $\varphi$ | 0.78 | 0.82 |
| $A$ (m²) | 0.666 | 0.666 |
| $f$ (MPa) | 1.5 | 1.5 |
| $\varphi fA$ (kN) | $779.22>608.69$ | $819.18>735.64$ |
| 结论 | 满足要求 | |

2）梁端支承处（截面7-7）砌体局部受压承载力验算：

梁端设置尺寸为540mm×370mm×180mm的刚性垫块。

$$A_b = a_b b_b = 0.54 \times 0.37 = 0.200 m^2$$

$\sigma_0 = 0.760 MPa$，$N_{2l} = 102.66 kN$，$a_0 = 118 mm$

$$N_0 = \sigma_0 A_b = 0.760 \times 0.200 \times 10^3 = 152.00 kN$$

$$N_0 + N_{2l} = 152.00 + 102.66 = 254.66 kN$$

$$e = 102.66 \times (0.185 - 0.4 \times 0.118)/254.66 = 0.056 m$$

$$e/h = 0.056/0.37 = 0.15，按 \beta \leqslant 3，查表 3-2，\varphi = 0.79$$

$$A_0 = (0.54 + 2 \times 0.37) \times 0.37 = 0.474 m^2$$

$$A_0/A_b = 0.474/0.200 = 2.37$$

$$\gamma = 1 + 0.35\sqrt{2.37 - 1} = 1.410 < 2，\quad \gamma_1 = 0.8\gamma = 1.128$$

按式（3-20a），$\varphi \gamma_1 f A_b = 0.79 \times 1.128 \times 1.5 \times 0.200 \times 10^3 = 267.34 kN > 254.66 kN$，满足要求。

4. 横墙承载力计算

以3轴线上的横墙为例，横墙上承受由屋面和楼面传来的均布荷载，可取1m宽的横墙进行计算，其受荷面积为$1 \times 3.6 = 3.6 m^2$。由于该横墙为轴心受压构件，随着墙体材料、墙体高度不同，可只验算第三层的截面4-4、第二层的截面6-6以及第一层的截面8-8的承载力。

（1）荷载计算

取一个计算单元，作用于横墙的荷载标准值如下：

屋面恒荷载：

$$4.18 \times 3.6 = 15.05 kN/m$$

屋面活荷载：

$$2.0 \times 3.6 = 7.2 kN/m$$

二、三、四层楼面恒荷载：

$$3.28 \times 3.6 = 11.81 kN/m$$

二、三、四层楼面活荷载：

$$3.0 \times 3.6 = 10.8 kN/m$$

二、三、四层墙体自重：

$$5.24 \times 3.3 = 17.29 kN/m$$

一层墙体自重：

$$5.24 \times 4.5 = 23.58 kN/m$$

（2）控制截面内力计算

1）第三层截面4-4处：

轴向力包括屋面荷载、第四层楼面荷载和第三、四层墙体自重：

$$N_4 = 1.3 \times (15.05 + 11.81 + 2 \times 17.29) + 1.5 \times 1.0 \times (7.2 + 10.8)$$

$$= 106.87 kN/m$$

2）第二层截面 6-6 处：

轴向力为上述荷载 $N_4$ 和第三层楼面荷载及第二层墙体自重之和：

$$N_6 = 106.87 + 1.3 \times (11.81 + 17.29) + 1.5 \times 1.0 \times 10.8$$
$$= 160.9 \text{kN/m}$$

3）第一层截面 8-8 处：

轴向力为上述荷载 $N_b$ 和第二层楼面荷载及第一层墙体自重之和：

$$N_8 = 160.9 + 1.3 \times (11.81 + 23.58) + 1.5 \times 1.0 \times 10.8$$
$$= 223.12 \text{kN/m}$$

（3）横墙承载力验算

1）第三层截面 4-4：

$e/h = 0$，$\beta = 3.3/0.24 = 13.75$，查表 3-3，$\varphi = 0.73$，$A = 1 \times 0.24 = 0.24 \text{m}^2$

由式（3-11）：

$\varphi f A = 0.73 \times 1.3 \times 0.24 \times 10^3 = 227.76 \text{kN} > 106.87 \text{kN}$，满足要求。

2）第二层截面 6-6：

$e/h = 0$，$\beta = 13.75$，查表 3-2，$\varphi = 0.78$

由式（3-11）：

$\varphi f A = 0.78 \times 1.5 \times 0.24 \times 10^3 = 280.8 \text{kN} > 160.9 \text{kN}$，满足要求。

3）第一层截面 8-8：

$e/h = 0$，$\beta = 4.5/0.24 = 18.75$，查表 3-2，$\varphi = 0.65$

由式（3-11）：

$\varphi f A = 0.65 \times 1.5 \times 0.24 \times 10^3 = 234 \text{kN} > 223.12 \text{kN}$，满足要求。

上述验算结果表明，该横墙有较大的安全储备，显然其他横墙的承载力均不必验算。

【例题 4-5】试设计例题 4-4 外纵墙（D 轴线上）和内横墙（3 轴线上）下基础。工程地质资料：自然地表下 0.2m 内为填土，填土下 1m 内为黏土（$f_a = 220 \text{kN/m}^2$），其下层为砾石层（$f_a = 366 \text{kN/m}^2$）。

【解】根据工程地质条件，墙下条形基础的埋深取 $d = 0.8$m。取 1.0m 长条形基础为计算单元。采用砖基础。

1. 外纵墙下条形基础

$$F_k = (16.98 + 51.77 + 42.21 \times 3 + 44.33 \times 2 + 49.39 + 97.65$$
$$+ 31.86 + 21.24 \times 0.7 + 31.86 \times 0.7 \times 2)/3.6$$
$$= 145.11 \text{kN/m}$$

由式（4-18）：

$$b \geqslant \frac{F_k}{f_a - \gamma_m d} = \frac{145.11}{220 - 20 \times 0.8} = 0.71 \text{m}$$

基础剖面如图 4-17（a）所示。

2. 内横墙下条形基础

$$F_k = 15.05 + 11.81 \times 3 + 17.29 \times 3 + 23.58 + 10.8$$
$$+ 7.2 \times 0.7 + 10.8 \times 0.7 \times 2$$
$$= 156.89 \text{kN/m}$$

由式（4-18）：

$$b \geqslant \frac{156.89}{220 - 20 \times 0.8} = 0.77\text{m}$$

基础剖面如图 4-17（b）所示。

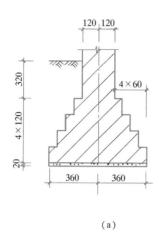

（a）

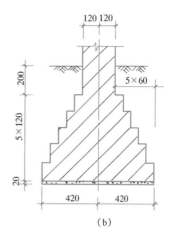

（b）

图 4-17　刚性基础

基础部分属于环境类别 2 类，选用烧结粉煤灰砖 MU15、M5 水泥砂浆砌筑，满足耐久性要求和基础顶面局部均匀受压的要求。

思 考 题 与 习 题

**Questions and Exercises**

4-1　砌体结构房屋有哪几种承重形式？各自的特点是什么？

4-2　确定砌体结构房屋静力计算方案的目的是什么？分为哪几类？

4-3　砌体结构房屋的墙、柱为何应进行高厚比验算？带壁柱墙和带构造柱墙的高厚比如何验算？

4-4　引起墙体开裂的原因有哪些？采取哪些措施可防止或减轻墙体开裂？

4-5　刚性方案房屋的横墙应满足哪些要求？

4-6　试述弹性方案房屋墙、柱内力分析的要点。

4-7　设计砌体结构房屋墙、柱时，应对哪些部位或截面进行承载力验算？

4-8　刚性基础的主要特点是什么？设计时应满足什么要求？

4-9　某弹性方案房屋的砖柱截面为 490mm×620mm，计算高度 $H_0$ 为 3.6m。采用烧结页岩砖 MU10、水泥混合砂浆 M5 砌筑，环境类别为 1 类，设计使用年限为 50 年，施工质量控制等级为 B 级。试验算该柱的高厚比是否满足要求。

4-10　条件与例题 4-1 相同，但房屋开间为 3900mm，C－D 轴线间的距离为 6200mm。试设计 D 轴纵墙及其基础。

4-11　根据你在砌体结构房屋中观测到的墙体裂缝，描绘裂缝形态，并分析裂缝产生的原因。

# 第5章 墙梁、挑梁及过梁
## Wall Beams，Cantilever Beams and Lintels

**学习提要** 墙梁、挑梁及过梁是混合结构房屋中常用的构件，应熟悉墙梁、挑梁及过梁的受力特点与破坏特征，重点掌握挑梁、过梁承载力的计算方法及构造要求。

## 5.1 墙 梁
### Wall Beams

墙梁是由钢筋混凝土托梁和托梁以上计算高度范围内的砌体墙组成的组合构件。与钢筋混凝土框架结构相比，墙梁可节约钢材 40%、模板 50%、水泥 25%，降低造价 20%，同时具有施工速度快的优势。墙梁可用于工业与民用建筑，如商场、住宅、旅馆建筑以及工业厂房的围护墙。

根据支承情况不同，墙梁可分为简支墙梁、连续墙梁以及框支墙梁，如图5-1所示。

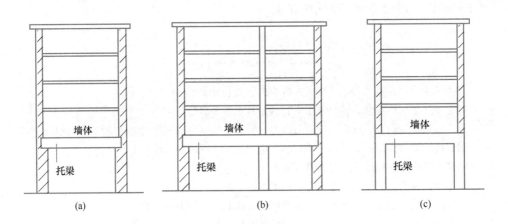

图 5-1 墙梁
（a）简支墙梁；（b）连续墙梁；（c）框支墙梁

根据墙梁是否承受梁、板荷载，墙梁可分为承重墙梁和自承重墙梁，仅仅承受托梁自重和托梁顶面以上墙体自重的墙梁，称为自承重墙梁，如工业厂房中的基础梁、连系梁与其上部墙体形成自承重墙梁。承重墙梁则还要承受梁、板荷载，如二层为住宅或旅馆、公寓，底层为较大空间的商店或餐厅，通常采用承重墙梁。

根据墙上是否开洞，墙梁又可分为无洞口墙梁和有洞口墙梁。

### 5.1.1 墙梁的受力性能
**Resistance Feature of Wall Beams**

墙梁中的墙体不仅作为荷载作用于钢筋混凝土托梁上，而且与托梁共同受力形成组合构件。因此，墙梁的受力性能与支承情况、托梁和墙体的材料、托梁的高跨比、墙体的高跨比、墙体上是否开洞、洞口的大小与位置等因素有关。

1. 无洞口简支墙梁

试验研究及有限元分析表明，墙梁的受力性能类似于钢筋混凝土深梁。墙梁在竖向均布荷载作用下的截面应力分布与托梁、墙体的刚度有关。托梁的刚度越大，作用于托梁跨中的竖向应力 $\sigma_y$ 也越大，当托梁的刚度无限大时，作用于托梁上的竖向应力 $\sigma_y$ 则呈均匀分布。当托梁的刚度不大时，由于墙体内存在的拱作用，墙梁顶面的均布荷载主要沿主压应力轨迹线逐渐向支座传递，越靠近托梁，水平截面上的竖向应力 $\sigma_y$ 由均匀分布变成向两端集中的非均匀分布，托梁承受的弯矩将减小。按墙梁竖向截面内水平应力 $\sigma_x$ 的分布，墙梁上部墙体大部分受压，托梁的全部或大部分截面受拉，托梁跨中截面内的水平应力 $\sigma_x$ 呈梯形分布。与此同时，在托梁与墙体的交界面上，剪应力 $\tau_{xy}$ 变化较大，且在支座处形成明显的应力集中现象。由此可见，对于无洞口墙梁，墙梁顶部荷载由墙体的内拱作用和托梁的拉杆作用共同承受，即墙体以受压为主，托梁则处于小偏心受拉状态。

墙梁的受力较为复杂，其破坏形态是墙梁设计的重要依据。墙梁在顶部荷载作用下有如下几种破坏形态。

（1）弯曲破坏

当托梁中的配筋较少而砌体强度较高、墙体高跨比 $h_w/l_0$ 较小时，一般首先在跨中形成垂直裂缝，随着荷载增加，垂直裂缝不断向上延伸并穿过界面进入墙体。托梁内的纵向钢筋屈服后，裂缝则迅速扩展并在墙体内延伸，产生正截面弯曲破坏，如图 5-2（a）所示。受压区砌体未出现压碎现象。

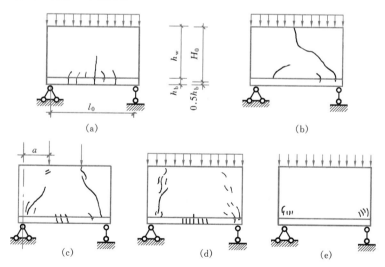

图 5-2　无洞口墙梁的破坏形态

（a）弯曲破坏；（b）斜拉破坏；（c）集中荷载下的斜拉破坏；（d）斜压破坏；（e）局部受压破坏

（2）剪切破坏

当托梁中的配筋较多而砌体强度较低、$h_w/l_0$ 适中时，支座上方砌体产生斜裂缝，引起墙体的剪切破坏。基于斜裂缝形成的原因不同，墙体的剪切破坏又呈两种破坏形态。

1）斜拉破坏

当墙体高跨比较小（$h_w/l_0 < 0.40$）或集中荷载作用下的剪跨比（$a/l_0$）较大时，墙体中部因主拉应力大于砌体沿齿缝截面的抗拉强度而产生斜拉（剪拉）破坏，如图 5-2（b）、（c）所示。

2）斜压破坏

当墙体高跨比较大（$h_w/l_0 > 0.40$）或集中荷载作用下的剪跨比较小时，墙体中部因主压应力大于砌体的斜向抗压强度而形成较陡的斜裂缝，形成斜压破坏，如图 5-2（d）所示。

无论斜压破坏还是斜拉破坏，均属脆性破坏，相对而言，斜压破坏时的墙体受剪承载力较大。托梁因其顶面的竖向应力 $\sigma_y$ 在支座处高度集中且梁顶面又有水平剪应力 $\tau_{xy}$ 的作用，因此托梁具有很高的受剪承载力而不易发生剪切破坏。

（3）局部受压破坏

托梁配筋较多、砌体强度低，且墙梁的墙体高跨比较大（$h_w/l_0 > 0.75 \sim 0.80$）时，或当托梁中纵向受力钢筋伸入支座的锚固长度不够，支座垫板刚度较小时，支座上方砌体因集中压应力大于砌体的局部抗压强度而在托梁端部较小范围的砌体内形成微小裂缝，产生局部受压破坏，如图 5-2（e）所示。墙梁两端设置的翼墙或构造柱可减小应力集中，改善墙体的局部受压性能，从而可提高托梁上砌体的局部受压承载力。

2. 有洞口简支墙梁

对于有洞口墙梁，洞口位置对墙梁的应力分布和破坏形态影响较大。当洞口居中布置时，由于洞口处于低应力区，并不影响墙梁的受力拱作用，因此其受力性能类似于无洞口墙梁，为拉杆拱组合受力机构，其破坏形态也与无洞口墙梁相似。当洞口靠近支座时形成偏开洞墙梁，形成大拱套小拱的组合拱受力体系，此时托梁既作为拉杆又作为小拱的弹性支座而承受较大的弯矩，处于大偏心受拉状态。

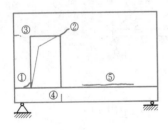

图 5-3 偏开洞简支墙梁
的裂缝分布图

对图 5-3 所示的偏开洞墙梁，试验中可能出现五种裂缝，当荷载约为破坏荷载的 30%～60% 时，首先在洞口外侧沿界面产生水平裂缝①，随即在洞口内侧上角产生阶梯形斜裂缝②，随着荷载的增加，在洞口侧墙的外侧产生水平裂缝③，当荷载约为破坏荷载的 60%～80% 时，托梁在洞口内侧截面产生竖向裂缝④，一般也同时在界面产生水平裂缝⑤。根据墙梁最终破坏的原因不同，偏开洞墙梁可能呈现下列几种破坏形态：

（1）弯曲破坏

分两种情形，一种情形是当洞口边至墙梁最近支座中心的距离较小（$a/l_0 < 1/4$）时，墙梁的最终破坏是由于裂缝④的不断发展从而引起该截面托梁底部纵向受拉钢筋屈服（而上部纵向钢筋受压），托梁呈大偏心受拉破坏；另一种情形是洞距较大（$a/l_0 > 1/4$）时，裂缝④处托梁全截面受拉，一旦纵向钢筋屈服，托梁呈小偏心受拉破坏。

（2）剪切破坏

由于裂缝①和③的不断发展容易导致洞口外侧较窄墙体发生剪切破坏，一般斜裂缝较陡，裂缝既穿过灰缝亦穿过块体，具有斜压破坏的特征。

当洞距较小时，由于托梁处于偏心受拉状态，托梁在洞口部位又存在较大剪力，因此，托梁在洞口部位易发生剪切破坏。

（3）局部受压破坏

托梁支座上方砌体及侧墙洞顶处由于存在竖向压应力集中现象，当集中压应力大于砌体的局部抗压强度时，就会引起砌体的局部受压破坏。

连续墙梁和框支墙梁的受力性能和破坏形态与上述类似。

### 5.1.2 墙梁的一般规定
#### General Rules of Wall Beams

为了保证墙梁的组合工作和避免某些承载能力很低的破坏形态的发生，采用烧结普通砖砌体、烧结多孔砖砌体、混凝土普通砖砌体、混凝土多孔砖砌体、混凝土砌块砌体和配筋砌块砌体的墙梁，在设计时应符合表 5-1 的规定。

墙梁的一般规定　　　　　　　　　　　　表 5-1

| 墙梁类别 | 墙体总高度<br>（m） | 跨　度<br>（m） | 墙体高跨比<br>$h_w/l_{0i}$ | 托梁高跨比<br>$h_b/l_{0i}$ | 洞宽比<br>$b_h/l_{0i}$ | 洞　　高<br>$h_h$ |
|---|---|---|---|---|---|---|
| 承重墙梁 | ≤18 | ≤9 | ≥0.4 | ≥1/10 | ≤0.3 | ≤$5h_w/6$ 且<br>$h_w-h_h≥0.4$m |
| 自承重墙梁 | ≤18 | ≤12 | ≥1/3 | ≥1/15 | ≤0.8 | |

注：1. 墙体总高度指托梁顶面到檐口的高度，带阁楼的坡屋面应算到山尖墙 1/2 高度处；

　　2. $h_w$——墙体计算高度；

　　　$h_b$——托梁截面高度；

　　　$l_{0i}$——墙梁计算跨度；

　　　$b_h$——洞口宽度；

　　　$h_h$——洞口高度，对窗洞取洞顶至托梁顶面距离。

1. 墙体总高度和墙梁跨度

根据工程实践经验，墙梁的墙体总高度和跨度不宜过大，为了安全、稳妥起见，应控制在表 5-1 范围内。

2. 墙体高跨比和托梁高跨比

试验表明，当墙体高跨比 $h_w/l_{0i}<0.35\sim0.40$ 时，易发生承载力较低的斜拉破坏，为此墙体高跨比 $h_w/l_{0i}$ 不应小于 0.4（承重墙梁）或 1/3（自承重墙梁）。

托梁是墙梁的关键受力构件，应具有足够的承载力和刚度。托梁刚度越大，对改善墙体的抗剪性能和托梁支座上部砌体的局部受压性能越有利，因此托梁的高跨比 $h_b/l_{0i}$ 不应小于 1/10（承重墙梁）或 1/15（自承重墙梁）。另一方面，托梁的高跨比 $h_b/l_{0i}$ 也不宜过大，理由是随着 $h_b/l_{0i}$ 的增大，竖向荷载不是向支座集聚而是向跨中分布，墙体与托梁的组合作用将受到削弱。因此，托梁高跨比，对无洞口墙梁不宜大于 1/7，对靠近支座有洞口的墙梁不宜大于 1/6。配筋砌块砌体墙梁的托梁高跨比可适当放宽，但不宜小于 1/14；当墙梁结构中的墙体均为配筋砌块砌体时，墙体总高度可不受表 5-1 规定限制。

3. 洞口的设置

墙上设置洞口，尤其是设置偏开洞口，对墙梁组合作用的发挥十分不利，墙梁的刚度和承载能力均受到不同程度的影响，墙梁将由无洞时的拉杆拱组合受力机构变成梁-拱组合受力机构。当洞口过宽（$b_h/l_{0i}$过大）时，将明显降低墙梁的组合作用，因此，洞宽比$b_h/l_{0i}$不应大于0.3（承重墙梁）或0.8（自承重墙梁）。另外，当洞口过高（$h_h/h_w$过大），洞顶部位砌体极易产生脆性的剪切破坏，因此，承重墙梁的洞高比$h_h/h_w$不应大于5/6且洞口顶面至墙梁顶面应有一定的距离，不小于0.4m。

洞口边至支座中心的距离$a_i$对墙梁的受力性能影响也较大，随着洞距$a_i/l_{0i}$减小，托梁在洞口内侧截面上的弯矩和剪力将增大。此外，当洞口外墙肢过小时，墙肢非常容易发生剪切破坏甚至被推出。因此，洞距$a_i$不宜过小，洞口边至支座中心的距离$a_i$，距边支座不应小于$0.15l_{0i}$，距中支座不应小于$0.07l_{0i}$。托梁支座处上部墙体设置混凝土构造柱，且构造柱边缘至洞口边缘的距离不小于240mm时，洞口边至支座中心的距离可不受上述规定限制。对自承重墙梁，洞口至边支座中心的距离不应小于$0.1l_{0i}$，门窗洞上口至墙顶的距离不应小于0.5m。

墙梁计算高度范围内每跨允许设置一个洞口，基于大开间墙梁模型拟动力试验和深梁试验，对称开两个洞的墙梁和偏开一个洞的墙梁在受力性能上是相似的，因此对多层房屋的纵向连续墙梁每跨对称开两个窗洞时亦可参照表5-1使用。

4. 自承重墙梁

自承重墙梁所受的荷载比承重墙梁的小，因而其适用条件也就规定得较宽些。

《砌体结构设计规范》GB 50003—2011对墙梁的计算虽有详细规定，但较为烦琐，有待建立简化的计算方法。

### 5.1.3 墙梁的构造要求
**Detailing Requirements of Wall Beams**

为了保证托梁与上部墙体组合作用的正常发挥，墙梁不仅需满足表5-1的一般规定和《混凝土结构设计标准（2024年版）》GB/T 50010—2010的有关构造规定，而且应符合下列构造要求。

1. 材料

（1）托梁和框支柱的混凝土强度等级不应低于C30。

（2）承重墙梁的块体强度等级不应低于MU10，计算高度范围内墙体的砂浆强度等级不应低于M10（Mb10）。

2. 墙体

（1）框支墙梁的上部砌体房屋，以及设有承重的简支墙梁或连续墙梁的房屋，应满足刚性方案房屋的要求。

（2）墙梁的计算高度范围内的墙体厚度，对砖砌体不应小于240mm，对混凝土砌块砌体不应小于190mm。

（3）墙梁洞口上方应设置混凝土过梁，其支承长度不应小于240mm；洞口范围内不应施加集中荷载。

（4）承重墙梁的支座处应设置落地翼墙，翼墙厚度，对砖砌体不应小于240mm，对混凝土砌块砌体不应小于190mm，翼墙宽度不应小于墙梁墙体厚度的3倍，并与墙梁墙体同时砌筑。当不能设置翼墙时，应设置落地且上、下贯通的混凝土构造柱。

（5）当墙梁墙体在靠近支座1/3跨度范围内开洞时，支座处应设置落地且上、下贯通的构造柱，并应与每层圈梁连接。

（6）墙梁计算高度范围内的墙体，每天可砌高度不应超过 1.5m，否则，应加设临时支撑。

3. 托梁

（1）托梁两侧两个开间的楼盖应采用现浇混凝土楼盖，楼板厚度不应小于 120mm。当楼板厚度大于 150mm 时，应采用双层双向钢筋网，楼板上应少开洞，洞口尺寸大于 800mm 时应设洞口边梁。

（2）托梁每跨底部的纵向受力钢筋应通长设置，不得在跨中弯起或截断。钢筋连接应采用机械连接或焊接。

（3）为了防止墙梁的托梁发生突然的脆性破坏，托梁跨中截面纵向受力钢筋总配筋率不应小于 0.6%。

（4）由于托梁端部界面存在剪应力和一定的负弯矩，如果梁端上部钢筋配置过少，在负弯矩和剪力的共同作用下，将出现自上而下的弯剪斜裂缝。因此，托梁上部通长布置的纵向钢筋面积与跨中下部纵向钢筋面积之比值不应小于 0.4；连续墙梁或多跨框支墙梁的托梁支座上部附加纵向钢筋从支座边缘算起每边延伸长度不应小于 $l_0/4$。

（5）承重墙梁的托梁在砌体墙、柱上的支承长度不应小于 350mm。纵向受力钢筋伸入支座应符合受拉钢筋的锚固要求。

（6）当托梁高度 $h_b \geq 450$mm 时，应沿梁截面高度设置通长水平腰筋，直径不应小于 12mm，间距不应大于 200mm。

（7）对于洞口偏置的墙梁，其托梁的箍筋加密区范围应延伸到洞口外，距洞边的距离大于等于托梁截面高度 $h_b$，箍筋直径不应小于 8mm，间距不应大于 100mm，如图 5-4 所示。

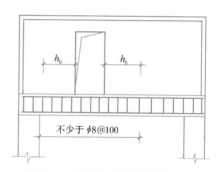

图 5-4　偏开洞时托梁箍筋加密区

## 5.2　挑　梁
### Cantilever Beams

混合结构房屋的墙体中，往往将钢筋混凝土的梁悬挑在墙外用以支承屋面挑檐、阳台、雨篷以及悬挑外廊等。这种一端嵌固在砌体墙内的悬挑式钢筋混凝土梁，称为挑梁。

### 5.2.1　挑梁的受力性能
**Resistance Feature of Cantilever Beams**

挑梁（图 5-5）在荷载作用下，钢筋混凝土梁与砌体共同工作，是一种组合构件。梁的埋入端由于受到上部和下部砌体的约束，其变形与挑梁埋入端的刚度和砌体刚度等有关。当梁的刚度较小且埋入砌体的长度较大，埋入砌体内的梁的竖向变形主要因弯曲变形引起，称为弹性挑梁。当梁的刚度较大且埋入砌体的长度较小，埋入砌体内的梁的竖向变形主要因转动变形引起，称为刚性挑梁。随着荷载 $F$ 的增加，挑梁埋入段外端（$A$ 部位）下砌体压缩变形增加，应力呈凹抛物线分布，上部砌体界面产生竖向拉应力，该拉应力很易超过砌体沿通缝截面的弯曲抗拉强度，因而首先在 $A$ 处表面形成水平裂缝①而与上部

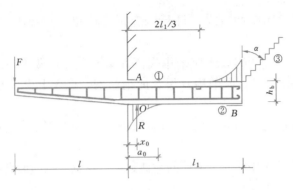

图 5-5 挑梁倾覆破坏

砌体脱开。继续增加荷载，挑梁埋入段尾部的下方（B 部位）产生水平裂缝②，与下部砌体脱开。当钢筋混凝土梁本身受弯和受剪承载力足够时，挑梁可能发生两种破坏形态。

1. 挑梁倾覆破坏

当荷载 F 进一步增加，在挑梁埋入段的尾部（B）的上方，由于砌体内的主拉应力大于砌体沿齿缝截面的抗拉强度而产生 $\alpha > 45°$（试验平均值为 57.1°）的斜裂缝③。当斜裂缝③继续发展难以抑制时，挑梁即产生倾覆破坏。

2. 挑梁下砌体的局部受压破坏

挑梁的水平裂缝①、②进一步发展时，挑梁下砌体受压区不断减小，应力集中现象更加明显，最终导致挑梁埋入段前部（A 部位）下方的砌体局部压碎，引起挑梁下砌体的局部受压破坏。

通过对挑梁受力性能的分析，为了防止挑梁发生倾覆破坏和挑梁下砌体的局部受压破坏，设计时应对挑梁进行抗倾覆验算和挑梁下砌体的局部受压承载力验算。同时挑梁中的钢筋混凝土梁本身应按《混凝土结构设计标准（2024 年版）》GB/T 50010—2010 进行受弯和受剪承载力计算，以免钢筋混凝土梁由于正截面受弯承载力、斜截面受剪承载力不足发生破坏。

### 5.2.2　挑梁的抗倾覆验算
**Check of Resisting Overturning of Cantilever Beams**

试验中挑梁是沿一个局部的支承面转动而发生倾覆破坏，因此很难观测到它是沿哪一点倾覆。为了便于分析，将图 5-6 中点 O 作为挑梁倾覆时的计算倾覆点。它至墙外边缘的

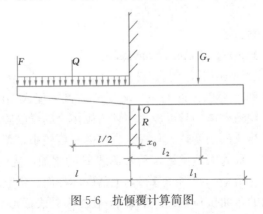

图 5-6　抗倾覆计算简图

距离为 $x_0$，可按下列规定采用：

当 $l_1 \geqslant 2.2h_b$ 时，属弹性挑梁，取 $x_0 = 0.3h_b$，且不大于 $0.13l_1$。

当 $l_1 < 2.2h_b$ 时，属刚性挑梁，取 $x_0 = 0.13l_1$。

式中　$l_1$——挑梁埋入砌体墙中的长度（mm）；

　　　$h_b$——挑梁的截面高度（mm）；

　　　$x_0$——计算倾覆点至墙外边缘的距离（mm）。

当挑梁下设有构造柱时，计算倾覆点至墙外边缘的距离可取 $0.5x_0$。

砌体墙中钢筋混凝土挑梁的抗倾覆应按下列公式计算：

$$M_{0V} \leqslant M_r \tag{5-1}$$

$$M_r = 0.8G_r(l_2 - x_0) \tag{5-2}$$

式中　$M_{0V}$——挑梁的荷载设计值对计算倾覆点产生的倾覆力矩；

　　　$M_r$——挑梁的抗倾覆力矩设计值；

　　　$G_r$——挑梁的抗倾覆荷载，取挑梁尾端上部 45°扩展角的阴影范围（其水平长度为 $l_3$）内本层的砌体与楼面恒荷载标准值之和（如图 5-7 所示）；

　　　$l_2$——$G_r$ 作用点至墙外边缘的距离。

$G_r$ 则按下述方法确定：

当 $l_3 \leqslant l_1$ 时，按图 5-7（a）计算；

当 $l_3 > l_1$ 时，按图 5-7（b）计算；

当有洞口时，依洞口所在位置不同，分别按图 5-7（c）～（e）计算。

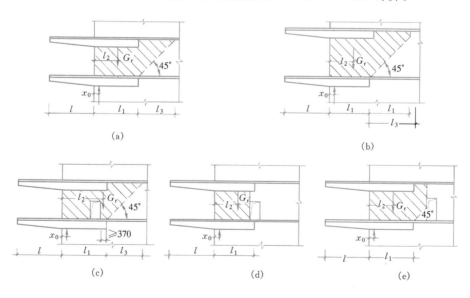

图 5-7　挑梁的抗倾覆荷载

（a）$l_3 \leqslant l_1$ 时；（b）$l_3 > l_1$ 时；（c）洞在 $l_1$ 之内；（d）洞在尾端部；（e）洞在 $l_1$ 之外

雨篷的抗倾覆验算与上述方法相同。应注意的是雨篷梁的宽度往往与墙厚相等，其埋入砌体墙中的长度很小，属刚性挑梁。此外，其抗倾覆荷载 $G_r$ 为雨篷梁外端向上倾斜 45°扩散角范围（水平投影每边长取 $l_3 = l_n/2$）内的砌体与楼面恒荷载标准值之和，如图 5-8

所示，$G_r$ 距墙外边缘的距离为 $l_2 = l_1/2$。

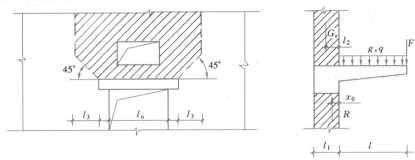

图 5-8　雨篷的抗倾覆荷载

### 5.2.3　挑梁下砌体局部受压承载力验算
**Local Load-bearing Strength of Masonry below Cantilever Beams**

挑梁下砌体的局部受压承载力可按下式进行验算：

$$N_l \leqslant \eta \gamma f A_l \tag{5-3}$$

式中　$N_l$——挑梁下的支承压力，可取 $N_l = 2R$，$R$ 为挑梁的倾覆荷载设计值；

　　　　$\eta$——梁端底面压应力图形的完整系数，可取 0.7；

　　　　$\gamma$——砌体局部抗压强度提高系数，按图 5-9 采用；

　　　　$A_l$——挑梁下砌体局部受压面积，可取 $A_l = 1.2 b h_b$，$b$ 为挑梁截面宽度，$h_b$ 为挑梁截面高度。

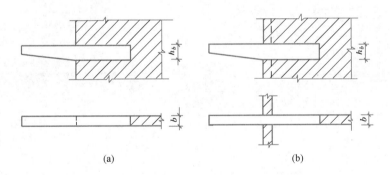

图 5-9　挑梁下砌体局部抗压强度提高系数 $\gamma$

(a) 挑梁支承在一字墙 $\gamma = 1.25$；(b) 挑梁支承在丁字墙 $\gamma = 1.5$

如果式（5-3）不能满足要求，则应在挑梁下与墙体相交处设置刚性垫块或采取其他措施提高挑梁下砌体局部受压承载力。

### 5.2.4　钢筋混凝土梁的承载力计算
**Strength of Reinforced Concrete Beams**

挑梁中钢筋混凝土梁的计算方法与一般钢筋混凝土梁的计算方法完全相同，关键是挑梁最不利内力的确定。试验和分析表明，挑梁的最大弯矩与倾覆力矩接近，因此可取挑梁的最大弯矩设计值 $M_{max} = M_{0v}$，最大剪力设计值 $V_{max} = V_0$，其中 $V_0$ 为挑梁的荷载设计值在挑梁墙外边缘处截面产生的剪力。

#### 5.2.5 构造规定
**Detailing Requirements**

挑梁设计除了应符合《混凝土结构设计标准（2024年版）》GB/T 50010—2010 的有关规定外，尚应满足下列构造要求：

（1）按弹性地基梁对挑梁进行分析，挑梁在埋入 $l_1/2$ 处的弯矩仍较大，约为 $M_{max}/2$，因此挑梁中纵向受力钢筋至少应有 1/2 的钢筋面积伸入梁尾端，且不少于 2φ12，为了锚固更可靠，其余钢筋伸入支座的长度不应小于 $2l_1/3$（如图 5-5 所示）。

（2）挑梁埋入砌体长度 $l_1$ 与挑出长度 $l$ 之比应大于 1.2；当挑梁上无砌体（如全靠楼盖自重抗倾覆）时，$l_1$ 与 $l$ 之比应大于 2。

挑梁设计时，首先须确定倾覆点，无论是刚性挑梁还是弹性挑梁，倾覆点均在墙内，离墙边缘水平距离为 $x_0$。然后计算最大倾覆力矩以及抗倾覆力矩。挑梁抗倾覆验算以及挑梁下砌体的局部受压承载力验算是挑梁设计的主要内容，亦是注册结构工程师专业考试的重点。

## 5.3 过 梁
### Lintels

混合结构房屋中，为了承担门、窗洞口以上墙体自重，有时还需承担上层楼面梁、板传来的均布荷载或集中荷载，在门、窗洞口上设梁，这种梁常称为过梁。常用的过梁有砖砌过梁和钢筋混凝土过梁，其中砖砌过梁又分砖砌平拱和钢筋砖过梁两种。砖砌平拱的高度一般为 240mm 和 370mm，厚度与墙厚相同，将砖侧立砌筑而成，其净跨度 $l_n$ 不应超过 1.2m。钢筋砖过梁是在其底部水平灰缝内配置纵向受力钢筋，梁的净跨度 $l_n$ 不应超过 1.5m。

砖砌过梁被广泛用于洞口净宽不大的墙中，但其整体性差，抵抗地基不均匀沉降和振动荷载的能力亦较差。当房屋有较大振动荷载作用或可能产生不均匀沉降时应采用钢筋混凝土过梁。

1. 过梁上的荷载

过梁上的荷载是指作用于过梁上的墙体自重和过梁计算高度范围内的梁、板荷载。

试验表明，过梁在墙体自重作用下，墙体内存在内拱效应。对于砖砌体过梁，当过梁上砌体的高度超过 $l_n/3$ 后，部分墙体自重将直接传递到过梁支座（如两端的窗间墙）上，过梁挠度并不会随墙体高度增大而增大。同理，当外荷载作用在过梁上 $0.8l_n$ 高度处时，过梁挠度几乎没有变化。过梁上的荷载应按下列规定采用：

（1）墙体荷载

对砖砌体，当过梁上的墙体高度 $h_w < l_n/3$ 时，墙体荷载应按墙体的均布自重采用，如图 5-10（a）所示；当墙体高度 $h_w \geq l_n/3$ 时，应按高度为 $l_n/3$ 墙体的均布自重采用，如图 5-10（b）所示，与门窗洞口上 45° 斜方向围成的三角形范围内墙体自重基本接近。

对混凝土砌块砌体，当过梁上的墙体高度 $h_w < l_n/2$ 时，墙体荷载应按墙体的均布自重采用，如图 5-10（c）所示；当墙体高度 $h_w \geq l_n/2$ 时，应按高度为 $l_n/2$ 墙体的均布自重采用，如图 5-10（d）所示。

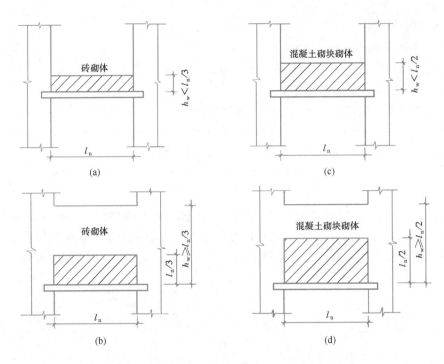

图 5-10　过梁上的墙体荷载

（2）梁、板荷载

对砖和混凝土小型砌块砌体，当梁、板下的墙体高度 $h_w < l_n$ 时，应考虑梁、板传来的荷载；当梁、板下的墙体高度 $h_w \geqslant l_n$ 时，可不考虑梁、板传来的荷载，如图 5-11 所示。

2. 过梁计算

砖砌过梁在竖向荷载作用下，可能出现如图5-12所示几种裂缝。其中裂缝①是由于正截面受弯承载力不足引起的，在支座附近沿灰缝产生大致 45°方向的阶梯形裂缝②则是由于砌体受剪承载力不够引起的，当洞口侧墙宽度 $a$ 较小时，亦有可能在墙端部由于沿灰缝截面的受剪承载力不够引起水平裂缝③。

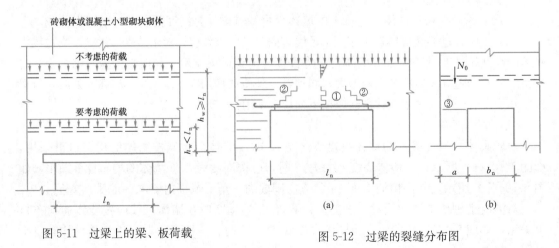

图 5-11　过梁上的梁、板荷载　　　　　图 5-12　过梁的裂缝分布图

按理，过梁的受力性能与墙梁的受力性能是相同的，但在过梁的荷载及承载力计算上采取了较墙梁简化的方法。但是至今尚未提出一个准确界定过梁与墙梁的定义。

（1）砖砌平拱

为了防止出现沿裂缝①的正截面受弯破坏，砖砌平拱可按式（3-28）进行受弯承载力验算，其中 $f_{tm}$ 取沿齿缝截面的弯曲抗拉强度设计值。

砖砌平拱的受剪承载力一般能满足，不必进行验算。

根据受弯承载力，砖砌平拱的允许均布荷载标准值可直接查表 5-2 确定。

砖砌平拱的允许均布荷载标准值 $[q_k]$

表 5-2

| 墙厚 h（mm） | 240 | | 370 | |
|---|---|---|---|---|
| 净跨 $l_n$（mm） | $l_n \leqslant 1200$ | | | |
| 砂浆强度等级 | M2.5 | M5 | M2.5 | M5 |
| $[q_k]$（kN/m） | 4.97 | 6.73 | 7.66 | 10.37 |

注：砖砌平拱的计算高度按 $l_n/3$ 考虑。

（2）钢筋砖过梁

钢筋砖过梁跨中正截面受弯承载力可按式（5-4）验算，其中 0.85 为内力臂折减系数：

$$M \leqslant 0.85 h_0 f_y A_s \tag{5-4}$$

式中　$M$——按简支梁计算的跨中弯矩设计值；

$f_y$——钢筋的抗拉强度设计值；

$A_s$——受拉钢筋的截面面积；

$h_0$——过梁截面的有效高度，$h_0 = h - a_s$，其中 $a_s$ 为受拉钢筋重心至截面下边缘的距离，$h$ 为过梁的截面计算高度，取过梁底面以上的墙体高度，但不大于 $l_n/3$，当考虑梁、板传来的荷载时，则按梁、板下的墙体高度采用。

（3）钢筋混凝土过梁

钢筋混凝土过梁按钢筋混凝土受弯构件设计，同时尚应验算过梁端支承处砌体的局部受压。鉴于过梁与上部墙体的共同工作且梁端变形极小，因此，过梁端支承处砌体的局压验算时可不考虑上部荷载的影响，即取 $\psi = 0$ 且 $\eta = 1.0$，$\gamma = 1.25$，$a_0 = a$。

3. 过梁的构造要求

砖砌过梁应满足下列构造要求：

（1）砖砌过梁截面计算高度内的砂浆强度等级不宜低于 M5（Mb5、Ms5）；

（2）砖砌平拱用竖砖砌筑部分的高度不应小于 240mm；

（3）钢筋砖过梁底面砂浆层处的钢筋，其直径不应小于 5mm，间距不宜大于 120mm，钢筋伸入支座砌体内的长度不宜小于 240mm，砂浆层的厚度不宜小于 30mm。

# 5.4 计算例题
## Examples

【例题 5-1】某钢筋混凝土挑梁，如图 5-13 所示，埋置于丁字形（带翼墙）截面的墙

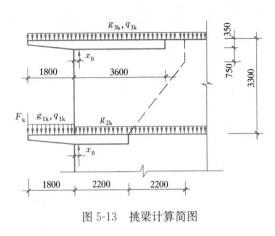

图 5-13 挑梁计算简图

体中。挑梁采用 C25 混凝土，截面 $b \times h_b =$ 240mm×350mm。挑梁上、下墙厚均为 240mm，采用 MU10 烧结页岩砖、M5 水泥混合砂浆砌筑。设计使用年限为 50 年，环境类别为 1 类，施工质量控制等级为 B 级。挑梁挑出长度 $l = 1.8$m，埋入长度 $l_1 = 2.2$m，顶层埋入长度为 3.6m，挑梁间墙体净高为 2.95m。已知墙面荷载标准值为 5.24kN/m²；楼面恒荷载标准值为 2.64kN/m²，活荷载标准值为 2.0kN/m²；屋面恒荷载标准值为 4.44kN/m²，屋面活荷载标准值为 2.0kN/m²；阳台恒荷载标准值为 2.64kN/m²，活荷载标准值为 2.5kN/m²；挑梁自重标准值为 2.1kN/m，房屋开间为 3.6m。试设计该挑梁。

【解】墙体采用的块体、砂浆，挑梁采用的混凝土、钢筋及配筋构造符合环境类别 1 的要求。

1. 荷载计算

屋面均布荷载标准值：

$$g_{3k} = 4.44 \times 3.6 = 15.98 \text{kN/m}$$

$$q_{3k} = 2.0 \times 3.6 = 7.20 \text{kN/m}$$

楼面均布荷载标准值：

$$g_{2k} = g_{1k} = 2.64 \times 3.6 = 9.50 \text{kN/m}$$

$$q_{1k} = 2.5 \times 3.6 = 9 \text{kN/m}$$

$$F_k = 3.5 \times 3.6 = 12.6 \text{kN}$$

挑梁自重标准值：

$$g_k = 2.1 \text{kN/m}$$

2. 挑梁抗倾覆验算

（1）计算倾覆点

因 $l_1 = 2.2$m $> 2.2h_b = 2.2 \times 0.35 = 0.77$m，取 $x_0 = 0.3h_b = 0.3 \times 0.35 = 0.105$m $<$ $0.13l_1 = 0.13 \times 2.2 = 0.286$m。

（2）倾覆力矩

对于顶层：

$$M_{0V} = \frac{1}{2}[1.3 \times (2.1 + 15.98) + 1.5 \times 1.0 \times 7.20] \times (1.8 + 0.105)^2$$

$$= 62.25 \text{kN} \cdot \text{m}$$

对于楼层：

136

$$M_{0V} = \frac{1}{2}[1.3 \times (2.1+9.5) + 1.5 \times 1.0 \times 9] \times (1.8+0.105)^2 + 1.3 \times 12.6 \times (1.8+0.105)$$

$$= 83.06 \text{kN} \cdot \text{m}$$

（3）抗倾覆力矩

挑梁的抗倾覆力矩由本层挑梁尾端上部 45°扩展角范围内的墙体和楼面恒荷载标准值产生。

对于顶层：

$$G_r = (2.1+15.98) \times (3.6-0.105) = 63.19 \text{kN}$$

由式（5-2）：

$$M_r = 0.8 G_r (l_2 - x_0)$$
$$= 0.8 \times 63.19 \times (3.6-0.105) \times 0.5$$
$$= 88.34 \text{kN} \cdot \text{m} > 62.25 \text{kN} \cdot \text{m}$$

满足要求。

对于楼层：

$$M_r = 0.8 \sum G_r (l_2 - x_0)$$
$$= 0.8[(2.1+9.5) \times (2.2-0.105)^2/2 + 5.24 \times (2.2$$
$$\times 2.95 \times 3.195 + 2.2 \times 2.95 \times 0.995 - 2.2 \times 2.2 \times 3.56/2)]$$
$$= 98.24 \text{kN} \cdot \text{m} > 83.06 \text{kN} \cdot \text{m}$$

满足要求。

3. 挑梁下砌体局部受压承载力验算

挑梁下的支承压力，对于顶层：

$$N_l = 2R = 2[1.3 \times (2.1+15.98) + 1.5 \times 1.0 \times 7.2] \times (1.8+0.105)$$
$$= 130.70 \text{kN}$$

由式（5-3）：

$\eta \gamma A_l f = 0.7 \times 1.5 \times 1.2 \times 0.24 \times 0.35 \times 1.5 \times 10^3 = 158.76 \text{kN} > 130.70 \text{kN}$，满足要求。

对于楼层：

$$N_l = 2\{[1.3 \times (2.1+9.5) + 1.5 \times 1.0 \times 9] \times (1.8+0.105) + 1.3 \times 12.6\}$$
$$= 141.65 \text{kN}$$

由式（5-3）：

$\eta A_l f = 0.7 \times 1.5 \times 1.2 \times 0.24 \times 0.35 \times 1.5 \times 10^3 = 158.76 \text{kN} > 141.65 \text{kN}$，满足要求。

4. 钢筋混凝土梁承载力计算

以楼层挑梁为例：

$$V_0 = 1.3 \times 12.6 + [1.3 \times (2.1+9.5) + 1.5 \times 1.0 \times 9] \times 1.8$$
$$= 67.82 \text{kN}$$

$$M_{max} = M_{0V} = 83.06 \text{kN} \cdot \text{m}$$

按钢筋混凝土受弯构件计算梁的正截面和斜截面承载力，采用 C30 混凝土、HRB400 级钢筋。

$$\alpha_s = M/f_c bh_0^2$$

$$= 83.06 \times 10^6 / (14.3 \times 240 \times 315^2) = 0.244$$

$$\xi = 1 - \sqrt{1 - 2\alpha_s} = 0.284 < \xi_b$$

$$A_s = f_c bh_0 \xi / f_y = 14.3 \times 240 \times 315 \times 0.284 / 360 = 852.9 \text{mm}^2$$

选用 3 $\Phi$ 20（942mm²）。

因 $0.7 f_t bh_0 = 0.7 \times 1.43 \times 240 \times 315 \times 10^{-3} = 75.68 \text{kN} > 67.82 \text{kN}$，因此可按构造配置箍筋，选用 $\Phi$ 6@200。

【例题 5-2】某房屋中的雨篷，如图 5-14 所示，雨篷板挑出长度 $l = 1.5$m，门洞宽 1.8m，雨篷板宽 2.8m。雨篷梁截面尺寸为 240mm×300mm，雨篷梁两端各伸入墙内 0.5m。房屋层高为 3.3m，墙体采用 MU10 烧结粉煤灰砖、M2.5 水泥混合砂浆砌筑，墙厚为 240mm，两面粉刷各 20mm。设计使用年限为 50 年，环境类别为 1 类，施工质量控制等级为 B 级。试验算该雨篷的抗倾覆。

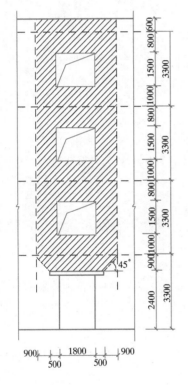
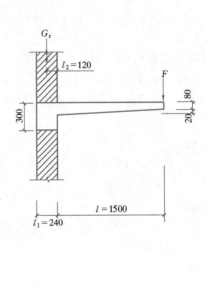

图 5-14 雨篷

【解】墙体采用的块体、砂浆，雨篷梁采用的混凝土，钢筋及配筋构造符合环境类别 1 的要求。

1. 荷载计算

雨篷板根部厚度 $h = \dfrac{l}{12} = \dfrac{1500}{12} = 125$mm，取 $h = 130$mm，板端厚度取 80mm。

雨篷板 1m 板带上的恒荷载标准值：

| 20mm 厚水泥砂浆面层 | $20 \times 0.02 = 0.4$kN/m |
| 板自重（取平均厚度） | $25 \times 0.105 = 2.63$kN/m |
| 15mm 厚板底粉刷 | $16 \times 0.015 = 0.24$kN/m |
| | 合计 3.27kN/m |

雨篷板 1m 板带上的活荷载标准值取 0.5kN/m。

雨篷板宽为 2.8m，因而取一个施工或检修集中荷载 $F_k = 1$kN。

2. 倾覆点位置的确定

因 $l_1 = 0.24$m $< 2.2 h_b = 2.2 \times 0.3 = 0.66$m，取 $x_0 = 0.13 l_1 = 0.13 \times 0.24 = 0.03$m。

3. 倾覆力矩的计算

恒载+活荷载（均布）：

$$M_{0v} = (1.3 \times 3.27 + 1.5 \times 1.0 \times 0.5) \times 1.5 \times (0.75 + 0.03) \times 2.8$$
$$= 16.38 \text{kN} \cdot \text{m}$$

恒载+集中荷载：

$$M_{0v} = 1.3 \times 3.27 \times 1.5 \times (0.75 + 0.03) \times 2.8 + 1 \times 1.5 \times 1.0 \times (1.5 + 0.03)$$
$$= 16.22 \text{kN} \cdot \text{m}$$

因此，恒载+均布活荷载的组合所得的倾覆力矩更不利，取 $M_{0v} = 16.38$kN·m

4. 抗倾覆力矩的计算

雨篷的抗倾覆力矩由雨篷梁尾端上部 45° 扩展角范围内的墙体和雨篷梁的恒荷载标准值产生。

雨篷梁的恒荷载标准值：

$25 \times 0.24 \times 0.3 \times 2.8 = 5.04$kN

由式（5-2）：

$$M_r = 0.8 \times \{5.04 \times (0.12 - 0.03) + 5.24 \times [(4.6 \times 0.9 - 0.9 \times 0.9)$$
$$+ (4.6 \times 10.5 - 1.8 \times 1.5 \times 3)] \times (0.12 - 0.03)\}$$
$$= 16.79 \text{kN} \cdot \text{m} > 16.38 \text{kN} \cdot \text{m}$$

满足要求。

【例题 5-3】已知某墙窗洞净宽 $l_n = 1.2$m，墙厚为 240mm，双面粉刷，以墙面计的墙体自重标准值为 5.24kN/m²，采用砖砌平拱，由烧结煤矸石砖 MU10、水泥混合砂浆 M5 砌筑，施工质量控制等级为 B 级。试求该过梁能承受的允许均布荷载设计值。

【解】查表 2-11 得，$f_{v0} = 0.11$MPa，砖砌体沿齿缝截面的弯曲抗拉强度设计值 $f_{tm} = 0.23$MPa。

砖砌平拱上墙体的计算高度 $h_w = l_n / 3 = 1.2/3 = 0.4$m，计算跨度近似取 $l_0 = l_n = 1.2$m。

由式（3-28）：

$$M = W f_{tm} = b h_w^2 / 6 \cdot f_{tm} = 240 \times 400^2 / 6 \times 0.23 = 1.472 \times 10^6 \text{N} \cdot \text{mm}$$

并令 $M = [q] l_n^2 / 8$，则砖砌平拱过梁能承受的允许均布荷载设计值为：

$$[q] = \frac{8M}{l_n^2} = \frac{8 \times 1.472 \times 10^6}{1200^2} = 8.18 \text{kN/m}$$

然后验算受剪承载力：

$bzf_{v0} = 240 \times 2 \times 400/3 \times 0.11 = 7040\text{N} = 7.04\text{kN} > [q]l_n/2 = 8.18 \times 1.2/2 = 4.91\text{kN}$，满足要求。

【例题 5-4】已知某墙窗洞净宽 1.2m，墙厚度为 240mm，双面粉刷，以墙面计的墙体自重标准值为 5.24kN/m²。采用砖砌平拱，由烧结页岩砖 MU10、水泥混合砂浆 M5 砌筑，施工质量控制等级为 B 级。在距洞口顶面 500mm 处受有楼面均布荷载，楼面荷载设计值为 12.68kN/m。试验算此过梁的承载力是否满足要求。

【解】因 $h_w = 0.5\text{m} < l_n = 1.2\text{m}$，故应计入楼面传来的荷载。

作用于过梁上的荷载包括墙体自重和楼板传来的荷载两部分，其设计值为：

$q = 1.3 \times 5.24 \times 1.2/3 + 12.68 = 15.40\text{kN/m} > [q] = 8.18\text{kN/m}$（见例题 5-3）

因此，该砖砌平拱不能满足承载力要求。

现改用钢筋砖过梁，选用 HPB300 级钢筋，由式（5-4）：

$$A_s \geqslant \frac{M}{0.85 h_0 f_y} = \frac{15.40 \times 1.2^2 \times 10^6/8}{0.85 \times (500 - 20) \times 270} = 25.2\text{mm}^2$$

选用 $3\phi6$（$85\text{mm}^2$）。

过梁端部剪力设计值：

$$V = \frac{1}{2}ql_n = \frac{1}{2} \times 15.40 \times 1.2 = 9.24\text{kN}$$

由式（3-29a）：

$bzf_{v0} = 240 \times 2 \times 500/3 \times 0.11 = 8800\text{N} = 8.8\text{kN} < V = 9.24\text{kN}$

因此，钢筋砖过梁受剪承载力不够，只能改用钢筋混凝土过梁。

假设钢筋混凝土过梁截面尺寸为 240mm×120mm，采用 C20 混凝土 HPB300 级钢筋，则：

$$\alpha_s = \frac{M}{f_c bh_0^2} = \frac{15.40 \times 1.2^2 \times 10^6/8}{9.6 \times 240 \times (120 - 20)^2} = 0.120$$

$$\xi = 1 - \sqrt{1 - 2\alpha_s} = 0.128 < \xi_b$$

$A_s = f_c bh_0 \xi/f_y = 9.6 \times 240 \times 100 \times 0.128/270 = 109.2\text{mm}^2 > \rho_{min}bh = 0.002 \times 240 \times 120 = 57.6\text{mm}^2$（$\rho_{min}$ 取 0.2% 和 $45f_t/f_y$% 中较大值）

选用 $3\phi8$（$A_s = 151\text{mm}^2$）钢筋。

$0.7f_t bh_0 = 0.7 \times 1.1 \times 240 \times 100 = 18480\text{N} = 18.48\text{kN} > V = 9.24\text{kN}$

因此，此过梁受剪承载力能满足要求，同时由 $h < 150\text{mm}$，可不设箍筋。

思 考 题 与 习 题

**Questions and Exercises**

5-1 根据支承条件不同，墙梁有哪几种类型？

5-2 偏开洞简支墙梁可能发生哪几种破坏形态？它们分别在什么条件下形成？

5-3 刚性挑梁和弹性挑梁在变形性能上有何不同？

5-4 如何确定挑梁的计算倾覆点？

5-5 如何确定挑梁的抗倾覆荷载？

5-6 过梁有哪几种类型？各自的应用范围如何？

5-7 如何确定过梁上的荷载？

# 第6章 配筋砌体结构
## Reinforced
## Masonry Structures

**学习提要** 本章论述在我国应用的配筋砌体结构的设计方法。应了解网状配筋砖砌体构件、组合砖砌体构件及配筋混凝土砌块砌体构件的基本受力性能、承载力计算方法、构造要求及其适用范围。

在我国较早采用的配筋砌体结构主要是网状配筋砖砌体构件、砖砌体和钢筋混凝土面层或钢筋砂浆面层的组合砌体构件。后来发展了砖砌体和钢筋混凝土构造柱组合墙、配筋混凝土砌块砌体剪力墙，前者在单层与多层房屋中，后者在中高层房屋中得到推广应用。

我国的配筋砌体结构是根据工程实际的需要和不断深入研究而逐步产生的，这些配筋砌体结构在计算和应用上有许多内在联系，且与钢筋混凝土结构的设计与计算方法密不可分。

## 6.1 网状配筋砖砌体构件
### Steel Mesh Reinforced Brick Masonry Members

### 1. 受压性能
网状配筋砖砌体轴心受压时，其破坏过程与无筋砌体类似，也可分为三个受力阶段。

第一阶段：随压力的增加至出现第一条或第一批裂缝。此阶段砌体的受力特点与无筋砌体的相同，仅产生第一批裂缝时的压力为破坏压力的 $60\%\sim75\%$，较无筋砌体的高。

第二阶段：随压力进一步增大至裂缝不断发展。此阶段砌体的破坏特征与无筋砌体的破坏特征有较大不同。主要表现在裂缝数量增多，但裂缝发展较为缓慢，且砌体内的竖向裂缝受横向钢筋网的约束均产生在钢筋网之间，而不能沿整个砌体高度形成连续的裂缝。

第三阶段：压力至极限值，砌体内有的砖严重开裂或被压碎，砖体完全破坏（图6-1）。此阶段一般不会像无筋砌体那样形成竖向小柱体，砖的强度得到较充分发挥，砌体抗压强度有较大程度的提高。

砌体受压时，在产生竖向压缩变形的同时还产生横向变形，由于钢筋网与灰缝砂浆之间的摩擦力和黏结力，网状钢筋与砌体共同工作并能承受较大的横向拉应力，而且钢筋的弹性

图 6-1 网状配筋砖砌体
轴心受压破坏

模量较砌体的高得多，从而使砌体的横向变形受到约束，网状钢筋还使被竖向裂缝分开的小柱体不至过早失稳破坏。正是上述作用间接地提高了砌体的抗压强度，亦是网状配筋砌体和无筋砌体在受压性能上有较大区别的主要原因。

试验研究还表明，网状配筋砌体偏心受压时，当偏心距较大时，网状钢筋的作用减小，砌体受压承载力的提高有限。因此，在设计上要求其偏心距不应超过截面核心范围，对于矩形截面构件，即当 $e/y > 1/3$（或 $e/h > 0.17$）时，或偏心距虽未超过截面核心范围，但构件高厚比 $\beta > 16$ 时，均不宜采用网状配筋砖砌体。

2. 受压承载力

网状配筋砖砌体受压构件的承载力，应按下式计算：

$$N \leqslant \varphi_n f_n A \tag{6-1}$$

式中　$N$——轴向力设计值；

　　　$A$——构件截面面积。

（1）承载力影响系数 $\varphi_n$

公式（3-10）也适用于网状配筋砖砌体构件，但应以网状配筋砖砌体构件的稳定系数 $\varphi_{0n}$ 代替 $\varphi_0$。因而高厚比和配筋率以及轴向力的偏心距对网状配筋砖砌体受压构件承载力的影响系数，按式（6-2）计算，亦可查表 6-1：

$$\varphi_n = \cfrac{1}{1 + 12\left[\cfrac{e}{h} + \sqrt{\cfrac{1}{12}\left(\cfrac{1}{\varphi_{0n}} - 1\right)}\right]^2} \tag{6-2}$$

影响系数 $\varphi_n$　　　　　　　　　表 6-1

| $\rho$ (%) | $\beta$　$e/h$ | 0 | 0.05 | 0.10 | 0.15 | 0.17 |
|---|---|---|---|---|---|---|
| 0.1 | 4 | 0.97 | 0.89 | 0.78 | 0.67 | 0.63 |
|  | 6 | 0.93 | 0.84 | 0.73 | 0.62 | 0.58 |
|  | 8 | 0.89 | 0.78 | 0.67 | 0.57 | 0.53 |
|  | 10 | 0.84 | 0.72 | 0.62 | 0.52 | 0.48 |
|  | 12 | 0.78 | 0.67 | 0.56 | 0.48 | 0.44 |
|  | 14 | 0.72 | 0.61 | 0.52 | 0.44 | 0.41 |
|  | 16 | 0.67 | 0.56 | 0.47 | 0.40 | 0.37 |
| 0.3 | 4 | 0.96 | 0.87 | 0.76 | 0.65 | 0.61 |
|  | 6 | 0.91 | 0.80 | 0.69 | 0.59 | 0.55 |
|  | 8 | 0.84 | 0.74 | 0.62 | 0.53 | 0.49 |
|  | 10 | 0.78 | 0.67 | 0.56 | 0.47 | 0.44 |
|  | 12 | 0.71 | 0.60 | 0.51 | 0.43 | 0.40 |
|  | 14 | 0.64 | 0.54 | 0.46 | 0.38 | 0.36 |
|  | 16 | 0.58 | 0.49 | 0.41 | 0.35 | 0.32 |
| 0.5 | 4 | 0.94 | 0.85 | 0.74 | 0.63 | 0.59 |
|  | 6 | 0.88 | 0.77 | 0.66 | 0.56 | 0.52 |
|  | 8 | 0.81 | 0.69 | 0.59 | 0.50 | 0.46 |
|  | 10 | 0.73 | 0.62 | 0.52 | 0.44 | 0.41 |
|  | 12 | 0.65 | 0.55 | 0.46 | 0.39 | 0.36 |
|  | 14 | 0.58 | 0.49 | 0.41 | 0.35 | 0.32 |
|  | 16 | 0.51 | 0.43 | 0.36 | 0.31 | 0.29 |
| 0.7 | 4 | 0.93 | 0.83 | 0.72 | 0.61 | 0.57 |
|  | 6 | 0.86 | 0.75 | 0.63 | 0.53 | 0.50 |
|  | 8 | 0.77 | 0.66 | 0.56 | 0.47 | 0.43 |
|  | 10 | 0.68 | 0.58 | 0.49 | 0.41 | 0.38 |
|  | 12 | 0.60 | 0.50 | 0.42 | 0.36 | 0.33 |
|  | 14 | 0.52 | 0.44 | 0.37 | 0.31 | 0.30 |
|  | 16 | 0.46 | 0.38 | 0.33 | 0.28 | 0.26 |

| $\rho(\%)$ | $\beta$ ＼ $e/h$ | 0 | 0.05 | 0.10 | 0.15 | 0.17 |
|---|---|---|---|---|---|---|
| 0.9 | 4 | 0.92 | 0.82 | 0.71 | 0.60 | 0.56 |
|  | 6 | 0.83 | 0.72 | 0.61 | 0.52 | 0.48 |
|  | 8 | 0.73 | 0.63 | 0.53 | 0.45 | 0.42 |
|  | 10 | 0.64 | 0.54 | 0.46 | 0.38 | 0.36 |
|  | 12 | 0.55 | 0.47 | 0.39 | 0.33 | 0.31 |
|  | 14 | 0.48 | 0.40 | 0.34 | 0.29 | 0.27 |
|  | 16 | 0.41 | 0.35 | 0.30 | 0.25 | 0.24 |
| 1.0 | 4 | 0.91 | 0.81 | 0.70 | 0.59 | 0.55 |
|  | 6 | 0.82 | 0.71 | 0.60 | 0.51 | 0.47 |
|  | 8 | 0.72 | 0.61 | 0.52 | 0.43 | 0.41 |
|  | 10 | 0.62 | 0.53 | 0.44 | 0.37 | 0.35 |
|  | 12 | 0.54 | 0.45 | 0.38 | 0.32 | 0.30 |
|  | 14 | 0.46 | 0.39 | 0.33 | 0.28 | 0.26 |
|  | 16 | 0.39 | 0.34 | 0.28 | 0.24 | 0.23 |

同理，按公式（3-5），但考虑网状配筋砌体的变形特性，取 $\eta=0.0015+0.45\rho$。因而网状配筋砖砌体受压构件的稳定系数，按式（6-3）计算：

$$\varphi_{0n} = \frac{1}{1+(0.0015+0.45\rho)\beta^2}  \tag{6-3}$$

$$\rho = \frac{V_s}{V} = \frac{(a+b)A_s}{abs_n}  \tag{6-4}$$

式中　$\rho$——体积配筋率；

$V_s$、$V$——分别为钢筋和砌体的体积；

$a$、$b$——钢筋网的网格尺寸（可参见图 6-20）；

$s_n$——钢筋网的竖向间距（可参见图 6-20）；

$A_s$——钢筋的截面面积。

（2）抗压强度 $f_n$

网状配筋砖砌体的抗压强度设计值，按式（6-5）计算：

$$f_n = f + 2\left(1-\frac{2e}{y}\right)\rho f_y  \tag{6-5}$$

式中　$e$——轴向力的偏心距；

$f_y$——钢筋的抗拉强度设计值，当 $f_y$ 大于 320MPa 时，仍采用 320MPa。

工程上，有的沿墙长度方向设置受力的水平钢筋（又称墙体水平纵向钢筋），而沿墙厚度方向只按构造设置短钢筋，这是一种采用水平配筋的墙体。其受压承载力可按上述方法计算，只是在计算体积配筋率时不计入短向钢筋的作用。

（3）其他的验算

对矩形截面构件，当轴向力偏心方向的截面边长大于另一方向的边长时，除按偏心受压计算外，还应对较小边长方向按轴心受压进行验算。

当网状配筋砖砌体构件下端与无筋砌体交接时，尚应验算无筋砌体的局部受压承载力。

3. 受剪承载力

在《砌体结构设计规范》GB 50003—2011 中虽然提出了水平配筋墙体抗震受剪承载

力的计算规定，但尚未建立其静力受剪承载力的计算方法。

4. 构造要求

为了使网状配筋砖砌体受压构件安全可靠地工作，在满足上述承载力的前提下，还应符合下列构造要求：

（1）研究表明，配筋率太小，砌体强度提高有限；配筋率太大，钢筋的强度不能充分利用。因此，网状配筋砖砌体中钢筋的体积配筋率不应小于 0.1%，也不应大于 1%。钢筋网的竖向间距，不应大于 5 皮砖，亦不应大于 400mm。

（2）由于钢筋网砌筑在灰缝砂浆内，考虑锈蚀的影响，设置较粗钢筋比较有利。但钢筋直径大，使灰缝增厚，对砌体受力不利。网状钢筋的直径宜采用 3~4mm。

（3）当钢筋网的网孔尺寸（钢筋间距）过小时，灰缝中的砂浆不易密实；如过大，则网状钢筋的横向约束作用小。钢筋网中钢筋的间距不应小于 30mm，也不应大于 120mm。

（4）所采用的砌体材料强度等级不宜过低，采用强度高的砂浆，砂浆的黏结力大，也有利于保护钢筋。网状配筋砖砌体的砂浆强度等级不应低于 M7.5。

（5）砌筑时水平灰缝的厚度亦应控制为 8~12mm，为使钢筋网居中设置，灰缝厚度应保证钢筋上、下至少各有 2mm 的砂浆层，既能保护钢筋，又使砂浆与块体较好地黏结。

## 6.2　组合砖砌体构件
## Composite Brick Masonry Members

### 6.2.1　砖砌体和钢筋混凝土面层或钢筋砂浆面层的组合砌体构件
**Composite Members with Brick Masonry and Face Layers of Reinforced Concrete or Mortar**

当无筋砌体受压构件的截面尺寸受限制，或设计不经济，以及轴向力的偏心距超过限值时，可以选用砖砌体和钢筋混凝土面层或钢筋砂浆面层的组合砖砌体构件。

图 6-2　组合砖砌体
轴心受压破坏

1. 受压性能

（1）在砖砌体和钢筋混凝土面层的组合砌体中，砖能吸收混凝土中多余的水分，有利于混凝土的结硬，尤其在混凝土结硬的早期（4~10d 内）更为明显，使得组合砌体中的混凝土较一般情况下的混凝土能提前发挥受力作用。当面层为砂浆时也有类似的性能。

（2）组合砖砌体轴心受压时，往往在砌体与面层混凝土或面层砂浆的连接处产生第一批裂缝。随着压力增大，砖砌体内逐渐产生竖向裂缝，但发展较为缓慢，这是由于面层具有一定的横向约束作用。最终，砌体内的砖和面层混凝土或面层砂浆严重脱落甚至被压碎，或竖向钢筋在箍筋范围内压屈，组合砌体完全破坏，如图6-2所示。

（3）组合砖砌体受压时，由于面层的约束，砖砌体的受压变形能力增大，当组合砖砌体达极限承载力时，其内砌体的强度未充分利用。在有砂浆面层的情况下，组合砖砌体达极限承载力时的压应变小于钢筋的屈服应变，其内受压钢筋的强度亦未充分利用。根据试验结果，混凝土面层的组合砖砌体，其砖砌体的强度系数 $\eta_m=0.945$，钢筋的强度系数 $\eta_s=1.0$；有砂浆面层时，其 $\eta_m=0.928$，$\eta_s=0.933$。在承载力计算时，对于混凝土面层，可取 $\eta_m=0.9$，$\eta_s=1.0$；对于砂浆面层，可取 $\eta_m=0.85$，$\eta_s=0.9$。

（4）组合砖砌体轴心受压构件的稳定系数 $\varphi_{com}$ 介于同样截面的无筋砖砌体构件的稳定系数 $\varphi_0$ 和钢筋混凝土构件的稳定系数 $\varphi_{rc}$ 之间。根据试验结果，$\varphi_{com}$ 可按式（6-6）计算：

$$\varphi_{com} = \varphi_0 + 100\rho(\varphi_{rc} - \varphi_0) \leqslant \varphi_{rc} \tag{6-6}$$

式（6-6）表明，当组合砖砌体构件截面的配筋率 $\rho=0$ 时，$\varphi_{com}=\varphi_0$；当 $\rho=1\%$ 时，$\varphi_{com}=\varphi_{rc}$。$\varphi_{com}$ 也可从表 6-2 中查得。

组合砖砌体构件的稳定系数 $\varphi_{com}$                                         表 6-2

| 高厚比 $\beta$ | 配筋率 $\rho$（%） | | | | | |
|---|---|---|---|---|---|---|
| | 0 | 0.2 | 0.4 | 0.6 | 0.8 | ≥1.0 |
| 8 | 0.91 | 0.93 | 0.95 | 0.97 | 0.99 | 1.00 |
| 10 | 0.87 | 0.90 | 0.92 | 0.94 | 0.96 | 0.98 |
| 12 | 0.82 | 0.85 | 0.88 | 0.91 | 0.93 | 0.95 |
| 14 | 0.77 | 0.80 | 0.83 | 0.86 | 0.89 | 0.92 |
| 16 | 0.72 | 0.75 | 0.78 | 0.81 | 0.84 | 0.87 |
| 18 | 0.67 | 0.70 | 0.73 | 0.76 | 0.79 | 0.81 |
| 20 | 0.62 | 0.65 | 0.68 | 0.71 | 0.73 | 0.75 |
| 22 | 0.58 | 0.61 | 0.64 | 0.66 | 0.68 | 0.70 |
| 24 | 0.54 | 0.57 | 0.59 | 0.61 | 0.63 | 0.65 |
| 26 | 0.50 | 0.52 | 0.54 | 0.56 | 0.58 | 0.60 |
| 28 | 0.46 | 0.48 | 0.50 | 0.52 | 0.54 | 0.56 |

注：组合砖砌体构件截面的配筋率 $\rho=A_s'/bh$。

**2. 组合砖砌体轴心受压构件承载力**

组合砖砌体轴心受压构件（图 6-3）的承载力，应按式（6-7）计算：

$$N \leqslant \varphi_{com}(fA + f_cA_c + \eta_s f_y' A_s') \tag{6-7}$$

式中  $\varphi_{com}$——组合砖砌体构件的稳定系数，可按表 6-2 采用；

$A$——砖砌体的截面面积；

$f_c$——混凝土或面层砂浆的轴心抗压强度设计值，砂浆的轴心抗压强度设计值可取为同强度等级混凝土的轴心抗压强度设计值的 70%，当砂浆为 M15 时，取 5.0MPa；当砂浆为 M10 时，取 3.4MPa；当砂浆为 M7.5 时，取 2.5MPa；

$A_c$——混凝土或砂浆面层的截面面积；

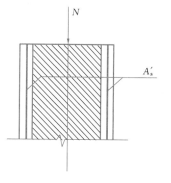

图 6-3 组合砖砌体
轴心受压构件

$\eta_s$——受压钢筋的强度系数，当为混凝土面层时可取 1.0；当为砂浆面层时可取 0.9；

$f'_y$——钢筋的抗压强度设计值；

$A'_s$——受压钢筋的截面面积。

3. 组合砖砌体偏心受压构件承载力

研究和分析表明，组合砖砌体构件在偏心受压时（图 6-4）的受力和变形性能与钢筋混凝土构件的接近。因此，在分析组合砖砌体构件偏心受压的附加偏心距、钢筋应力和截面受压区高度界限值等方面，采用与钢筋混凝土偏心受压构件相类似的方法。

（1）附加偏心距

它是为了考虑组合砖砌体构件偏心受压后纵向弯曲的影响。根据

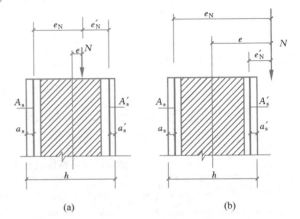

图 6-4　组合砖砌体偏心受压构件
（a）小偏心受压；（b）大偏心受压

平截面变形假定，通过截面破坏时的曲率，可求得构件的水平位移。该水平位移即为轴向力的附加偏心距。由此并根据试验结果取：

$$e_a = \frac{\beta^2 h}{2200}(1 - 0.022\beta) \tag{6-8}$$

式中　$e_a$——组合砖砌体构件在轴向力作用下的附加偏心距；

　　　　$\beta$——构件高厚比，按偏心方向的边长计算；

　　　　$h$——构件截面高度。

（2）截面钢筋应力及受压区相对高度的界限值

试验研究表明，组合砖砌体构件在大、小偏心受压时，距轴向力 $N$ 较近侧钢筋（$A'_s$）的应力均可达到屈服；在大偏心受压时（图 6-4b），距 $N$ 较远侧钢筋（$A_s$）的应力亦达到屈服；在小偏心受压时（图 6-4a），距 $N$ 较远侧钢筋（$A_s$）的应力（$\sigma_s$）随受压区的不同而变化，$\sigma_s = 650 - 800\xi$。当钢筋 $A_s$ 的应力达屈服时，由此可求得组合砖砌体构件截面受压区相对高度的界限值 $\xi_b$。当采用 HPB300 级钢筋时，$\xi_b = 0.47$；当采用 HRB400 级钢筋时，$\xi_b = 0.36$。

根据上述分析结果，组合砖砌体构件中钢筋 $A'_s$ 的应力为 $f'_y$，钢筋 $A_s$ 的应力应按下列规定计算（单位为"MPa"，正值为拉应力，负值为压应力）：

小偏心受压时，即 $\xi > \xi_b$：

$$\sigma_s = 650 - 800\xi \tag{6-9}$$

$$-f'_y \leqslant \sigma_s \leqslant f_y \tag{6-10}$$

大偏心受压时，即 $\xi \leqslant \xi_b$：

$$\sigma_s = f_y \tag{6-11}$$

$$\xi = x/h_0 \tag{6-12}$$

式中 $\xi$ —— 组合砖砌体构件截面的受压区相对高度；

$\xi_b$ —— 组合砖砌体构件截面受压区相对高度的界限值；

$x$ —— 组合砖砌体构件截面的受压区高度；

$f'_y$ —— 钢筋的抗压强度设计值；

$f_y$ —— 钢筋的抗拉强度设计值。

（3）承载力计算

组合砖砌体偏心受压构件的承载力，应按下列公式计算：

$$N \leqslant fA' + f_c A'_c + \eta_s f'_y A'_s - \sigma_s A_s \qquad (6\text{-}13)$$

或

$$N e_N \leqslant f S_s + f_c S_{c,s} + \eta_s f'_y A'_s (h_0 - a'_s) \qquad (6\text{-}14)$$

此时受压区的高度 $x$ 可按下列公式确定：

$$f S_N + f_c S_{c,N} + \eta_s f'_y A'_s e'_N - \sigma_s A_s e_N = 0 \qquad (6\text{-}15)$$

$$e_N = e + e_a + (h/2 - a_s) \qquad (6\text{-}16)$$

$$e'_N = e + e_a - (h/2 - a'_s) \qquad (6\text{-}17)$$

式中 $\sigma_s$ —— 钢筋 $A_s$ 的应力；

$A_s$ —— 距轴向力 $N$ 较远侧钢筋的截面面积；

$A'$ —— 砖砌体受压部分的面积；

$A'_c$ —— 混凝土或砂浆面层受压部分的面积；

$S_s$ —— 砖砌体受压部分的面积对钢筋 $A_s$ 重心的面积矩；

$S_{c,s}$ —— 混凝土或砂浆面层受压部分的面积对钢筋 $A_s$ 重心的面积矩；

$S_N$ —— 砖砌体受压部分的面积对轴向力 $N$ 作用点的面积矩；

$S_{c,N}$ —— 混凝土或砂浆面层受压部分的面积对轴向力 $N$ 作用点的面积矩；

$e_N$、$e'_N$ —— 分别为钢筋 $A_s$ 和 $A'_s$ 重心至轴向力 $N$ 作用点的距离（图 6-4）；

$e$ —— 轴向力的初始偏心距，按荷载设计值计算，当 $e$ 小于 $0.05h$ 时，应取 $e$ 等于 $0.05h$；

$e_a$ —— 组合砖砌体构件在轴向力作用下的附加偏心距，应按公式（6-8）计算；

$h_0$ —— 组合砖砌体构件截面的有效高度，取 $h_0 = h - a_s$；

$a_s$、$a'_s$ —— 分别为钢筋 $A_s$ 和 $A'_s$ 重心至截面较近边的距离。

计算时，公式（6-15）中各项的正、负号按图 6-5 确定，即各分力对轴向力 $N$ 作用点取矩时，顺时针者为正，反之为负。例如小偏心受压且 $A_s$ 的应力为压应力（$\sigma_s$ 取负号），则在公式（6-15）中，它对 $N$ 点的力矩项为正号（负乘负得正）；当 $N$ 作用在 $A_s$ 和 $A'_s$ 重心间距离以内时，$e'_N = e + e_i - (h/2 - a'_s)$ 的值为负号，则在公式（6-15）中 $A'_s$ 项产生的力矩为负号。

分析表明，组合砖砌体构件当 $e = 0.05h$ 时，按轴心受压计算的承载力与按偏心受压计算的承载力很接近。但当 $0 \leqslant e < 0.05h$ 时，按前者计算的承载力略低于后者的承载力。为避免这一矛盾，规定当偏心距很小，即 $e < 0.05h$ 时，取 $e =$

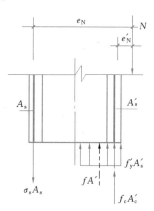

图 6-5 组合砖砌体
构件截面内力图

147

$0.05h$，并按偏心受压的公式计算承载力。

对于砖墙与组合砌体一同砌筑的 T 形截面构件（图 6-6a），其高厚比和承载力可按矩形截面组合砖砌体构件计算（图 6-6b），是偏于安全的。

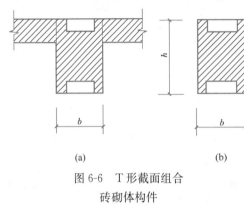

图 6-6　T 形截面组合
砖砌体构件

4. 组合砖砌体受剪构件承载力

至今，对砖砌体和钢筋混凝土面层或钢筋砂浆面层组合砌体构件受剪性能的研究很少，亦尚未建立其受剪承载力计算方法，有待作进一步研究。

5. 构造要求

组合砖砌体由砌体和混凝土面层或砂浆面层组成，为了保证它们之间有良好的整体性和共同工作能力，应符合下列构造要求：

（1）混凝土面层强度等级宜采用 C20。水泥砂浆面层强度等级不宜低于 M10。砌筑砂浆的强度等级不宜低于 M7.5。

（2）砂浆面层的厚度，可采用 30～45mm。当面层厚度大于 45mm 时，其面层宜采用混凝土。

（3）竖向受力钢筋宜采用 HPB300 级钢筋。受压钢筋一侧的配筋率，对砂浆面层，不宜小于 0.1%，对混凝土面层，不宜小于 0.2%。受拉钢筋的配筋率，不应小于 0.1%。竖向受力钢筋的直径，不应小于 8mm，钢筋的净间距，不应小于 30mm。

（4）箍筋的直径，不宜小于 4mm 及 0.2 倍的受压钢筋直径，并不宜大于 6mm。箍筋的间距，不应大于 20 倍受压钢筋的直径及 500mm，并不应小于 120mm。

（5）当组合砖砌体构件一侧的竖向受力钢筋多于 4 根时，应设置附加箍筋或拉结钢筋。

（6）对于截面长短边相差较大的构件如墙体等，应采用穿通墙体的拉结钢筋作为箍筋，同时设置水平分布钢筋。水平分布钢筋的竖向间距及拉结钢筋的水平间距，均不应大于 500mm（图 6-7）。

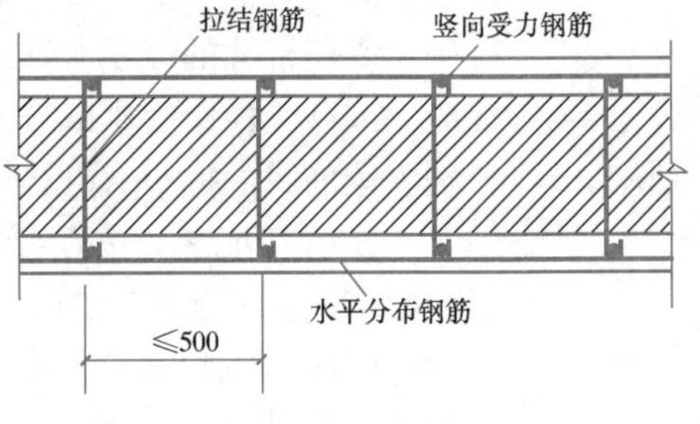

（7）组合砖砌体构件的顶部及底部，以及牛腿部位，必须设置钢筋混凝土垫块。竖向受力钢筋伸入垫块的长度，必须满足锚固要求。

图 6-7　混凝土或砂浆面层组合墙

### 6.2.2　砖砌体和钢筋混凝土构造柱组合墙
**Composite Walls with Brick Masonry and Structural Concrete Column**

1. 受压性能

（1）受力阶段

图 6-8 所示砖砌体和钢筋混凝土构造柱组合墙在轴心受压时，其破坏过程可分为三个受力阶段。

1）从组合墙开始受压至压力小于破坏压力的约 40% 时，处于弹性受力阶段。砌体内竖向压应力的分布与有限元分析结果大致相同，图 6-9（a）为主应力迹线示意图，图中实

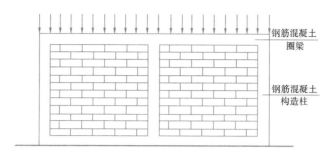

图 6-8　砖砌体和钢筋混凝土构造柱组合墙

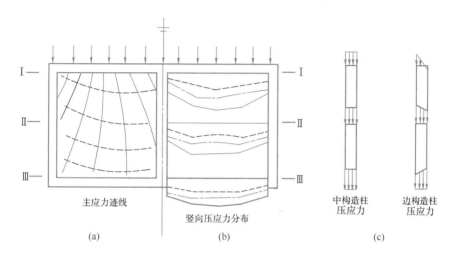

图 6-9　有限元分析的组合墙的受力阶段

线为主压应力迹线，它明显向构造柱扩散（图中虚线为主拉应力迹线，其值很小）；砌体内竖向压应力的分布不均匀，图 6-9（b）中虚线为墙体开裂前的竖向压应力的分布，在墙顶部、中部和底部截面上（分别为Ⅰ-Ⅰ、Ⅱ-Ⅱ和Ⅲ-Ⅲ截面），竖向压应力为上部大、下部小，它沿墙体水平方向是中间大、两端小。

2）弹塑性工作阶段。随着压力的增加，上圈梁与构造柱连接的附近及构造柱之间中部砌体出现竖向裂缝，且上部圈梁在跨中处产生自下而上的竖向裂缝，如图 6-10 所示。

图 6-9（b）中点画线为按有限元分析开裂时砌体内的竖向压应力分布。由于构造柱与圈梁形成的约束作用，直至压力达破坏压力的约 70％时，裂缝发展缓慢，裂缝走向大多指向构造柱柱脚。这一阶段经历的时间较长，所施加压力可达破坏压力的 90％。图 6-9（b）中实线为临近破坏时砌体内的竖向压应力分布。按有限元分析，构造柱下部截面压应力较上部截面压应力增加较多，中部构造柱为均匀受

图 6-10　组合墙轴心受压破坏形态

压，边构造柱则处于小偏心受压，如图 6-9（c）所示。由于边构造柱横向变形的增大，试验时可观测到边构造柱略向外鼓，如图 6-10 所示。

3）破坏阶段。试验中未出现构造柱与砌体交接处竖向开裂或脱离现象，但砌体内裂缝贯通，最终裂缝穿过构造柱柱脚，构造柱内钢筋压屈，混凝土被压碎、剥落，与此同时构造柱之间中部的砌体亦受压破坏，如图 6-10 所示。

（2）影响因素

试验结果和有限元的分析表明，组合墙在使用阶段，构造柱和砖墙体具有良好的整体工作性能。组合墙受压时，构造柱的作用主要反映在两个方面，一是因混凝土构造柱和砖墙的刚度不同及内力重分布，它直接分担作用于墙体上的压力；二是构造柱与圈梁形成"弱框架"，砌体的横向变形受到约束，间接提高了墙体的受压承载力。在影响组合墙受压承载力的诸多因素中，经对比分析，随着房屋层数的增加，组合墙的受力较为有利；房屋层高的影响不明显，如当墙高由 2.8m 增加到 3.6m 时，构造柱内压应力的增加和砌体内压应力的减小幅度均在 5% 以内；构造柱间距的影响最为显著。组合墙的受压承载力随构造柱间距的减小而明显增加，构造柱间距为 2m 左右时，构造柱的作用得到充分发挥。构造柱间距较大时，它约束砌体横向变形的能力减弱，间距大于 4m 时，构造柱对组合墙受压承载力的影响很小。

2. 受压承载力

（1）轴心受压

砖砌体和钢筋混凝土构造柱组成的组合砖墙（图 6-11）的轴心受压承载力，应按下列公式计算：

$$N \leqslant \varphi_{\text{com}}[fA_{\text{n}} + \eta(f_{\text{c}}A_{\text{c}} + f_{\text{y}}' A_{\text{s}}')] \tag{6-18}$$

$$\eta = \left[\frac{1}{\dfrac{l}{b_{\text{c}}} - 3}\right]^{\frac{1}{4}} \tag{6-19}$$

式中　$\varphi_{\text{com}}$——组合砖墙的稳定系数，可按表 6-2 采用（在计算 $\rho$ 时，如 $h$ 为墙厚，则 $b$ 为构造柱间距）；

$\eta$——强度系数，当 $l/b_{\text{c}}$ 小于 4 时取 $l/b_{\text{c}}$ 等于 4；

$l$——沿墙长方向构造柱的间距；

$b_{\text{c}}$——沿墙长方向构造柱的宽度；

$A_{\text{n}}$——砖砌体的净截面面积（扣除门窗洞口或构造柱的面积）；

$A_{\text{c}}$——构造柱的截面面积。

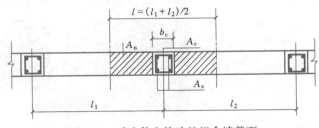

图 6-11　砖砌体和构造柱组合墙截面

将公式（6-18）与公式（6-7）进行比较，可以看出二者计算模式相同，只相差一个强度系数 $\eta$。根据有限元非线性分析，构造柱间距小于 1m 时，按公式（6-18）与公式（6-7）计算得到的极限承载力很接近，因而当 $l/b_c < 4$ 时，取 $l/b_c = 4$。上述两种组合砖砌体构件的轴心受压承载力不仅计算模式相同、计算公式相互衔接，且具有在分析理论上的一致性。

在工程设计上，应当注意到公式（6-18）是建立在构造柱水平的基础之上的，即构造柱的截面尺寸、混凝土强度等级和配置的竖向受力钢筋的级别、直径和根数是按一般要求选定的。当组合墙的轴心受压承载力低于设计要求的承载力较多时，减小构造柱间距是较适宜的选择。

（2）平面外偏心受压

若图 4-6（b）所示承重墙采用砖砌体和钢筋混凝土构造柱组合墙，在图 4-6（c）所示轴向压力和弯矩作用下，属平面外的偏心受压，其承载力可按下列方法计算：

1）按第 4 章 4.4.1 节和 4.4.2 节的规定确定作用于构件的弯矩或偏心距。

2）按式（6-13）、式（6-14）计算构造柱纵向钢筋。计算中，截面宽度应改用构造柱间距（$l$）；当大偏心受压时，可不计受压区构造柱混凝土和钢筋的作用，构造柱的计算配筋不应小于本节（6.2.2 节第 4 点）的构造要求。

可以看出，砖砌体和构造柱组合墙平面外的偏心受压承载力套用了砖砌体和钢筋混凝土面层组合砌体构件偏心受压承载力的计算方法，是一种简化、近似的方法且偏于安全。

3. 受剪承载力

在《砌体结构设计规范》GB 50003—2011 中虽然提出了这种组合墙的抗震受剪承载力的计算公式，但尚未建立砖砌体和钢筋混凝土构造柱组合墙在静力设计时的受剪承载力的计算方法。

4. 构造要求

砖砌体和钢筋混凝土构造柱组合墙是按间距 $l$ 设置构造柱，在房屋楼层处设置混凝土圈梁，且构造柱与圈梁和砖砌体可靠连接而形成的一种组合砌体结构构件，为保证其整体受力性能和可靠地工作，对组合墙的材料和构造提出了下列要求：

（1）砂浆的强度等级不应低于 M5，构造柱的混凝土强度等级不宜低于 C20。

（2）柱内竖向受力钢筋的混凝土保护层厚度，应符合表 2-16 的规定。

（3）构造柱的截面尺寸不宜小于 240mm×240mm，其厚度不应小于墙厚，边柱、角柱的截面宽度宜适当加大。柱内竖向受力钢筋，对于中柱，不宜少于 4Φ12；对于边柱、角柱，不宜少于 4Φ14。构造柱的竖向受力钢筋的直径也不宜大于 16mm。其箍筋，一般部位宜采用Φ6、间距 200mm，楼层上、下 500mm 范围内宜采用Φ6、间距 100mm。构造柱的竖向受力钢筋应在基础梁和楼层圈梁中锚固，并应符合受拉钢筋的锚固要求。

（4）组合砖墙砌体结构房屋，应在纵横墙交接处、墙端部和较大洞口的洞边设置构造柱，其间距不宜大于 4m。各层洞口宜设置在相应位置，并宜上下对齐。

（5）组合砖墙砌体结构房屋应在基础顶面、有组合墙的楼层处设置现浇钢筋混凝土圈梁。圈梁的截面高度不宜小于 240mm；纵向钢筋不宜小于 4Φ12，纵向钢筋应伸入构造柱内，并应符合受拉钢筋的锚固要求；圈梁的箍筋宜采用Φ6、间距 200mm。

（6）砖砌体与构造柱的连接处应砌成马牙槎，并应沿墙高每隔500mm设2Φ6拉结钢筋，且每边伸入墙内不宜小于600mm。

（7）组合砖墙的施工顺序应为先砌墙后浇混凝土构造柱。

## 6.3 配筋混凝土砌块砌体剪力墙
### Reinforced Concrete Masonry Shearwall Structures

### 6.3.1 正截面受压承载力计算的基本假定
**Basic Assumptions for Calculations of Compression Strength**

配筋混凝土砌块砌体剪力墙属于一种装配整体式钢筋混凝土剪力墙，其受力性能与钢筋混凝土的受力性能相近。为此，它在正截面承载力计算中采用了与钢筋混凝土相同的基本假定，即：

1）截面应变分布保持平面；

2）竖向钢筋与其毗邻的砌体、灌孔混凝土的应变相同；

3）不考虑砌体、灌孔混凝土的抗拉强度；

4）根据材料选择砌体、灌孔混凝土的极限压应变，轴心受压时不应大于0.002，偏心受压时不应大于0.003；

5）根据材料选择钢筋的极限拉应变，且不应大于0.01。

### 6.3.2 配筋混凝土砌块砌体剪力墙、柱轴心受压承载力
**Axially Compressive Strength of Reinforced Concrete Masonry Shearwalls or Columns**

1. 受压性能

配筋混凝土砌块墙在轴心压力作用下，经历三个受力阶段。

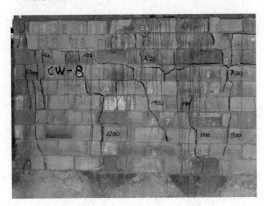

图6-12 配筋混凝土砌块墙轴心受压破坏

（1）初裂阶段

砌体和竖向钢筋的应变均很小，第一条或第一批竖向裂缝大多在有竖向钢筋的附近砌体内产生。墙体产生第一条裂缝时的压力为破坏压力的40%～70%。随竖向钢筋配筋率的增加，该比值有所降低，但变化不大。

（2）裂缝发展阶段

随着压力的增大，墙体裂缝增多、加长，且大多分布在竖向钢筋之间的砌体内，形成条带状。由于钢筋的约束作用，裂缝分布较均匀，裂缝密而细；在水平钢筋处，上、下竖向裂缝不贯通而有错位。

（3）破坏阶段

破坏时竖向钢筋可达屈服强度。最终因墙体竖向裂缝较宽，甚至个别砌块被压碎而破坏，如图6-12所示。由于钢筋的约束，墙体破坏时仍保持良好的整体性。

此外，配筋混凝土砌块砌体的抗压强度、弹性模量，较之用相应的砌块和砂浆的空心砌块砌体的抗压强度、弹性模量均有较大程度的提高。

2. 承载力计算

配有箍筋或水平分布钢筋的配筋砌块砌体剪力墙、柱，其轴心受压承载力，应按下式计算：

$$N \leqslant \varphi_{0g}(f_g A + 0.8 f_y' A_s') \qquad (6\text{-}20)$$

式中　$N$——轴向力设计值；

$f_g$——灌孔砌体的抗压强度设计值，应按公式（2-15）计算；

$f_y'$——钢筋的抗压强度设计值；

$A$——构件的毛截面面积；

$A_s'$——全部竖向钢筋的截面面积；

$\varphi_{0g}$——轴心受压构件的稳定系数，应按公式（6-21a）计算。

当配筋混凝土砌块砌体剪力墙、柱中未配置箍筋或水平分布钢筋时，其轴心受压承载力仍按公式（6-20）计算，但应取 $f_y' A_s' = 0$。

根据混凝土砌块灌孔砌体的应力-应变关系和公式（3-4）的方法，可得：

$$\varphi_{0g} = \cfrac{1}{1 + \cfrac{1}{400 \sqrt{f_{g,m}}} \beta^2} \qquad (6\text{-}21a)$$

按一般情况下 $f_{g,m}$ 为 10MPa 推算，式中 $\beta$ 项的系数约等于 0.0008，现偏于安全按式（6-21b）计算：

$$\varphi_{0g} = \frac{1}{1 + 0.001 \beta^2} \qquad (6\text{-}21b)$$

式中　$\beta$——构件的高厚比。

配筋混凝土砌块砌体剪力墙，因竖向钢筋仅配在中间，其平面外偏心受压承载力可按公式（3-11）进行计算，但应采用灌孔砌体的抗压强度设计值，即：

$$N \leqslant \varphi f_g A \qquad (6\text{-}22)$$

### 6.3.3　配筋混凝土砌块砌体剪力墙正截面偏心受压承载力
**Strength of Reinforced Concrete Masonry Shearwalls in Eccentric Compression**

1. 受力性能

配筋混凝土砌块砌体剪力墙在偏心受压时，它的受力性能和破坏形态与一般的钢筋混凝土偏心受压构件的类同。

（1）大偏心受压

大偏心受压时，竖向受拉和受压主筋达到屈服强度；受压区的砌块砌体达到抗压极限强度；中和轴附近的竖向分布钢筋的应力较小，但离中和轴较远处的竖向分布钢筋可达屈服强度。其破坏形态如图 6-13 所示。

（2）小偏心受压

小偏心受压时，受压区的主筋达到屈服强度，另一侧的主筋达不到屈服强度；竖向分布钢筋大部分受压，其应力较小，即使一部分受拉，其应力亦较小。

图 6-13 配筋混凝土砌块砌体
墙大偏心受压破坏

（3）大、小偏心受压的界限

根据平截面变形假定，配筋混凝土砌块砌体剪力墙在偏心受压时，竖向受拉钢筋屈服与受压区砌体破坏同时发生时的界限相对受压区高度，为：

$$\xi_b = 0.8 \frac{\varepsilon_{mc}}{\varepsilon_{mc} + \varepsilon_s}$$

根据试验结果，可取砌块砌体的极限压应变 $\varepsilon_{mc} = 0.003$。钢筋的屈服应变 $\varepsilon_s = f_y / E_s$。以此代入上式可得：

$$\xi_b = \frac{0.8}{1 + \frac{f_y}{0.003E_s}} \qquad (6\text{-}23)$$

配置 HPB300 级钢筋，$\xi_b = 0.56$；
配置 HRB400 级钢筋，$\xi_b = 0.50$。
因而对于矩形截面的配筋砌块砌体剪力墙：

当 $x \leqslant \xi_b h_0$ 时，为大偏心受压；
当 $x > \xi_b h_0$ 时，为小偏心受压。

式中　$x$——截面受压区高度；
　　　$\xi_b$——界限相对受压区高度；
　　　$h_0$——截面有效高度。

2. 矩形截面配筋砌块砌体剪力墙大偏心受压正截面承载力计算

图 6-14 为矩形截面配筋砌块砌体剪力墙偏心受压正截面承载力计算简图，从下述方法可知，它采用了与钢筋混凝土剪力墙相同的计算模式。按图 6-14（a），且受拉钢筋考虑在 $h_0 - 1.5x$ 范围内屈服并参与工作，取平衡条件，其大偏心受压正截面承载力应按下列

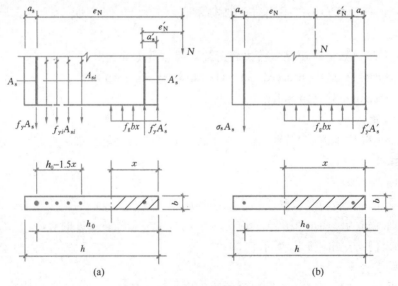

图 6-14　矩形截面偏心受压
（a）大偏心受压；（b）小偏心受压

公式计算：

$$N \leqslant f_{\mathrm{g}}bx + f_{\mathrm{y}}' A_{\mathrm{s}}' - f_{\mathrm{y}}A_{\mathrm{s}} - \sum f_{\mathrm{yi}}A_{\mathrm{si}} \tag{6-24}$$

$$Ne_{\mathrm{N}} \leqslant f_{\mathrm{g}}bx(h_0 - x/2) + f_{\mathrm{y}}' A_{\mathrm{s}}' (h_0 - a_{\mathrm{s}}') - \sum f_{\mathrm{yi}}S_{\mathrm{si}} \tag{6-25}$$

式中 $N$——轴向力设计值；

   $f_{\mathrm{g}}$——灌孔砌体的抗压强度设计值；

  $f_{\mathrm{y}}$、$f_{\mathrm{y}}'$——竖向受拉、受压主筋的强度设计值；

   $b$——截面宽度；

   $f_{\mathrm{yi}}$——竖向分布钢筋的抗拉强度设计值；

  $A_{\mathrm{s}}$、$A_{\mathrm{s}}'$——竖向受拉、受压主筋的截面面积；

   $A_{\mathrm{si}}$——单根竖向分布钢筋的截面面积；

   $S_{\mathrm{si}}$——第 $i$ 根竖向分布钢筋对竖向受拉主筋的面积矩；

   $e_{\mathrm{N}}$——轴向力作用点到竖向受拉主筋合力点之间的距离，可按公式（6-16）及其相应的规定计算；

   $h_0$——截面有效高度，$h_0 = h - a_{\mathrm{s}}'$；

   $h$——截面高度；

   $a_{\mathrm{s}}'$——受压主筋合力点至截面较近边的距离，可取 300mm。

当采用对称配筋时，取 $f_{\mathrm{y}}' A_{\mathrm{s}}' = f_{\mathrm{y}}A_{\mathrm{s}}$。设计中可先选择竖向分布钢筋，之后由公式（6-24）求得截面受压区高度 $x$。若竖向分布钢筋的配筋率为 $\rho_{\mathrm{w}}$，则公式（6-24）中：

$$\sum f_{\mathrm{yi}}A_{\mathrm{si}} = f_{\mathrm{yw}}\rho_{\mathrm{w}}(h_0 - 1.5x)b$$

得：

$$x = \frac{N + f_{\mathrm{yw}}\rho_{\mathrm{w}}bh_0}{(f_{\mathrm{g}} + 1.5f_{\mathrm{yw}}\rho_{\mathrm{w}})b} \tag{6-26}$$

式中 $f_{\mathrm{yw}}$——竖向分布钢筋的抗拉强度设计值。

最后由公式（6-25）可求得受拉、受压主筋的截面面积，即：

$$A_{\mathrm{s}}' = A_{\mathrm{s}} = \frac{Ne_{\mathrm{N}} - f_{\mathrm{g}}bx\left(h_0 - \dfrac{x}{2}\right) + 0.5f_{\mathrm{yw}}\rho_{\mathrm{w}}b(h_0 - 1.5x)^2}{f_{\mathrm{y}}'(h_0 - a_{\mathrm{s}}')} \tag{6-27}$$

上述计算中，当受压区高度 $x < 2a_{\mathrm{s}}'$ 时，其正截面承载力可按式（6-28）计算：

$$Ne_{\mathrm{N}}' \leqslant f_{\mathrm{y}}A_{\mathrm{s}}(h_0 - a_{\mathrm{s}}) \tag{6-28}$$

式中 $e_{\mathrm{N}}'$——轴向力作用点至竖向受压主筋合力点之间的距离，可按公式（6-17）及其相应的规定计算；

   $a_{\mathrm{s}}$——受拉主筋合力点至截面较近边的距离，可取 300mm。

3. 矩形截面配筋砌块砌体剪力墙小偏心受压正截面承载力计算

按图 6-14（b）取平衡条件，其小偏心受压正截面承载力应按下列公式计算：

$$N \leqslant f_{\mathrm{g}}bx + f_{\mathrm{y}}'A_{\mathrm{s}}' - \sigma_{\mathrm{s}}A_{\mathrm{s}} \tag{6-29}$$

$$Ne_{\mathrm{N}} \leqslant f_{\mathrm{g}}bx(h_0 - x/2) + f_{\mathrm{y}}'A_{\mathrm{s}}'(h_0 - a_{\mathrm{s}}') \tag{6-30}$$

$$\sigma_{\mathrm{s}} = \frac{f_{\mathrm{y}}}{\xi_{\mathrm{b}} - 0.8}\left(\frac{x}{h_0} - 0.8\right) \tag{6-31}$$

矩形截面对称配筋砌块砌体剪力墙小偏心受压时，也可近似按下列公式计算钢筋截面面积：

$$\xi = \frac{x}{h_0} = \frac{N - \xi_b f_g b h_0}{\dfrac{Ne_N - 0.43 f_g b h_0^2}{(0.8 - \xi_b)(h_0 - a_s')} + f_g b h_0} + \xi_b \tag{6-32}$$

$$A_s = A_s' = \frac{Ne_N - \xi(1 - 0.5\xi) f_g b h_0^2}{f_y'(h_0 - a_s')} \tag{6-33}$$

小偏心受压时，由于截面受压区大、竖向分布钢筋的应力较小，计算中未考虑其作用。当受压区竖向受压主筋无箍筋或无水平钢筋约束时，亦可不考虑其作用，即取 $f_y' A_s' = 0$。

此外，应对垂直于弯矩作用平面按轴心受压进行验算，即按式（6-20）核算。

### 6.3.4　配筋混凝土砌块砌体剪力墙斜截面受剪承载力
**Shear Strength of Diagonal Section of Reinforced Concrete Masonry Shearwalls**

1. 受力性能

试验研究表明，配筋混凝土砌块砌体剪力墙的受剪性能和破坏形态与一般钢筋混凝土剪力墙的类同。影响其受剪承载力的主要因素是材料强度、垂直压应力、墙体的剪跨比以及水平钢筋的配筋率。

（1）灌孔砌块砌体材料对墙体受剪承载力的影响以 $f_{vg} = \Phi(f_g^{0.55})$ 的关系式表达，随块体、砌筑砂浆和灌孔混凝土强度等级的提高以及灌孔率的增大，灌孔砌块砌体的抗剪强度提高，其中灌孔混凝土的影响尤为明显。

（2）墙体截面上的垂直压应力，直接影响墙体的破坏形态和受剪强度。在轴压比较小时，墙体的抗剪能力和变形能力随垂直压应力的增加而增加。但当轴压比较大时，墙体转变成不利的斜压破坏，垂直压应力的增大反而使墙体的受剪承载力减小。

（3）随剪跨比的不同，墙体产生不同的应力状态和破坏形态。小剪跨比时，墙体趋于剪切破坏。大剪跨比时，则趋于弯曲破坏。墙体剪切破坏的受剪承载力远大于弯曲破坏的受剪承载力。

（4）水平和竖向钢筋提高了墙体的变形能力和抗剪能力，其中水平钢筋在墙体产生斜裂缝后直接受拉抗剪，影响明显。

在偏心压力和剪力的作用下，墙体有剪拉、剪压和斜压三种破坏形态。图6-15为剪跨比等于 0.82 和 1.43 时配筋混凝土砌块砌体墙的破坏形态，属剪压破坏。

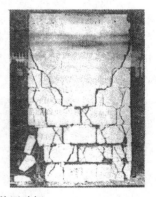

图 6-15　配筋混凝土砌块砌体墙剪压破坏

2. 承载力计算

根据上述受力性能和试验研究结果，配筋砌块砌体剪力墙斜截面受剪承载力计算公式的模式与钢筋混凝土剪力墙的相同，只是砌体项的影响以 $f_{vg}$ 而不是以 $f_t$ 表达，且水平钢筋的作用发挥得略低，反映了这种剪力墙的特性。

配筋混凝土砌块砌体剪力墙斜截面受剪承载力，应按下列方法计算：

（1）剪力墙的截面

为了防止墙体产生斜压破坏，剪力墙的截面应符合式（6-34）要求：

$$V \leqslant 0.25 f_g b h_0 \tag{6-34}$$

式中　$V$——剪力墙的剪力设计值；

　　　$b$——剪力墙截面宽度或 T 形、倒 L 形截面腹板宽度；

　　　$h_0$——剪力墙的截面有效高度。

（2）剪力墙在偏心受压时的斜截面受剪承载力

剪力墙在偏心受压时的斜截面受剪承载力应按下列公式计算：

$$V \leqslant \frac{1}{\lambda - 0.5}\left(0.6 f_{vg} b h_0 + 0.12 N \frac{A_w}{A}\right) + 0.9 f_{yh} \frac{A_{sh}}{s} h_0 \tag{6-35}$$

$$\lambda = M/V h_0 \tag{6-36}$$

式中　$M$、$N$、$V$——计算截面的弯矩、轴向力和剪力设计值，当 $N>0.25 f_g b h$ 时，取 $N$ $=0.25 f_g b h$；

　　　$\lambda$——计算截面的剪跨比，当 $\lambda<1.5$ 时取 1.5，当 $\lambda \geqslant 2.2$ 时，取 2.2；

　　　$f_{vg}$——灌孔砌体的抗剪强度设计值，应按公式（2-17）计算；

　　　$h_0$——剪力墙截面的有效高度；

　　　$A_w$——T 形或倒 L 形截面腹板的截面面积，对矩形截面取 $A_w$ 等于 $A$；

　　　$A$——剪力墙的截面面积；

　　　$f_{yh}$——水平钢筋的抗拉强度设计值；

　　　$A_{sh}$——配置在凹槽砌块中同一截面内的水平分布钢筋的全部截面面积；

　　　$s$——水平分布钢筋的竖向间距。

（3）剪力墙在偏心受拉时的斜截面受剪承载力

剪力墙在偏心受拉时的斜截面受剪承载力应按下式计算：

$$V \leqslant \frac{1}{\lambda - 0.5}\left(0.6 f_{vg} b h_0 - 0.22 N \frac{A_w}{A}\right) + 0.9 f_{yh} \frac{A_{sh}}{s} h_0 \tag{6-37}$$

### 6.3.5　配筋混凝土砌块砌体剪力墙中连梁的承载力
**Strength of Coupling Wall-Beams of Reinforced Concrete Masonry Shearwalls**

配筋混凝土砌块砌体剪力墙中的连梁可以采用配筋混凝土砌块砌体，亦可采用钢筋混凝土。这两种连梁的受力性能类同，配筋混凝土砌块砌体连梁承载力计算公式的模式与钢筋混凝土连梁的相同。

1. 配筋混凝土砌块砌体连梁

图 6-16 为一配筋混凝土砌块砌体连梁，它与墙体采用同样的施工方法。

（1）正截面受弯承载力

配筋混凝土砌块砌体连梁的正截面受弯承载力，应按《混凝土结构设计标准》GB/T

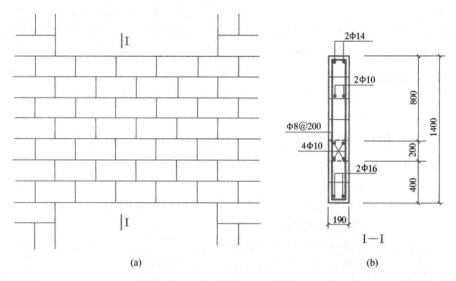

图 6-16　配筋混凝土砌块砌体连梁

50010—2010 中受弯构件的有关规定进行计算，但采用配筋混凝土砌块砌体的计算参数和指标，如以 $f_g$ 代替 $f_c$ 等。

（2）斜截面受剪承载力

1）连梁的截面应符合下列要求：

$$V_b \leqslant 0.25 f_g b h_0 \tag{6-38}$$

2）连梁的斜截面受剪承载力应按式（6-39）计算：

$$V_b \leqslant 0.8 f_{vg} b h_0 + f_{yv} \frac{A_{sv}}{s} h_0 \tag{6-39}$$

式中　$V_b$——连梁的剪力设计值；

　　　$b$——连梁的截面宽度；

　　　$h_0$——连梁的截面有效高度；

　　　$A_{sv}$——配置在同一截面内箍筋各肢的全部截面面积；

　　　$f_{yv}$——箍筋的抗拉强度设计值；

　　　$s$——沿构件长度方向箍筋的间距。

2. 钢筋混凝土连梁

钢筋混凝土连梁的正截面受弯承载力和斜截面受剪承载力，按《混凝土结构设计标准（2024 年版）》GB/T 50010—2010 的规定进行计算。

**6.3.6　配筋混凝土砌块砌体剪力墙构造要求**

**Detailing Requirements of Reinforced Concrete Masonry Shearwalls**

配筋混凝土砌块砌体剪力墙结构体系列入我国《砌体结构设计规范》GB 50003—2011 和《建筑抗震设计标准》GB/T 50011—2010，已成为多层及中高层房屋中有竞争力的一种结构体系。从采用的材料、施工及受力性能上来看，配筋混凝土砌块砌体构件属于一种装配整体式钢筋混凝土构件。它们之间有很多共性，但又有许多特殊的地方。如施工方法（图 6-17）（砌块的形式如图 1-1c 所示）与现浇钢筋混凝土剪力墙的不同，许多构造上与钢筋混凝土结构的规定不同，这些是需要特别注意的。

图 6-17　施工中的墙体

1. 宜采用全部灌孔砌体

为提高配筋混凝土砌块砌体构件的整体受力性能，宜采用全部灌孔砌体。用于抗震时，应采用全部灌孔砌体。

2. 钢筋的规格

（1）钢筋的直径不宜大于 25mm，当设置在灰缝中时不应小于 4mm，设置在其他部位时不应小于 10mm。

（2）配置在孔洞或空腔中的钢筋面积不应大于孔洞或空腔面积的 6%。

3. 钢筋的设置

（1）配筋混凝土砌块砌体剪力墙中的竖向钢筋应在每层墙高范围内连续布置，竖向钢筋可采用单排钢筋；水平分布钢筋或网片宜沿墙长连续布置，水平分布钢筋宜采用双排钢筋（图 6-18）。

（2）设置在灰缝中钢筋的直径不宜大于灰缝厚度的 1/2。

（3）配筋砌块砌体剪力墙的水平钢筋应配置在系梁中，同层配置 2 根钢筋，且钢筋直径不应小于 8mm，钢筋净距不应小于 60mm；竖向钢筋应配置在砌块孔洞内，在 190mm 墙厚情况下，同一孔内应配置 1 根，钢筋直径不应小于 10mm。

（4）柱和壁柱中的竖向钢筋的净距不宜小于 40mm（包括接头处钢筋间的净距）。

4. 钢筋的锚固

配筋混凝土砌块砌体剪力墙中，竖向钢筋在芯柱混凝土内锚固（图 6-18a）；设置在水平灰缝中的水平钢筋，可水平弯折 90° 在水平灰缝中锚固（图 6-18b）；或将水平钢筋垂直弯折 90° 在芯柱内锚固（图 6-18c）；设置在凹槽砌块混凝土带中的水平钢筋（大多采用这种方式），可水平弯折 90° 锚固（图 6-18d）；或垂直弯折 90° 在芯柱内锚固（图 6-18e）。

（1）当计算中充分利用竖向受拉钢筋强度时，其锚固长度 $l_a$，对 HRB400 和 RRB400 级钢筋不宜小于 35$d$；在任何情况下钢筋（包括钢筋网）锚固长度不应小于 300mm。

（2）竖向受拉钢筋不宜在受拉区截断。如必须截断时，应延伸至按正截面受弯承载力计算不需要该钢筋的截面以外，延伸的长度不应小于 20$d$。

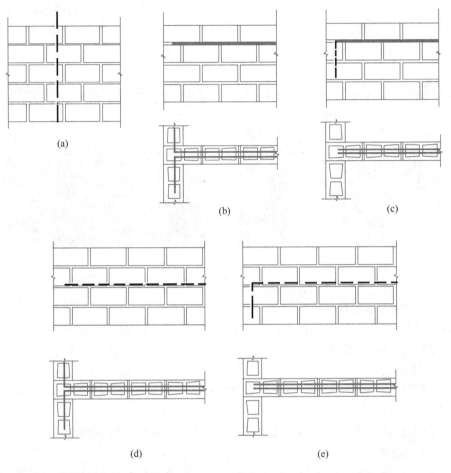

(a)

(b)　　　　　　　　　　　　(c)

(d)　　　　　　　　(e)

图 6-18　钢筋的锚固

（3）竖向受压钢筋在跨中截断时，必须伸至按计算不需要该钢筋的截面以外，延伸的长度不应小于 $20d$；对绑扎骨架中末端无弯钩的钢筋，不应小于 $25d$。

（4）钢筋骨架中的受力光面钢筋，应在钢筋末端做弯钩，在焊接骨架、焊接网以及轴心受压构件中，可不做弯钩；绑扎骨架中的受力变形钢筋，在钢筋的末端可不做弯钩。

（5）在凹槽砌块混凝土带中水平受力钢筋（网片）的锚固长度不宜小于 $30d$，且其水平或垂直弯折段的长度不宜小于 $15d$ 和 200mm；钢筋的搭接长度不宜小于 $35d$。

（6）在砌体水平灰缝中，水平受力钢筋的锚固长度不宜小于 $50d$，且其水平或垂直弯折段的长度不宜小于 $20d$ 和 150mm；钢筋的搭接长度不宜小于 $55d$。

（7）在隔皮或错缝搭接的灰缝中，水平受力钢筋的锚固和搭接长度为 $50d+2h$，$d$ 为灰缝受力钢筋的直径，$h$ 为水平灰缝的间距。

5. 钢筋的接头

钢筋的直径大于 22mm 时宜采用机械连接接头，接头的质量应符合有关标准、规范的规定；其他直径的钢筋可采用搭接接头，并应符合下列要求：

（1）钢筋的接头位置宜设置在受力较小处。

（2）受拉钢筋的搭接接头长度不应小于 $1.1l_a$，受压钢筋的搭接接头长度不应小于 $0.7l_a$，且不应小于 300mm。

（3）当相邻接头钢筋的间距不大于 75mm 时，其搭接长度应为 $1.2l_a$。当钢筋间的接头错开 20d 时，搭接长度可不增加。

6. 配筋砌块砌体剪力墙、连梁的砌体材料强度等级和截面尺寸

（1）砌块不应低于 MU10。

（2）砌筑砂浆不应低于 Mb7.5。

（3）灌孔混凝土不应低于 Cb20。

对安全等级为一级或设计使用年限大于 50 年的配筋砌块砌体房屋，所用材料的最低强度等级应至少提高一级。

（4）配筋砌块砌体剪力墙厚度、连梁截面宽度不应小于 190mm。

7. 配筋砌块砌体剪力墙的构造配筋

（1）应在墙的转角、端部和孔洞的两侧配置竖向连续的钢筋，钢筋直径不应小于 12mm。

（2）应在洞口的底部和顶部设置不小于 2Φ10 的水平钢筋，其伸入墙内的长度不应小于 40d 和 600mm。

（3）应在楼（屋）盖的所有纵横墙处设置现浇钢筋混凝土圈梁，圈梁的宽度和高度应等于墙厚和块高，圈梁主筋不应少于 4Φ10，圈梁的混凝土强度等级不应低于同层混凝土块体强度等级的 2 倍，或该层灌孔混凝土的强度等级，也不应低于 C20。

（4）剪力墙其他部位的竖向和水平钢筋的间距不应大于墙长、墙高的 1/3，也不应大于 600mm。

（5）剪力墙沿竖向和水平方向的构造钢筋配筋率均不应小于 0.1%。

8. 配筋砌块砌体剪力墙的边缘构件

配筋砌块砌体剪力墙的边缘构件是指在剪力墙端部设置的暗柱或钢筋混凝土柱，所配置的钢筋正是上述承载力计算得的受拉和受压主筋。在边缘构件内要求设置一定数量的竖向和水平向钢筋或箍筋，有利于确保剪力墙的整体抗弯能力和延性。

（1）当利用剪力墙端的砌体作边缘构件

1）应在矩形墙端至少 3 倍墙厚范围内的孔中设置不小于 Φ12 通长竖向钢筋，在其他形状墙截面交接处 3 个或 4 个孔中设置不小于 Φ12 通长竖向钢筋。

2）当剪力墙的轴压比大于 $0.6f_g$ 时，除按 1）的规定设置竖向钢筋外，尚应设置间距不大于 200mm、直径不小于 6mm 的箍筋。

（2）当在剪力墙墙端设置混凝土柱作边缘构件

1）柱的截面宽度不宜小于墙厚，柱的截面长度宜为 1～2 倍的墙厚，并不应小于 200mm。

2）柱的混凝土强度等级不宜低于该墙体块体强度等级的 2 倍，或该墙体灌孔混凝土的强度等级，也不应低于 Cb20。

3）柱的竖向钢筋不宜小于 4Φ12，箍筋不宜小于 Φ6、间距不宜大于 200mm。

4）墙体中的水平钢筋应在柱中锚固，并应满足钢筋的锚固要求。

5）柱的施工顺序宜为先砌砌块墙体，后浇捣混凝土。

9. 钢筋混凝土连梁

配筋砌块砌体剪力墙中，当采用钢筋混凝土连梁，连梁混凝土的强度等级不宜低于同层墙体块体强度等级的 2 倍，或同层墙体灌孔混凝土的强度等级，也不应低于 C20；其他构造尚应符合现行国家标准《混凝土结构设计标准》GB/T 50010 的有关规定要求。

10. 配筋混凝土砌块砌体连梁

配筋砌块砌体剪力墙中，当采用配筋混凝土砌块砌体连梁，应符合下列要求：

（1）连梁的截面

1）连梁的高度不应小于两皮砌块的高度和 400mm。

2）连梁应采用 H 形砌块或凹槽砌块组砌，孔洞应全部浇灌混凝土。

（2）连梁的水平钢筋

1）连梁上、下水平受力钢筋宜对称、通长设置，在灌孔砌体内的锚固长度不应小于 $40d$ 和 600mm。

2）连梁水平受力钢筋的含钢率不宜小于 0.2%，也不宜大于 0.8%。

（3）连梁的箍筋

1）箍筋的直径不应小于 6mm。

2）箍筋的间距不宜大于 1/2 梁高和 600mm。

3）在距支座等于梁高范围内的箍筋间距不应大于 1/4 梁高，距支座表面第一根箍筋的间距不应大于 100mm。

4）箍筋的面积配筋率不宜小于 0.15%。

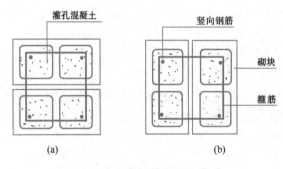

图 6-19　配筋砌块砌体柱截面

（a）下皮；（b）上皮

5）箍筋宜为封闭式，双肢箍末端弯钩为 135°；单肢箍末端弯钩为 180°，或弯 90° 加 12 倍箍筋直径的延长段。

11. 配筋砌块砌体柱（图 6-19）

（1）材料强度等级符合上述 6 的规定。

（2）柱截面边长不宜小于 400mm，柱高度与截面短边之比不宜大于 30。

（3）柱的竖向钢筋的直径不宜小于 12mm，数量不应少于 4 根，全部竖向受力钢筋的配筋率不宜小于 0.2%。

（4）柱中箍筋的设置：

1）当竖向钢筋的配筋率大于 0.25%，且柱承受的轴向力大于受压承载力设计值的 25% 时，柱应设箍筋；当配筋率小于等于 0.25% 时，或柱承受的轴向力小于受压承载力设计值的 25% 时，柱中可不设置箍筋。

2）箍筋直径不宜小于 6mm。

3）箍筋的间距不应大于 16 倍的纵向钢筋直径、48 倍箍筋直径及柱截面短边尺寸中较小者。

4）箍筋应封闭，端部应弯钩或绕竖向钢筋水平弯折 90°，弯折段长度不小于 10$d$。

5）箍筋应设置在灰缝或灌孔混凝土中。

## 6.4 计 算 例 题
### Examples

【例题 6-1】某房屋中横墙、墙厚240mm，墙的计算高度为 3.2m，采用网状配筋砖砌体。由 MU10 烧结普通砖和 M7.5 水泥混合砂浆砌筑，配置直径 4mm 的螺旋肋钢丝焊接方格钢筋网，网格尺寸 $a \times b = 70\text{mm} \times 70\text{mm}$（图 6-20a），且每 4 皮砖设置一层钢筋网。本房屋环境类别为 1 类，设计使用年限 50 年，施工质量控制等级为 B 级。该墙承受轴心力设计值为 445 kN/m，试验算其受压承载力。

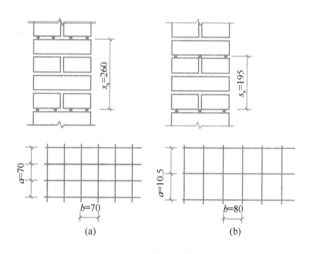

图 6-20 钢筋网设置

【解】横墙的砌体材料、钢筋及配筋构造，符合环境类别 1 的要求。

查表 2-4，$f = 1.69\text{MPa}$（因采用水泥混合砂浆，且墙体截面面积大于 $0.2\text{m}^2$，该 $f$ 值不需调整）。

该钢丝的抗拉强度设计值大于 $320\text{N/mm}^2$，取 $f_y = 320\text{N/mm}^2$。

$A_s = 12.6\text{mm}^2$，$a = b = 70\text{mm}$，每皮砖以 65mm 计得 $s_n = 260\text{mm}$。网格尺寸及间距符合构造要求。

由公式（6-4）：

$$\rho = \frac{V_s}{V} = \frac{2A_s}{as_n} = \frac{2 \times 12.6}{70 \times 260} = 0.138\% \begin{array}{l} > 0.1\% \\ < 1.0\% \end{array}$$

由公式（6-5）：

$$f_n = f + 2\rho f_y = 1.69 + \frac{2 \times 0.138}{100} \times 320 = 2.57\text{MPa}$$

$$\beta = \frac{H_0}{h} = \frac{3.2}{0.24} = 13.3 < 16.0$$

由公式（6-2）和公式（6-3）：

$$\varphi_n = \varphi_{0n} = \frac{1}{1 + (0.0015 + 0.45\rho)\beta^2}$$

$$= \frac{1}{1 + \left(0.0015 + 0.45 \times \frac{0.138}{100}\right) \times 13.3^2}$$

$$= \frac{1}{1.37} = 0.73$$

取 1000mm 宽横墙进行验算，按公式（6-1）得：

$\varphi_n f_n A = 0.73 \times 2.57 \times 240 \times 1000 \times 10^{-3} = 450.3\text{kN} > 445\text{kN}$，该横墙安全。

【讨论】该墙在满足承载力的要求下，可以选用不同的网格尺寸和网的间距。如设置网格尺寸 $a \times b = 105\text{mm} \times 80\text{mm}$（图 6-20b），并每隔 3 皮砖放一层钢筋网，即 $s_n = 195\text{mm}$。按公式（6-4）：

$$\rho = \frac{V_s}{V} = \frac{(a+b)A_s}{abs_n}$$

$$= \frac{(105+80) \times 12.6}{105 \times 80 \times 195} = 0.142\%$$

此时的配筋率与上述 $\rho = 0.138\%$ 接近，且略大于 $0.138\%$，该网状配筋砖墙的受压承载力亦能满足。

【例题 6-2】某房屋中砖柱，截面尺寸为 370mm×490mm，柱的计算高度为 4.2m，采用网状配筋砖砌体。由 MU15 烧结普通砖和 M7.5 水泥混合砂浆砌筑，配置直径 4mm 的螺旋肋钢丝焊接方格钢筋网，网格尺寸为 50mm×50mm，每 3 皮砖设置一层钢筋网。本房屋的环境类别为 1 类，设计使用年限 50 年，施工质量控制等级为 B 级。该柱承受轴向力设计值为 230kN，沿长边方向的弯矩设计值为 18.4kN·m，试验算其受压承载力。

【解】砖柱的砌体材料、钢筋及配筋构造，符合环境类别 1 的要求。

$$e = \frac{M}{N} = \frac{18.4}{230} = 0.08\text{m}$$

$$\frac{e}{h} = \frac{0.08}{0.49} = 0.163 < 0.17$$

$$\beta = \frac{H_0}{h} = \frac{4.2}{0.49} = 8.57 < 16$$

由例题 6-1，$f_y = 320\text{N/mm}^2$，$A_s = 12.6\text{mm}^2$，$s_n = 195$：

$$\rho = \frac{2A_s}{as_n} = \frac{2 \times 12.6}{50 \times 195} = 0.258\% \begin{matrix} > 0.1\% \\ < 1.0\% \end{matrix}$$

查表 2-4，$f = 2.07\text{MPa}$。

因砌体截面面积 $A = 0.37 \times 0.49 = 0.181\text{m}^2 < 0.2\text{m}^2$，按 2.4.4 节中的规定，$\gamma_a = 0.8 + A = 0.8 + 0.181 = 0.981$。取：

$$f = 0.981 \times 2.07 = 2.03\text{MPa}$$

由公式（6-5）：

$$f_n = f + 2\left(1 - \frac{2e}{y}\right)\rho f_y$$

$$= 2.03 + 2\left(1 - \frac{2 \times 0.08}{0.245}\right) \times \frac{0.258}{100} \times 320$$

$$= 2.03 + 0.57 = 2.6 \text{MPa}$$

由公式（6-3）：

$$\varphi_{0n} = \frac{1}{1 + (0.0015 + 0.45\rho)\beta^2}$$

$$= \frac{1}{1 + \left(0.0015 + 0.45 \times \frac{0.258}{100}\right) \times 8.57^2} = 0.836$$

由公式（6-2）：

$$\varphi_n = \frac{1}{1 + 12\left[\frac{e}{h} + \sqrt{\frac{1}{12}\left(\frac{1}{\varphi_{0n}} - 1\right)}\right]^2}$$

$$= \frac{1}{1 + 12\left[0.163 + \sqrt{\frac{1}{12}\left(\frac{1}{0.836} - 1\right)}\right]^2} = 0.5$$

上述 $\varphi_{0n}$ 和 $\varphi_n$ 亦可查表 6-1 而得。

按公式（6-1）：

$$\varphi_n f_n A = 0.5 \times 2.6 \times 0.181 \times 10^3 = 235.3 \text{kN} > 230 \text{kN}$$

再对较小边长方向按轴心受压承载力验算：

$$\beta = \frac{4.2}{0.37} = 11.35$$

$$\varphi_n = \varphi_{0n} = \frac{1}{1 + \left(0.0015 + 0.45 \times \frac{0.258}{100}\right) \times 11.35^2} = 0.74$$

$$f_n = f + 2\rho f_y = 2.03 + \frac{2 \times 0.258}{100} \times 320 = 3.68 \text{MPa}$$

按公式（6-1）：

$$\varphi_n f_n A = 0.74 \times 3.68 \times 0.181 \times 10^3 = 492.9 \text{kN} > 230 \text{kN}$$

以上计算结果表明，该砖柱安全。

【例题 6-3】某房屋混凝土面层组合砖柱，截面尺寸如图 6-21（a）所示，柱计算高度 6.7m，砌体采用烧结煤矸石普通砖 MU10、水泥混合砂浆 M10 砌筑，面层混凝土 C20；本房屋的环境类别为 1 类，设计使用年限 50 年，施工质量控制等级 B 级；承受轴向力 $N = 359.0 \text{kN}$，沿截面长边方向作用的弯矩 $M = 170.0 \text{kN·m}$。试按对称配筋选择柱截面钢筋。

【解】砖柱的砌体材料、混凝土、钢筋及配筋构造，符合环境类别 1 的要求。

1. 验算高厚比

$$\beta = \frac{H_0}{h} = \frac{6.7}{0.49} = 13.7 < 1.2 \times 17 = 20.4，符合要求。$$

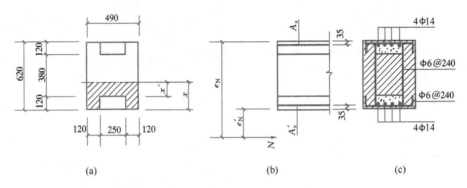

图 6-21　混凝土面层组合砖柱

2. 材料强度

组合砖柱中砌体的截面面积为：

$$0.49 \times 0.62 - 2 \times 0.12 \times 0.25 = 0.2438 m^2 > 0.2 m^2$$

取 $\gamma_a = 1$，并由表 2-4 得 $f = 1.89 MPa$。

$f_c = 9.6 N/mm^2$；选用 HPB300 级钢筋，$f_y = f'_y = 270 N/mm^2$。

3. 判别大、小偏心受压

因 $e = M/N = 170 \times 10^3 / 359 = 473.5 mm$，先假定为大偏心受压。由公式(6-13)得：

$$N = fA' + f_c A'_c$$

设受压区高度为 $x$，并令 $x' = x - 120$，得：

$$359 \times 10^3 = 1.89 \times (2 \times 120 \times 120 + 490 x') + 9.6 \times 250 \times 120$$

$$x' = \frac{16568}{926.1} = 17.9 mm$$

得：
$$x = 120 + 17.9 = 137.9 mm$$

$$\xi = \frac{x}{h_0} = \frac{137.9}{620 - 35} = 0.236 < 0.47$$

上述大偏心受压假定成立。

4. 计算参数

$$S_s = (490 \times 137.9 - 250 \times 120) \times \left[ 620 - 35 - \frac{490 \times 137.9^2 - 250 \times 120^2}{2 \times (490 \times 137.9 - 250 \times 120)} \right]$$

$$= 37571 \times 508.9$$

$$= 19.12 \times 10^6 mm^3$$

$$S_{c,s} = 250 \times 120 \times \left( 620 - 35 - \frac{120}{2} \right) = 250 \times 120 \times 525$$

$$= 15.75 \times 10^6 mm^3$$

因 $\beta = \frac{H_0}{h} = \frac{6.7}{0.62} = 10.8$，由公式(6-8)得：

$$e_a = \frac{\beta^2 h}{2200} (1 - 0.022 \beta) = \frac{10.8^2 \times 620}{2200} \times (1 - 0.022 \times 10.8) = 25.06 mm$$

由公式(6-16)：

$$e_N = e + e_a + \left(\frac{h}{2} - a_s\right) = 473.5 + 25.06 + \left(\frac{620}{2} - 35\right) = 773.6 \text{mm}$$

5. 选择钢筋

按公式（6-14）：

$$359 \times 10^3 \times 773.6 = 1.89 \times 19.12 \times 10^6 + 9.6 \times 15.75 \times 10^6 + 1.0 \times 270 \times (585 - 35)A'_s$$

解得：

$$A'_s = \frac{90385600}{148500} = 608.7 \text{mm}^2$$

选用 4 Φ14 （$A'_s = 615 \text{mm}^2$）。

每侧钢筋配筋率 $\rho = \dfrac{615}{490 \times 620} = 0.2\%$，符合构造要求。

截面配筋见图 6-21 （c）。

【例题 6-4】某房屋内横墙，墙厚 240mm，计算高度为 4.2m，轴心压力 $N = 360.0 \text{kN/m}$，采用烧结普通砖 MU10 和水泥混合砂浆 M5。本房屋的环境类别为 1 类，设计使用年限 50 年，施工质量控制等级为 B 级。试按砖砌体和钢筋混凝土构造柱组合墙进行设计。

【解】横墙的砌体材料、混凝土、钢筋及配筋构造，符合环境类别 1 的要求。

1. 选择构造柱

设钢筋混凝土构造柱间距为 3.0m，截面为 240mm×240mm，混凝土 C20 （$f_c = 9.6 \text{N/mm}^2$），配置 4 Φ12 钢筋 （$f'_y = 270 \text{N/mm}^2$，$A'_s = 452 \text{mm}^2$）。

由表 2-4，$f = 1.5 \text{MPa}$。

2. 验算受压承载力

由公式 （6-19），$l/b_c = 3/0.24 = 12.5 > 4$：

$$\eta = \left[\frac{1}{\dfrac{l}{b_c} - 3}\right]^{\frac{1}{4}} = \left(\frac{1}{12.5 - 3}\right)^{\frac{1}{4}} = 0.57$$

$$\beta = \frac{H_0}{h} = \frac{4.2}{0.24} = 17.5 < \mu_c[\beta]$$

$$= \left(1 + \gamma\frac{b_c}{l}\right)[\beta] = \left(1 + 1.5 \times \frac{0.24}{3}\right) \times 24 = 1.12 \times 24 = 26.9$$

因墙体配筋率低，取 $\varphi_{com} = \varphi = 0.68$。

按公式（6-18）：

$$\varphi_{com}[fA_n + \eta(f_cA_c + f'_y A'_s)]$$

$$= 0.68 \times [1.5 \times (3000 - 240) \times 240 + 0.57 \times (9.6 \times 240 \times 240 + 270 \times 452)] \times 10^{-3}$$

$$= 0.68 \times (993.6 + 384.8)$$

$$= 937.3 \text{kN} < 3 \times 360.0 = 1080.0 \text{kN}，承载力不满足要求。$$

### 3. 提高承载力

此时宜减小构造柱间距，以提高受压承载力。设构造柱间距为 2.0m：

$$l/b_c = 2.0/0.24 = 8.33$$

$$\eta = \left(\frac{1}{8.33-3}\right)^{\frac{1}{4}} = 0.658$$

$$\mu_c = 1 + 1.5 \times \frac{0.24}{2} = 1.18, \text{高厚比满足要求。}$$

按公式 (6-18) 验算受压承载力：

$$\varphi_{com}[fA_n + \eta(f_cA_c + f'_y A'_s)]$$

$$= 0.68 \times [1.5 \times (2000-240) \times 240 + 0.658 \times (9.6 \times 240 \times 240 + 270 \times 452)] \times 10^{-3}$$

$$= 0.68 \times (633.6 + 444.2)$$

$$= 732.9\text{kN} > 2.0 \times 360 = 720.0\text{kN}, \text{承载力满足要求。}$$

【**例题 6-5**】某房屋内砖砌体和钢筋混凝土构造柱组合墙，计算高度 3.2m，墙厚 240mm；砌体采用烧结多孔砖 MU10、混合砂浆 M7.5 砌筑；构造柱间距 2100mm，截面尺寸 240mm×240mm，混凝土强度等级 C20。本房屋环境类别为 1 类，设计使用年限 50 年，施工质量控制等级 B 级。墙体轴向压力设计值 $N=680$kN，其平面外方向的截面受压区高度 $x=120$mm。试按对称配筋选择构造柱截面钢筋。

【**解**】

#### 1. 验算高厚比

$$\beta = \frac{H_0}{h} = \frac{3.2}{0.24} = 13.3$$

本墙体无门窗洞口，由表 4-3，$[\beta] = 1.2 \times 26 = 31.2 > 28$，取 $[\beta] = 28$。由公式 (4-4)、公式 (4-5)：

$$\mu_c[\beta] = \left(1 + \gamma\frac{b_c}{l}\right)[\beta] = \left(1 + 1.5 \times \frac{0.24}{2.1}\right) \times 28 = 32.8 > 13.3, \text{符合要求。}$$

#### 2. 材料强度

由表 (2-4)，$f = 1.69$MPa。

C20，$f_c = 9.6$MPa。

选用 HPB300 级钢筋，$f_y = 270$MPa。

#### 3. 判别大、小偏心受压

因对称配筋，且取 $a_s = a'_s = 35$mm，由公式 (6-12)、公式 (6-9)：

$$\xi = \frac{x}{h_0} = \frac{120}{240-35} = 0.585 > \xi_b = 0.47, \text{为小偏心受压。}$$

$$\sigma_s = 650 - 800\xi = 650 - 800 \times 0.585 = 182\text{MPa} < 270\text{MPa}$$

#### 4. 选择构造柱钢筋

本题属平面外偏心受压，需借助公式 (6-13)、公式 (6-14) 进行计算，但其截面宽度为构造柱间距。

由公式 (6-13)：

$$A_s = A'_s = \frac{N - fA' - f_cA_c}{\eta f'_y - \sigma_s}$$

$$= \frac{680 \times 10^3 - 1.69 \times (2100 - 240) \times 120 - 9.6 \times 120 \times 240}{1.0 \times 270 - 182}$$

$$= \frac{680 \times 10^3 - 377208 - 276480}{88}$$

$$= 299 \text{mm}^2$$

选用 $2\Phi14$（$A_s = A_s' = 308 \text{mm}^2$）

每侧配筋率 $\rho = \frac{308}{240 \times 240} = 0.53\% > 0.1\%$，符合要求。

**【例题 6-6】** 某高层房屋采用配筋混凝土砌块砌体剪力墙承重，其中一墙肢墙高 4.4m，截面尺寸为 190mm×5500mm，采用混凝土砌块 MU20（孔洞率 45%）、专用砂浆 Mb15 砌筑和 Cb30 混凝土灌孔，配筋如图 6-22 所示。本房屋的环境类别为 1 类，设计使用年限 50 年，施工质量控制等级为 A 级。墙肢承受的内力 $N = 1935.0 \text{kN}$，$M = 1770.0 \text{kN} \cdot \text{m}$，$V = 400.0 \text{kN}$。试验算该墙肢的承载力。

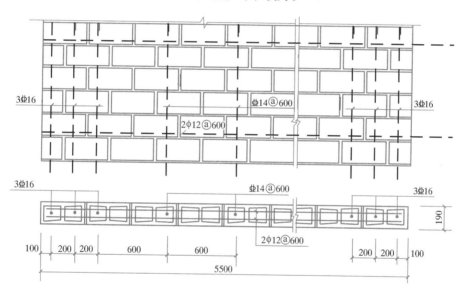

图 6-22 墙肢配筋图

**【解】** 剪力墙采用的砌体材料、混凝土、钢筋及配筋构造，符合环境类别 1 的要求。

1. 强度指标

为了确保高层配筋砌块砌体剪力墙的可靠度，该剪力墙的施工质量控制等级选为 A 级，但计算中仍采用施工质量控制等级为 B 级的强度指标。

查表 2-7，$f = 5.68 \text{MPa}$。

Cb30 混凝土，$f_c = 14.3 \text{N/mm}^2$。

竖向钢筋采用 HRB400 级钢筋，$f_y = f_y' = 360 \text{N/mm}^2$；水平钢筋采用 HPB300 级钢筋，$f_y = 270 \text{N/mm}^2$。

竖向分布钢筋间距为 600mm，并取灌孔率 $\rho = 33\%$，由公式（2-16），$\alpha = \delta\rho = 0.45 \times 0.33 = 0.15$。

由公式（2-15）：

$$f_g = f + 0.6\alpha f_c = 5.68 + 0.6 \times 0.15 \times 14.3 = 6.97\text{MPa} < 2f$$

由图 6-22，剪力墙端部设置 3$\Phi$16 竖向受力主筋，配筋率为 0.53%；竖向分布钢筋 $\Phi$14@600，配筋率为 0.135%；水平分布钢筋 2$\Phi$12@600，配筋率 0.2%。所选用钢筋均满足构造要求。

2. 偏心受压正截面承载力验算

轴向力的初始偏心距：

$$e = \frac{M}{N} = \frac{1770 \times 10^3}{1935} = 914.7\text{mm}$$

$\beta = \dfrac{H_0}{h} = \dfrac{4.4}{5.5} = 0.8$，由公式（6-8）：

$$e_a = \frac{\beta^2 h}{2200}(1 - 0.022\beta)$$

$$= \frac{0.8^2 \times 5500}{2200} \times (1 - 0.022 \times 0.8) = 1.57\text{mm}$$

由公式（6-16）：

$$e_N = e + e_a + \left(\frac{h}{2} - a_s\right)$$

$$= 914.7 + 1.57 + \left(\frac{5500}{2} - 300\right) = 3366.3\text{mm}$$

$$\rho_w = \frac{153.9}{190 \times 600} = 0.135\%$$

$$h_0 = h - a'_s = 5500 - 300 = 5200\text{mm}$$

因采用对称配筋，由公式（6-26）：

$$x = \frac{N + f_{yw}\rho_w b h_0}{(f_g + 1.5 f_{yw}\rho_w)b}$$

$$= \frac{1935 \times 10^3 + 360 \times 0.00135 \times 190 \times 5200}{(6.97 + 1.5 \times 360 \times 0.00135) \times 190}$$

$$= \frac{2415168}{1462.8} = 1651\text{mm} \begin{array}{l} > 2a'_s = 2 \times 300 = 600\text{mm} \\ < \xi_b h_0 = 0.50 \times 5200 = 2600\text{mm} \end{array}$$

为大偏心受压，应按公式（6-25）进行验算。

其中，$Ne_N = 1935 \times 3366.3 \times 10^{-3} = 6513.8\text{kN} \cdot \text{m}$

$$\sum f_{yi}S_{si} = 0.5 f_{yw}\rho_w b(h_0 - 1.5x)^2$$

$$= [0.5 \times 360 \times 0.00135 \times 190 \times (5200 - 1.5 \times 1651)^2] \times 10^{-6}$$

$$= 342.5\text{kN} \cdot \text{m}$$

按公式（6-25），$f_g bx \left(h_0 - \dfrac{x}{2}\right) + f'_y A'_s (h_0 - a'_s) - \sum f_{yi}S_{si}$

$$= \left[6.97 \times 190 \times 1651 \times \left(5200 - \frac{1651}{2}\right) + 300 \times 603 \times (5200 - 300)\right] \times 10^{-6}$$

$$- 342.5$$

$$= 10285.7\text{kN} \cdot \text{m} > 6513.8\text{kN} \cdot \text{m}，满足要求。$$

## 3. 平面外轴心受压承载力验算

$\beta = \dfrac{H_0}{h} = \dfrac{4400}{190} = 23.16$，由公式（6-21）：

$$\varphi_{0g} = \frac{1}{1+0.001\beta^2} = \frac{1}{1+0.001\times 23.16^2} = 0.65$$

按公式（6-20）：

$$\varphi_{0g}(f_g A + 0.8 f'_y A'_s) = 0.65\times [6.97\times 190\times 5500 + 0.8$$
$$\times 360\times(6\times 201.1 + 0.00135\times 190\times 4500)]\times 10^{-3}$$
$$= 5176.3\text{kN} > 1935\text{kN}，满足要求。$$

## 4. 偏心受压斜截面受剪承载力验算

按公式（6-34）：

$$0.25 f_g b h_0 = 0.25\times 6.97\times 190\times(5500-300)\times 10^{-3} = 1721.6\text{kN} > 400\text{kN}$$

该墙肢截面符合要求。

由公式（6-36）：

$$\lambda = \frac{M}{V h_0} = \frac{1770\times 10^3}{400\times 5200} = 0.85 < 1.5，取 \lambda = 1.5$$

$0.25 f_g b h = 1820.9\text{kN} < 1935.0\text{kN}，取 N = 1820.9\text{kN}。$

由公式（2-17）：

$$f_{vg} = 0.2 f_g^{0.55} = 0.2\times 6.97^{0.55} = 0.58\text{MPa}$$

按公式（6-35）：

$$\frac{1}{\lambda-0.5}\left(0.6 f_{vg} b h_0 + 0.12 N\frac{A_w}{A}\right) + 0.9 f_{yh}\frac{A_{sh}}{s} h_0$$

$$= \left[0.6\times 0.58\times 190\times 5200 + 0.12\times 1820.9\times 10^3 + 0.9\times 270\frac{2\times 113.1}{600}\times 5200\right]$$
$$\times 10^{-3}$$

$$= 343.8 + 218.5 + 476.4 = 1038.7\text{kN} > 400.0\text{kN}$$

满足要求。

## 思 考 题 与 习 题
## Questions and Exercises

6-1 网状配筋砖砌体的抗压强度较无筋砖砌体抗压强度高的原因何在？

6-2 在砖墙、砖柱中，哪种情况下不宜采用网状配筋砌体？

6-3 某柱截面尺寸为 490mm×620mm，计算高度 4.5m；采用烧结普通砖 MU10 和水泥混合砂浆 M5，施工质量控制等级为 B 级；承受轴心压力 650kN。试设计网状钢筋。

6-4 试比较砖砌体和钢筋混凝土面层的组合砖砌体偏心受压构件与钢筋混凝土偏心受压构件计算中，在附加偏心距的取值上有何异同点？

6-5 某混凝土面层组合砖柱，计算高度 6m，采用烧结普通砖 MU10、水泥混合砂浆 M5 和 C20 面层混凝土，其截面尺寸如图 6-21（a）所示，但每侧已配置 4Φ20 钢筋，施工质量控制等级为 B 级。试验算该柱在轴向力为 450kN，沿截面长边方向的初始偏心距为 520mm 时的受压承载力。

6-6 试述砖砌体和钢筋混凝土构造柱组合墙中构造柱的主要作用。

6-7 你认为在设计上运用式（6-18）时应注意哪些问题？

6-8 某房屋横墙，墙厚240mm，计算高度4.5m；采用烧结页岩普通砖MU10和水泥混合砂浆M5，墙内设置间距为2.0m的钢筋混凝土构造柱，其截面为240mm×240mm、C20混凝土、配4Φ12钢筋；本房屋的环境类别为1类，设计使用年限50年，施工质量控制等级为B级。试计算该组合墙的轴心受压承载力。

6-9 试比较配筋混凝土砌块砌体构件的轴心受压承载力与平面外偏心受压承载力的计算方法的异同点。

6-10 计算配筋混凝土砌块砌体剪力墙正截面偏心受压承载力时，采用了哪些基本假定？

6-11 试比较配筋混凝土砌块砌体剪力墙与钢筋混凝土剪力墙在偏心受压时斜截面受剪承载力计算公式的异同点。

6-12 配筋混凝土砌块砌体剪力墙斜截面破坏形态有哪几种，设计上如何防止？

6-13 按照例题6-6的条件，当墙体采用全灌孔，试验算该墙肢的正截面、斜截面承载力，并对计算结果进行比较。

6-14 某高层房屋中的配筋混凝土砌块砌体剪力墙，墙高2.8m，截面尺寸为190mm×3800mm；采用混凝土空心砌块（孔洞率46%）MU20、专用砂浆Mb15砌筑和Cb40混凝土全灌孔，已配置2Φ10@200的水平钢筋；本房屋环境类别为1类，设计使用年限50年，施工质量控制等级为A级。截面内力 $N$ =4250kN、$M$=2000kN·m、$V$=800kN。试核算该剪力墙斜截面受剪承载力。

6-15 试述配筋混凝土砌块砌体剪力墙中竖向钢筋的锚固方法及其对锚固长度的要求。

6-16 试述配筋混凝土砌块砌体剪力墙中水平钢筋的锚固方法及其对锚固长度的要求。

# 第7章 砌体结构房屋抗震
## Seismic Design of Masonry Buildings

**学习提要** 本章扼要分析不同类型砌体结构房屋在地震作用下的破坏形态与产生原因，重点论述多层砌体结构房屋抗震设计的基本规定、抗震计算方法和主要抗震构造措施，以及配筋砌块砌体剪力墙房屋抗震设计的要点。应熟悉砌体结构的抗震性能，掌握砌体结构房屋的抗震验算与重要构造措施。

## 7.1 地震作用下砌体结构房屋的震害
### Earthquake Damage of Masonry Buildings

抗震工程中常用的砌体结构房屋类型有多层砌体结构房屋、底部框架-抗震墙砌体房屋和配筋砌块砌体剪力墙房屋。

### 7.1.1 多层砌体结构房屋受震破坏
#### Earthquake Damage of Multi-story Masonry Buildings

多层砌体房屋所用材料属脆性材料，抗拉、抗剪强度低，抗震性能较差，在不大的地震作用下就会出现裂缝。地震烈度很高时，墙（柱）上的裂缝不仅多且宽，破裂后的砌体还会出现平面内和平面外的错动、倾斜，甚至倒塌。

1. 墙体的破坏

砌体结构墙体在地震作用下可以产生不同形式的裂缝，如水平裂缝（图 7-1）、斜裂缝、"X"形裂缝（图 7-2）。受损严重的墙体则出现歪斜以至倒塌（图 7-3）。

图 7-1 水平裂缝

图 7-2 "X"形裂缝

当墙体在受到与之方向垂直的水平地震剪力作用、发生平面外受弯受剪时，会产生水平裂缝。水平裂缝常见于纵墙窗间墙上下截面处及楼（屋）盖水平位置处。前者是由于该处墙肢较窄，在地震作用下墙体受弯、受剪的缘故。后者大多是由于楼（屋）盖与墙体锚固较差，在地震作用下不能整体运动，而相互错位造成。

与水平地震作用方向相平行的墙体受到平面内地震剪力的作用，在地震剪力以及竖向荷载共同作用下，当该墙体内的主拉应力超过砌体强度时，墙体就会产生斜裂缝。由于地震的反复作用，斜裂缝常变为"X"形裂缝，这种裂缝一般是底层比上层严重。在横向，房屋两端的山墙最容易出现"X"形裂缝，这是因为山墙的刚度大而其压应力又比一般的横墙小的缘故。

2. 墙角的破坏

墙角的开裂乃至局部的倒塌是常见的（图7-4）。由于墙角位于房屋端部，受房屋整体约束较弱，同时地震作用产生的扭转效应在墙角处也较大，这就使得墙角处受力会比较复杂，容易产生应力集中，纵横墙的裂缝往往又在此相遇，因而使其成为抗震的薄弱部位之一。墙角的破坏形态多种多样，有受剪斜裂缝、受压竖向裂缝、块材被压碎或墙角脱落等。这种情况在房屋端部设有空旷房间，或在房屋转角处设置楼梯间时更为显著。

图7-3　房屋倒塌　　　　　　　　　　　　　　　图7-4　墙角的破坏

3. 楼梯间的破坏

楼梯间两侧承重横墙在震后出现的斜裂缝常比一般横墙严重。这是由于楼梯间一般开间小，水平方向的刚度相对较大，承担的地震作用较多；楼梯间墙体和楼（屋）盖联系比一般墙体差，特别是楼梯间顶层休息平台以上的外纵墙，由于净高比较高，墙体沿高度方向缺乏有力的支撑，平面外的稳定性差，其破坏程度较一般纵墙严重。另外，由于构件连接薄弱，易产生楼梯间预制踏步板在接头处拉开以及现浇楼梯踏步板与平台梁相接处拉断的现象。

4. 纵横墙连接处破坏

纵横墙连接处由于受到两个方向的地震作用，受力比较复杂，容易产生应力集中。当纵横墙交接处连接不好时，外纵墙与横墙之间拉裂，内外墙交接面会产生竖向裂缝，外墙易外倾失稳而倒塌，部分连带楼板等构件一起倒塌（图7-5）。

5. 平立面突出部位的破坏

突出屋面的小楼（楼梯间、电梯间、水箱间、屋顶凉亭、塔楼）、女儿墙等平面突出部位在地震作用下震害较重，震害表现为水平裂缝、斜裂缝等多种形态，甚至出现局部倒塌现象。立面局部突出房屋的破坏比平面局部突出的房屋更为严重。这是由于建筑物的刚度、质量发生突变，因而加大了地震的动力效应而造成的（图7-6）。

图7-5　纵横墙连接破坏　　　　　　　　图7-6　平面突出部位的破坏

6. 其他部位的破坏

其他部位常见的破坏有由于楼（屋）盖缺乏足够的拉结或在施工中楼板搁置长度过小，出现楼板坠落的现象；由于伸缩缝过窄，不能起防震缝的作用，地震时缝两侧墙体发生碰撞而造成破坏；结构的损坏集中在平面某一区域，严重的发生局部坍塌。此外，多层砌体结构房屋的附属物和装饰物，主要是整体稳定性不好的附属物，如附墙烟囱、通风竖井、女儿墙、挑檐等，都是地震时最容易破坏的部位。

施工质量亦直接影响房屋的抗震能力。震害调查表明，砂浆强度、灰缝饱满程度、纵横墙体间及其他构件间的连接质量，都明显影响房屋的抗震能力。

### 7.1.2　底部框架-抗震墙砌体结构房屋的震害
**Seismic Damage of Podium Masonry Buildings**

底部框架-抗震墙砌体结构房屋是指底部一层或两层采用空间较大的框架-抗震墙结构，上部为砌体结构的房屋。该类房屋多见于沿街的旅馆、住宅、办公楼，底层为商店、餐厅、邮局等大空间房屋，而上部为小开间的多层砌体结构。这类建筑是解决底层需要大空间的一种比较经济的结构形式。

总体上，底部框架-抗震墙砌体结构房屋较上述多层砌体房屋的抗震性能差，地震震害较为普遍、严重。

1. 底层框架破坏

当房屋层间侧移刚度比较大时，在地震作用下，底层的墙体率先开裂，导致其抗侧移刚度迅速降低。砖墙开裂后，其内力产生重分布，框架所承担的地震作用内力迅速增加，急剧变形，底层成为房屋的薄弱层，底层的层间位移远远大于上部各层的层间位移，房屋在底层破损严重，有的濒于倒塌（图7-7a）。

2. 上部砖房破坏

当房屋层间侧移刚度比比较小时，在地震作用下，无论是在弹性阶段还是弹塑性阶段，底层的位移反应不是最大，而上面的砌体结构层成为薄弱层，使得这种情况下的底层框架房屋的底层破坏较轻，而上层破坏较严重，有的甚至导致了上部的整体倒塌（图7-7b）。

(a)

(b)

图 7-7　底框房屋的破坏
（a）底部结构的破坏；（b）上部结构的破坏

## 7.2　结构体系与布置
### System and Layout of Structures

根据"小震不坏、中震可修、大震不倒"的抗震设防三水准目标，在进行砌体结构房屋的抗震设计时，除了对建筑物的承载力进行核算外，还应对房屋的体型、平面布置、结构形式等进行合理地选择，重视抗震概念设计，提高结构的鲁棒性。

我国历次地震经验表明，按《建筑抗震设计标准（2024 年版）》GB/T 50011—2010 设计的砌体结构房屋，不但破坏较轻，且基本上不倒塌。

### 7.2.1 多层砌体房屋、底部框架-抗震墙砌体结构房屋
#### Multi-story Masonry Buildings and Podium Masonry Buildings

1. 房屋层数和高度

历次震害调查表明，随着砌体结构房屋高度和层数的增加，房屋的破坏程度加重，倒塌率增加。因此应合理限制其层数和高度（表 7-1）。

房屋的层数和总高度限值（m）　　　　　表 7-1

| 房屋类别 | | 最小墙厚度 (mm) | 设防烈度和设计基本地震加速度 | | | | | | | | | | |
| --- | --- | --- | --- | --- | --- | --- | --- | --- | --- | --- | --- | --- | --- |
| | | | 6 | | 7 | | | | 8 | | | | 9 | |
| | | | 0.05g | | 0.10g | | 0.15g | | 0.20g | | 0.30g | | 0.40g | |
| | | | 高度 | 层数 | 高度 | 层数 | 高度 | 层数 | 高度 | 层数 | 高度 | 层数 | 高度 | 层数 |
| 多层砌体房屋 | 普通砖 | 240 | 21 | 7 | 21 | 7 | 21 | 7 | 18 | 6 | 15 | 5 | 12 | 4 |
| | 多孔砖 | 240 | 21 | 7 | 21 | 7 | 18 | 6 | 18 | 6 | 15 | 5 | 9 | 3 |
| | | 190 | 21 | 7 | 18 | 6 | 15 | 5 | 15 | 5 | 12 | 4 | — | — |
| | 混凝土砌块 | 190 | 21 | 7 | 21 | 7 | 18 | 6 | 18 | 6 | 15 | 5 | 9 | 3 |
| 底部框架-抗震墙砌体房屋 | 普通砖、多孔砖 | 240 | 22 | 7 | 22 | 7 | 19 | 6 | 16 | 5 | — | — | — | — |
| | 多孔砖 | 190 | 22 | 7 | 19 | 6 | 16 | 5 | 13 | 4 | — | — | — | — |
| | 混凝土砌块 | 190 | 22 | 7 | 22 | 7 | 19 | 6 | — | — | — | — | — | — |

注：1. 房屋的总高度指室外地面到主要屋面板顶或檐口的高度，半地下室可从地下室室内地面算起，全地下室和嵌固条件好的半地下室应允许从室外地面算起；对带阁楼的坡屋面应算到山尖墙的 1/2 高度处；
　　2. 室内外高差大于 0.6m 时，房屋总高度应允许比表中的数据适当增加，但增加量不应大于 1m；
　　3. 乙类的多层砌体房屋仍按本地区设防烈度查表，其层数应减少一层且总高度应降低 3m；不应采用底部框架-抗震墙砌体房屋。

（1）对医院、教学楼等横墙较少（横墙较少指同一层内开间大于 4.2m 的房间占该层总面积的 40％以上）的多层砌体房屋总高度，应比表 7-1 的规定低 3m，层数相应减少一层；各层横墙很少（开间不大于 4.2m 的房屋总面积不到 20％且开间大于 4.8m 的房间占该层总面积的 50％以上为横墙很少）的多层砌体结构房屋，还应再减少一层。

（2）多层砌体结构房屋的层高，一般情况下不应超过 3.6m。

（3）当抗震设防烈度为 6、7 度时，横墙较少的丙类多层砌体房屋，当按《建筑抗震设计标准（2024 年版）》GB/T 50011—2010 规定采取加强措施并满足抗震承载力要求时，其高度和层数应允许仍按表中的规定采用。

（4）采用蒸压灰砂普通砖和蒸压粉煤灰普通砖的砌体房屋，当砌体的抗剪强度仅达到普通黏土砖砌体的 70％时，房屋的层数应比普通砖房屋减少一层，总高度应减少 3m；当砌体的抗剪强度达到普通黏土砖砌体的取值时，房屋层数和总高度的要求与普通砖房屋的相同。

2. 房屋高宽比

震害调查表明，高宽比较大的房屋发生整体弯曲破坏。这是由于整体弯曲在墙体中产生附加应力，房屋高宽比（总高度与总宽度之比）增大，其附加应力也增大，房屋的破坏将加重。对多层砌体结构房屋，《建筑抗震设计标准（2024年版）》GB/T 50011—2010 不要求进行整体弯曲的验算，因而为了保证房屋的整体稳定性，对房屋总高度与总宽度的最大比值提出了要求（表7-2）。

房屋最大高宽比      表7-2

| 设防烈度 | 6 | 7 | 8 | 9 |
|---|---|---|---|---|
| 最大高宽比 | 2.5 | 2.5 | 2.0 | 1.5 |

注：1. 单面走廊房屋的总高度不包括走廊宽度；

    2. 建筑平面接近正方形时，其高宽比宜适当减小。

3. 房屋结构体系与构件布置

选择合理的抗震结构体系是抗震设计应考虑的关键问题，对提高砌体结构房屋整体抗震能力尤其重要。

（1）优先选用横墙承重或纵横墙共同承重的结构体系。

地震震害表明，由于横墙开洞少，又有纵墙作为侧向支承，所以横墙或纵横墙承重的多层砌体结构具有较好的传递地震作用的能力。

（2）房屋的平立面布置，尽可能简单、规则。震害表明，房屋为简单的长方体的各部位受力比较均匀，薄弱环节少，震害程度轻。

（3）按要求设置防震缝。

按规定设置防震缝，可使结构形成若干个较规则的抗侧力单元，并防止在地震时结构碰撞，是减轻地震对房屋破坏的有效措施之一。

（4）合理布置楼梯间及大房间的位置。

楼梯间及大房间外纵墙缺少一定的支撑，易产生平面外弯曲，从而丧失稳定，而且也容易造成房屋端部的抗侧力墙体减弱，房屋的抗扭刚度偏低。因而，楼梯间不宜设在房屋的尽端或平面转角处，亦不宜沿外纵墙设置梯身。

4. 控制抗震横墙的间距

房屋的空间刚度主要取决于由楼盖、屋盖和墙体所组成的盒式结构的空间作用，它对房屋的抗震性能影响很大。抗震横墙的间距直接影响水平地震作用的传递。

因此，多层砌体房屋中，抗震横墙最大间距必须根据楼盖的水平刚度给予限制，应符合表7-3的要求。

房屋抗震横墙最大间距（m）      表7-3

| 房屋楼盖类别 | | 设防烈度 | | | |
|---|---|---|---|---|---|
| | | 6 | 7 | 8 | 9 |
| 多层砌体房屋 | 现浇或装配整体式钢筋混凝土楼、屋盖 | 15 | 15 | 11 | 7 |
| | 装配式钢筋混凝土楼、屋盖 | 11 | 11 | 9 | 4 |
| | 木屋盖 | 9 | 9 | 4 | — |

| 房屋楼盖类别 | | 设防烈度 | | | |
|---|---|---|---|---|---|
| | | 6 | 7 | 8 | 9 |
| 底部框架-抗震墙砌体房屋 | 上部各层 | 同多层砌体房屋 | | | — |
| | 底层及底部两层 | 18 | 15 | 11 | |

注：1. 多层砌体房屋的顶层，除木屋盖外的最大横墙间距应允许适当放宽，但应采取相应的加强措施；

2. 多孔砖抗震横墙厚度为190mm时，最大横墙间距应比表中数值减少3m。

5. 底部框支配筋砌块砌体抗震墙房屋的结构布置

底部框支配筋砌块砌体抗震墙房屋的结构布置应符合下列规定：

（1）上部的配筋砌块砌体抗震墙与框支层落地抗震墙或框架应对齐或基本对齐；

（2）框支层应沿纵横两方向设置一定数量的抗震墙，并均匀布置或基本均匀布置；框支层抗震墙可采用配筋砌块砌体抗震墙或混凝土抗震墙，但在同一层内不应混用；

（3）矩形平面的部分框支配筋砌块砌体抗震墙房屋结构的楼层侧向刚度比和底层框架部分承担的地震倾覆力矩，应符合《建筑抗震设计标准（2024年版）》GB/T 50011—2010的有关要求。

### 7.2.2 配筋混凝土砌块砌体抗震墙结构
**Reinforced Concrete Masonry Shear Wall Structure**

除应符合上述普通砌体结构房屋抗震设计的基本规定外，配筋混凝土砌块砌体抗震墙房屋的抗震设计尚应注意以下几个方面。

1. 房屋的层数、总高度及高宽比

根据试验研究与理论分析，配筋混凝土砌块砌体抗震墙与混凝土抗震墙的受力特性相似。因而其房屋运用的最大高度和最大高宽比有所提高（表7-4、表7-5）。

配筋混凝土砌块砌体抗震墙和部分框支抗震墙房屋适用的最大高度（m）　表7-4

| 结构类型 最小墙厚 (mm) | | 设防烈度和设计基本地震加速度 | | | | | |
|---|---|---|---|---|---|---|---|
| | | 6度 | 7度 | | 8度 | | 9度 |
| | | 0.05g | 0.10g | 0.15g | 0.20g | 0.30g | 0.40g |
| 配筋混凝土砌块砌体抗震墙 | 190 | 60 | 55 | 45 | 40 | 30 | 24 |
| 部分框支抗震墙 | | 55 | 49 | 40 | 31 | 24 | — |

注：1. 房屋高度指室外地面到主要屋面板板顶的高度（不包括局部突出屋顶部分）；

2. 某层或几层开间大于6.0m以上的房间建筑面积占相应层建筑面积40%以上时，表中数据相应减少6m；

3. 部分框支抗震墙结构指首层或底部两层为框支层的结构，不包括仅个别框支墙的情况；

4. 房屋高度超过表内高度时，应根据专门研究，采取有效的加强措施。

配筋混凝土砌块砌体抗震墙房屋适用的最大高宽比　表7-5

| 设防烈度 | 6度 | 7度 | 8度 | 9度 |
|---|---|---|---|---|
| 最大高宽比 | 4.5 | 4.0 | 3.0 | 2.0 |

注：房屋的平面布置和竖向布置不规则时应适当减小最大高宽比。

2. 抗震等级

配筋混凝土砌块砌体结构的抗震等级是考虑了结构构件的受力性能和变形性能，同时参照了钢筋混凝土房屋的抗震设计要求而确定的，主要是根据抗震设防分类、设防烈度和房屋高度等因素划分配筋混凝土砌块砌体结构的不同抗震等级（表7-6）。考虑到底部为部分框支抗震墙的配筋混凝土砌块抗震墙房屋的抗震性能相对不利并影响安全，规定8度时房屋总高度大于24m及9度时不应采用此类结构形式。

3. 抗震横墙的间距

配筋混凝土砌块砌体抗震墙结构主要用于多层和小高层住宅房屋，其横向抗侧力构件就是抗震横墙，采用现浇混凝土楼屋盖时，抗震横墙的最大间距应符合表7-7的要求。

配筋混凝土砌块砌体结构的抗震等级 　　　　表7-6

| 结　构　类　型 | | 设 防 烈 度 | | | | | | |
|---|---|---|---|---|---|---|---|---|
| | | 6 | | 7 | | 8 | | 9 |
| 配筋混凝土砌块砌体抗震墙 | 高度（m） | ≤24 | >24 | ≤24 | >24 | ≤24 | >24 | ≤24 |
| | 抗震墙 | 四 | 三 | 三 | 二 | 二 | 一 | 一 |
| 部分框支抗震墙 | 非底部加强部位抗震墙 | 四 | 三 | 三 | 二 | 二 | 不应采用 | |
| | 底部加强部位抗震墙 | 三 | 二 | 二 | 一 | 一 | | |
| | 框支框架 | 二 | | 二 | | 一 | | |

注：1. 对于四级抗震等级，除有规定外，均按非抗震设计采用；

　　2. 接近或等于高度分界时，可结合房屋不规则程度及场地、地基条件确定抗震等级。

配筋混凝土砌块砌体抗震横墙的最大间距 　　　　表7-7

| 设防烈度 | 6度 | 7度 | 8度 | 9度 |
|---|---|---|---|---|
| 最大间距（m） | 15 | 15 | 11 | 7 |

### 7.2.3 鲁棒性和可恢复性
#### Robustness and Recoverability

除了满足上述有关抗震设计的规定以外，砌体结构房屋往往还需要通过其他措施以提高其鲁棒性，鲁棒性是衡量结构抵抗震害能力的一个重要指标。

鲁棒一词音译自Robust，也就是强健、强壮的意思。鲁棒性原为统计学中的一个专门术语，20世纪70年代初开始在控制理论的研究中流行起来，用来表征控制系统对特征或参数扰动的不敏感性。

在结构工程领域，结构的鲁棒性是以避免结构垮塌为目标的结构整体安全性，也即在偶然荷载作用下，结构不应产生与其原因不相称的垮塌，造成不可接受的重大人员伤亡和财产损失。现有的结构设计规范对于结构安全性的计算，往往都是基于具体的结构构件，这使得设计人员经常忽视对结构整体安全性的考虑，从而导致结构的鲁棒性不够。地震发生时，鲁棒性不够的结构容易在局部构件破坏的情况下发生连续倒塌。

目前尚缺少公认的鲁棒性量化指标，因此，常见的做法是从概念设计的角度提高结构的鲁棒性：

（1）明确结构体系中不同构件的分类及其作用。根据构件破坏后对结构整体影响的严重程度不同，可以将构件分为关键构件、次要构件、一般构件以及赘余构件，对不同的构件可采用不同的抗震构造措施。对于砌体结构而言，关键构件可以是主要的竖向承重构件，例如横墙承重方案房屋中的横墙，也可以是多层砌体结构房屋底部加强区内的构件。

（2）增加结构的传力路径，提高结构的冗余度。多道传力路径意味着当某一构件发生破坏导致一道传力路径失效时，荷载可通过其他路径正常传导，从而避免结构发生倒塌。我们可以通过增加承重墙的数量来增加砌体结构房屋的竖向传力路径，进而提高其鲁棒性。

（3）加强构件的连接节点。地震发生时，构件连接节点处的受力往往十分复杂，这就导致连接节点容易在构件未发生破坏的情况下提前失效，进而导致结构整体安全性受到影响。因此，对于砌体结构房屋，往往要求其在纵横墙交界处设置构造柱或芯柱，以提高结构的整体性，同时规范对钢筋混凝土楼、屋面板与墙、梁的连接节点构造有着严格的规定。

除了鲁棒性，抗震可恢复性也是衡量结构抵抗震害能力的又一重要指标。我国现阶段的抗震思想是"小震不坏，中震可修，大震不倒"，其要求结构在遭遇设防烈度的地震后主体结构不应有大的破坏并可以修复，在遭遇罕遇地震后允许结构有大的破坏，但不能发生倒塌阻碍人员逃生通道乃至造成人员伤亡。随着高性能材料、结构构件、结构体系的开发和应用，以及相关规范对于结构可靠度要求的进一步提升，近些年来地震中建筑倒塌和人员伤亡的数量已经得到了有效控制，但是地震所造成的经济损失和社会影响仍然十分巨大，其中很大一部分的原因是由于地震时建筑受损严重，震后难以恢复，或是修复时间过长，建筑功能中断，影响正常的生产和生活，特别是对于砌体结构房屋而言，其采用的多为脆性材料，在较低的地震烈度下就会出现裂缝，地震烈度很高时，裂缝不仅多且宽，震后修复难度大。

因此，震后受损的结构能否快速、经济地恢复其安全性和功能性，也即结构抗震可恢复性，对于灾后生产生活、经济发展的恢复有着重要意义。基于此，有学者提出了可恢复功能结构的概念，即地震后不需要修复或者稍加修复即可恢复其使用功能的结构。可恢复功能结构从结构形式上有多种实现方式，例如，通过可更换的结构构件震后迅速恢复结构的功能；通过自复位结构自动恢复到结构的正常状态；通过摇摆墙或摇摆框架减少结构的破坏等。目前学界对于可恢复功能结构的研究主要集中在混凝土结构和钢结构，对于可恢复功能砌体结构的研究有待进一步深入。

## 7.3 砌体结构房屋抗震计算
### Seismic Calculation of Masonry Buildings

### 7.3.1 多层砌体结构房屋的计算简图与地震作用的简化计算
**Simplified Calculation Model and Seismic Simplified Calculation of Multi-story Masonry Buildings**

地震时，地震波可能来自于任一方向。为了方便计算，可以将地面的水平运动沿房屋的两个主轴方向进行分解。进行墙体的抗震验算时，房屋的水平地震作用的方向应分别考虑房屋的两个主轴方向，即沿横墙方向和沿纵墙方向。

### 1. 计算简图

多层砌体房屋的纵横墙互相联系，在水平地震作用时，可将与地震作用相平行的各道墙叠合在一起，形成一个类似于成束筒的体系。这类房屋的刚度大、周期短，在水平地震作用下，其变形一般由第一振型控制。假定多层砌体房屋各层的重力荷载集中在各层楼、屋盖处，墙体则按上下层各一半的重力集中于该层的上、下楼（屋）盖处，这样可以采用如图 7-8 所示的计算简图。其中，底部固定端的位置确定，当基础埋深较小时，取基础顶面；当基础埋深较大时，取室外地坪下 0.5m 处；当房屋设有整体刚度很大的全地下室时，取地下室顶板处；当地下室整体刚度较小或为半地下室时，取地下室室内地坪处。集中在 $i$ 层楼盖处的质点荷载 $G_i$ 称为重力荷载代表值，包括 $i$ 层楼盖自重、作用在该层楼面上的可变荷载和以该层为中心上下各半层的墙体自重之和。

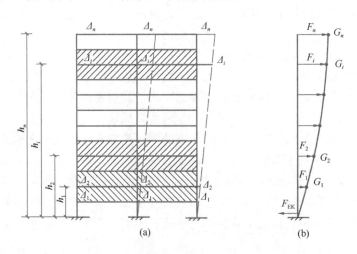

图 7-8　多层砌体结构房屋抗震计算简图

### 2. 水平地震作用和楼层地震剪力

水平地震作用主要采用底部剪力法或振型分解反应谱法。多层砌体房屋、底部框架-抗震墙砌体房屋的抗震计算，可采用底部剪力法。所谓底部剪力法，它是根据建筑物所在地区的设防烈度、场地土类别、建筑物的基本周期和建筑物距震中的远近，在确定地震影响系数 $\alpha$ 后，先计算在结构底部截面的水平地震作用，即求得在整个房屋的总水平地震作用后，按照竖向分布规律，将总地震作用沿建筑物高度方向分配到各个楼层处，得出分别作用于建筑物各楼盖处的水平地震作用。这种方法适合手算或电算。

结构总水平地震作用标准值 $F_{Ek}$ 应按下式确定：

$$F_{EK} = \alpha_1 G_{eq} \tag{7-1}$$

式中　$F_{EK}$——结构总水平地震作用标准值；

$\qquad \alpha_1$——相当于结构基本自振周期的水平地震影响系数，多层砌体房屋可取水平地震影响系数最大值 $\alpha_{max}$，按表 7-8 考虑多遇地震影响的取值；

$\qquad G_{eq}$——结构等效总重力荷载，单质点应取总重力荷载代表值，多质点可取总重力荷载代表值的 $85\%$。

水平地震影响系数的最大值（阻尼比0.05）　　　　表7-8

| 地震影响 | 设 防 烈 度 | | | |
| --- | --- | --- | --- | --- |
| | 6 | 7 | 8 | 9 |
| 多遇地震 | 0.04 | 0.08（0.12） | 0.16（0.24） | 0.32 |
| 罕遇地震 | 0.28 | 0.50（0.72） | 0.90（1.20） | 1.40 |

注：括号中数值分别用于设计基本地震加速度为0.15g和0.3g的地区。

各楼层的水平地震作用标准值 $F_i$ 为：

$$F_i = \frac{G_i H_i}{\sum\limits_{j=1}^{n} G_j H_j} F_{EK} \quad (i = 1, 2, \cdots\cdots, n) \tag{7-2}$$

式中　$F_i$——第 $i$ 楼层的水平地震作用标准值；

$G_i$、$G_j$——分别为集中于第 $i$、$j$ 楼层的重力荷载代表值；

$H_i$、$H_j$——分别为第 $i$、$j$ 楼层质点的计算高度。

作用于第 $i$ 层的楼层地震剪力标准值 $V_i$ 为第 $i$ 层以上地震作用标准值之和，即：

$$V_i = \sum_{j=1}^{n} F_j \tag{7-3}$$

对于突出建筑物的屋顶面、女儿墙、烟囱等小建筑，由于受"鞭梢效应"的影响，其动力特性与其下部的主体结构相差较大，其水平地震作用按式（7-2）计算值的3倍取值。但此增加部分的地震作用效应不往下传递，即在计算层间剪力时，突出部位的 $F_i$ 值仍按式（7-2）计算。

3. 楼层地震剪力分配

在多层砌体房屋中，楼层地震剪力通过屋盖和楼盖传给各墙体，墙体是主要抗侧力构件。同一楼层中各道墙所承担的地震剪力与楼盖的刚度、各墙的抗侧力刚度及负荷面积有关。工程实践中，常将实际的各种楼盖理想化为三种楼盖情况，即刚性楼盖、柔性楼盖和半刚性楼盖。

（1）墙体抗侧力刚度的计算

如图7-9所示墙体，顶端在单位侧向力作用下产生的侧移 $\delta$，称为该墙体的侧移柔度。如只考虑墙体的剪切变形，其侧移柔度为：

$$\delta_s = \frac{\xi h}{AG} = \frac{\xi h}{btG} \tag{7-4}$$

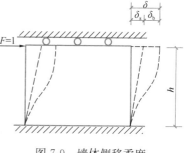

图7-9　墙体侧移柔度

式中　$h$、$b$、$t$——分别为墙体高度、宽度和厚度；

$\xi$——截面剪变形状系数。

$h/b>4$ 时，只考虑墙体的弯曲变形，其侧移柔度为：

$$\delta_b = \frac{h^3}{12EI} = \frac{1}{Et} \left( \frac{h}{b} \right)^3 \tag{7-5}$$

式中　$E$、$G$——分别为砌体弹性模量和剪变模量；

$A$、$I$——分别为墙体水平截面面积和惯性矩。

墙体抗侧力刚度 $K$ 是侧移柔度的倒数。$h/b > 4$ 时，可不考虑该墙体的刚度。

$1 \leqslant h/b \leqslant 4$ 的墙体，应同时考虑剪切变形和弯曲变形，墙体的抗侧力刚度（砌体剪变模量 $G = 0.4E$，矩形截面剪变形状系数 $\xi = 1.2$）为：

$$K = \frac{1}{\delta} = \frac{1}{\delta_s + \delta_b} = \frac{Et}{\dfrac{h}{b}\left[3 + \left(\dfrac{h}{b}\right)^2\right]} \tag{7-6}$$

$h/b < 1$ 时，可只考虑剪切变形，墙体的抗侧力刚度为：

$$K = \frac{1}{\delta_s} = \frac{AG}{\xi h} = \frac{Et}{3\dfrac{h}{b}} \tag{7-7}$$

（2）刚性楼盖

现浇和装配整体式（有叠合层）钢筋混凝土楼、屋盖属于刚性楼盖。此时各抗震横墙所分担的水平地震剪力按同一层各墙体抗侧力刚度的比例分配。设第 $i$ 楼层共有 $m$ 层横墙，则其中第 $j$ 墙所承担的水平地震剪力标准值 $V_{ij}$ 为：

$$V_{ij} = \frac{K_{ij}}{\sum\limits_{k=1}^{m} K_{ik}} V_i \tag{7-8a}$$

式中 $K_{ij}$、$K_{ik}$——分别为第 $i$ 层第 $j$ 道墙体和第 $k$ 道墙体的抗侧力刚度。

当只考虑剪切变形且同一层墙体材料及高度均相同时，将式（7-7）代入式（7-8a）得：

$$V_{ij} = \frac{A_{ij}}{\sum\limits_{k=1}^{m} A_{ik}} V_i \tag{7-8b}$$

式中 $A_{ij}$、$A_{ik}$——分别为第 $i$ 层第 $j$ 道墙体和第 $k$ 道墙体的水平截面面积。

（3）柔性楼盖

对于木楼盖、木屋盖等柔性楼盖，各横墙承担的水平地震剪力可按其从属面积上的重力荷载代表值的比例分配。第 $i$ 楼层第 $j$ 道墙所承担的水平地震剪力标准值 $V_{ij}$ 为：

$$V_{ij} = \frac{G_{ij}}{G_i} V_i \tag{7-9a}$$

式中 $G_{ij}$——第 $i$ 层第 $j$ 道墙体从属面积（可近似取为该墙体与两侧面相邻横墙之间各一半范围内的楼盖面积）上的重力荷载代表值；

$G_i$——第 $i$ 层楼层的重力荷载代表值。

当楼层重力荷载均匀分布时，式（7-9a）可简化为：

$$V_{ij} = \frac{F_{ij}}{F_i} V_i \tag{7-9b}$$

式中 $F_{ij}$、$F_i$——分别为第 $i$ 层第 $j$ 道墙体所分担的重力荷载面积和第 $i$ 层楼层的总面积。

（4）中等刚性楼盖

一般的装配式楼盖、屋盖，其地震剪力的分配可近似采用上述两种楼盖分配方法的平均值，即对有 $m$ 道横墙的第 $i$ 楼层，其中第 $j$ 道墙所承担的水平地震剪力标准值 $V_{ij}$ 为：

$$V_{ij} = \frac{1}{2}\left[\frac{K_{ij}}{\sum\limits_{k=1}^{m}K_{ik}} + \frac{G_{ij}}{G_i}\right]V_i \qquad (7\text{-}10a)$$

当只考虑墙体剪切变形、同一层墙体材料及高度均相同且楼层重力荷载均匀分布时，式（7-10a）可简化为：

$$V_{ij} = \frac{1}{2}\left[\frac{A_{ij}}{\sum\limits_{k=1}^{m}A_{ik}} + \frac{F_{ij}}{F_i}\right]V_i \qquad (7\text{-}10b)$$

（5）纵向水平地震剪力的分配

楼盖沿纵向的尺寸一般比横向大得多，其水平刚度很大，不论何种楼盖均可视为刚性楼盖。纵向水平地震剪力可按同一层各纵墙墙体抗侧力刚度的比例，采用与对刚性楼盖横向水平地震剪力分配相同的方法进行分配，即按式（7-8a）或式（7-8b）进行。

### 7.3.2 墙体抗震承载力验算

**Seismic Checking of Shear Walls**

确定各道墙所承担的楼层地震剪力后，即可验算各道墙的抗震承载力。

地震时砌体结构墙体不仅承受水平方向的楼层地震剪力，还承受自重及上层所传来的竖向压力。由于压应力在一定范围内能够有效地提高墙体的抗剪强度，各类砌体沿阶梯形截面破坏的抗震抗剪强度设计值，应按下式确定：

$$f_{vE} = \zeta_N f_v \qquad (7\text{-}11)$$

式中　$f_{vE}$——砌体沿阶梯形截面破坏的抗震抗剪强度设计值；

　　　$f_v$——非抗震设计的砌体抗剪强度设计值，应按表 2-11 及 2.4 节的有关规定采用；

　　　$\zeta_N$——砌体抗震抗剪强度的正应力影响系数，可按表 7-9 采用。

砌体抗震抗剪强度的正应力影响系数　　　　　　表 7-9

| 砌体类别 | $\sigma_0/f_{v0}$ | | | | | | | |
|---|---|---|---|---|---|---|---|---|
| | 0.0 | 1.0 | 3.0 | 5.0 | 7.0 | 10.0 | 12.0 | $\geqslant16.0$ |
| 普通砖、多孔砖 | 0.80 | 0.99 | 1.25 | 1.47 | 1.65 | 1.90 | 2.05 | — |
| 混凝土砌块 | — | 1.23 | 1.69 | 2.15 | 2.57 | 3.02 | 3.32 | 3.92 |

注：$\sigma_0$ 为对应于重力荷载代表值的砌体截面平均压应力。

1. 普通砖、多孔砖墙体的截面抗震受剪承载力，应按下列公式验算：

（1）一般情况下：

$$V \leqslant f_{vE}A/\gamma_{RE} \qquad (7\text{-}12)$$

式中　$V$——考虑地震作用组合的墙体剪力设计值；

　　　$f_{vE}$——砖砌体沿阶梯形截面破坏的抗震抗剪强度设计值；

　　　$A$——墙体横截面面积；

　　　$\gamma_{RE}$——砌体承载力抗震调整系数，应按表 7-10 采用。

| 结构构件类别 | 受力状态 | $\gamma_{RE}$ |
|---|---|---|
| 两端均设构造柱、芯柱的砌体抗震墙 | 受剪 | 0.9 |
| 组合砖墙 | 偏压、大偏拉和受剪 | 0.9 |
| 配筋砌块砌体抗震墙 | 偏压、大偏拉和受剪 | 0.85 |
| 自承重墙 | 受剪 | 0.75 |
| 其他砌体 | 受剪和受压 | 1.0 |

（2）采用水平配筋的墙体：

$$V \leqslant \frac{1}{\gamma_{RE}}(f_{vE}A + \zeta_s f_{yh}A_{sh}) \tag{7-13}$$

式中　$\zeta_s$——钢筋参与工作系数，可按表 7-11 采用；

　　　$f_{yh}$——墙体水平纵向钢筋抗拉强度设计值；

　　　$A_{sh}$——层间墙体竖向截面的钢筋总截面面积，其配筋率应不小于 0.07% 且不大于 0.17%。

钢筋参与工作系数 $\zeta_s$ 　　　　　　表 7-11

| 墙体高宽比 | 0.4 | 0.6 | 0.8 | 1.0 | 1.2 |
|---|---|---|---|---|---|
| $\zeta_s$ | 0.10 | 0.12 | 0.14 | 0.15 | 0.12 |

（3）墙段中部基本均匀地设置构造柱，且构造柱的截面不小于 240mm×240mm（当墙厚 190mm 时，亦可采用 240mm×190mm），构造柱间距不大于 4m 时，可计入墙段中部构造柱对墙体受剪承载力的提高作用：

$$V \leqslant \frac{1}{\gamma_{RE}}[\eta_c f_{vE}(A - A_c) + \zeta_c f_t A_c + 0.08 f_{yc}A_{sc} + \zeta_s f_{yh}A_{sh}] \tag{7-14}$$

式中　$A_c$——中部构造柱的截面面积（对横墙和内纵墙，$A_c > 0.15A$ 时，取 0.15A；对外纵墙，$A_c > 0.25A$ 时，取 0.25A）；

　　　$f_t$——中部构造柱的混凝土轴心抗拉强度设计值；

　　　$A_{sc}$——中部构造柱的纵向钢筋截面总面积（配筋率不小于 0.6%，大于 1.4% 时取 1.4%）；

$f_{yh}$、$f_{yc}$——分别为墙体水平钢筋、构造柱纵向钢筋的抗拉强度设计值；

　　　$\zeta_c$——中部构造柱参与工作系数；居中设一根时取 0.5，多于一根时取 0.4；

　　　$\eta_c$——墙体约束修正系数；一般情况取 1.0，构造柱间距不大于 3.0m 时取 1.1；

　　　$A_{sh}$——层间墙体竖向截面的总水平钢筋面积，其配筋率不应小于 0.07% 且不大于 0.17%，水平纵向钢筋配筋率小于 0.07% 时取 0。

2. 设置构造柱和芯柱的混凝土砌块墙体的截面抗震受剪承载力，应考虑芯柱的抗剪作用，按下式验算：

$$V \leqslant \frac{1}{\gamma_{RE}}[f_{vE}A + (0.3 f_{t1}A_{c1} + 0.3 f_{t2}A_{c2} + 0.05 f_{y1}A_{s1} + 0.05 f_{y2}A_{s2})\zeta_c] \tag{7-15}$$

式中　$f_{t1}$——芯柱混凝土轴心抗拉强度设计值；

$f_{t2}$——构造柱混凝土轴心抗拉强度设计值；

$A_{c1}$——墙中部芯柱截面总面积；

$A_{c2}$——墙中部构造柱截面总面积，$A_{c2}=bh$；

$f_{y1}$——芯柱钢筋抗拉强度设计值；

$f_{y2}$——构造柱钢筋抗拉强度设计值；

$A_{s1}$——芯柱钢筋截面总面积；

$A_{s2}$——构造柱钢筋截面总面积；

$\zeta_c$——芯柱和构造柱参与工作系数，可按表 7-12 采用。

芯柱和构造柱参与工作系数　　　　表 7-12

| 填孔率 $\rho$ | $\rho<0.15$ | $0.15\leqslant\rho<0.25$ | $0.25\leqslant\rho<0.5$ | $\rho\geqslant0.5$ |
|---|---|---|---|---|
| $\zeta_c$ | 0 | 1.0 | 1.10 | 1.15 |

注：填孔率指芯柱根数（含构造柱和填实空洞数量）与孔洞总数之比。

### 7.3.3 底部框架-抗震墙砌体房层的抗震验算
**Seismic Checking of Podium Masonry Buildings**

底部框架-抗震墙砌体房屋的抗震验算，应注意下列要点：

（1）底部框架-抗震墙砌体房屋中的钢筋混凝土抗震构件的截面抗震承载力，应按《混凝土结构设计标准（2024 年版）》GB/T 50010—2010 和《建筑抗震设计标准（2024 年版）》GB/T 50011—2010 的规定计算。

（2）底部框架-抗震墙砌体房屋中，底部框架、托梁和抗震墙组合的内力设计值应按规定要求进行调整或计算。

（3）嵌砌于框架之间的砌体抗震墙及两端框架柱，其抗震受剪承载力，应按《砌体结构设计规范》GB 50003—2011 进行验算。

（4）由重力荷载代表值产生的框支墙梁托梁内力应按《砌体结构设计规范》GB 50003—2011 的有关规定计算。但重力荷载代表值应按《建筑抗震设计标准》GB/T 50011—2010 的有关规定进行计算，其中托梁弯矩系数 $\alpha_M$、剪力系数 $\beta_V$ 应予增大。

### 7.3.4 配筋砌块砌体剪力墙房屋的抗震验算
**Seismic Checking of Reinforced Masonry Shear Wall Buildings**

1. 地震作用计算

配筋砌块砌体结构的内力与位移，可按振型分解法或有限元法来计算。高度不超过 40m、以剪切变形为主且质量和刚度沿高度分布较均匀的房屋，可采用底部剪力法。

2. 配筋砌块砌体剪力墙墙体抗震承载力验算

根据结构分析所得的内力，配筋砌块砌体剪力墙应分别按轴心受压、偏心受压或偏心受拉构件进行正截面承载力和斜截面承载力计算，并应根据结构分析所得的位移进行变形验算。

（1）正截面抗震承载力

考虑地震作用组合的配筋砌块砌体剪力墙墙体的正截面承载力可采用本书 6.3 节中相应的计算公式（非抗震），但在公式右端应除以承载力抗震调整系数 $\gamma_{RE}=0.85$。

（2）斜截面抗震承载力

1) 计算中需要对底部加强部位的组合剪力设计值以剪力放大系数进行调整，即：

$$V = \eta_{vW} V_W \qquad (7\text{-}16)$$

式中　$V_W$——考虑地震作用组合的抗震墙计算墙面的剪力设计值；

　　　$\eta_{vW}$——剪力增大系数，一级抗震等级取 1.6，二级取 1.4，三级取 1.2，四级取 1.0。

在配筋砌块砌体抗震墙房屋抗震设计计算中，抗震墙底部的荷载作用效应最大，因此应根据计算分析结果，对底部截面的组合剪力设计值采用按不同抗震等级确定剪力增大系数的形式进行调整，以使房屋的最不利截面得到加强。

2) 为了保证抗震墙在地震作用下有较好的变形能力，配筋砌块砌体剪力墙的截面尺寸应符合如下要求：

当剪跨比大于 2 时：

$$V \leqslant \frac{1}{\gamma_{RE}} 0.2 f_g b h_0 \qquad (7\text{-}17)$$

当剪跨比小于或等于 2 时：

$$V \leqslant \frac{1}{\gamma_{RE}} 0.15 f_g b h_0 \qquad (7\text{-}18)$$

3) 偏心受压配筋砌块砌体抗震墙的斜截面受剪承载力应按下式计算：

$$V \leqslant \frac{1}{\gamma_{RE}} \left[ \frac{1}{\lambda - 0.5} \left( 0.48 f_{vg} b h_0 + 0.1 N \frac{A_W}{A} \right) + 0.72 f_{yh} \frac{A_{sh}}{s} h_0 \right] \qquad (7\text{-}19)$$

$$0.5V \leqslant \frac{1}{\gamma_{RE}} \left( 0.72 f_{yh} \frac{A_{sh}}{s} h_0 \right)$$

式中　$N$——抗震墙组合的轴向压力设计值，当 $N > 0.2 f_g b h$ 时，取 $N = 0.2 f_g b h$；

　　　$\lambda$——计算截面的剪跨比，$\lambda = \dfrac{M}{V h_0}$，当 $\lambda \leqslant 1.5$，取 $\lambda = 1.5$；当 $\gamma \geqslant 2.2$ 时，取 $\lambda = 2.2$，$M$ 为考虑地震作用组合的抗震墙计算截面的弯矩设计值；

　　　$f_{vg}$——灌孔砌块砌体的抗剪强度设计值，$f_{vg} = 0.2 f_g^{0.55}$；

　　　$A_W$——T 形或工字形截面抗震墙腹板的截面面积，对于矩形截面取 $A_W = A$；

　　　$A_{sh}$——同一截面内的水平分布钢筋的全部截面面积；

　　　$s$——水平分布钢筋的竖向间距；

　　　$f_{yh}$——水平分布钢筋的抗拉强度设计值；

　　　$h_0$——抗震墙截面有效高度。

4) 在多遇地震作用组合下，配筋砌块砌体剪力墙的墙肢不应出现小偏心受拉。大偏心受拉时，其斜截面受剪承载力，应按下式计算：

$$V \leqslant \frac{1}{\gamma_{RE}} \left[ \frac{1}{\lambda - 0.5} \left( 0.48 f_{vg} b h_0 - 0.17 N \frac{A_W}{A} \right) + 0.72 f_{yh} \frac{A_{sh}}{s} h_0 \right]$$

$$0.5V \leqslant \frac{1}{\gamma_{RE}} \left( 0.72 f_{yh} \frac{A_{sh}}{s} h_0 \right) \qquad (7\text{-}20)$$

式中，当 $0.48f_{vg}bh_0 - 0.17N\dfrac{A_W}{A} < 0$ 时，取 $0.48f_{vg}bh_0 - 0.17N\dfrac{A_W}{A} = 0$；$N$ 为抗震墙组合的轴向拉力设计值。

3. 配筋砌块砌体剪力墙连梁抗震承载力验算

（1）在配筋砌块砌体抗震墙结构中，连梁是保证房屋整体性的重要构件，为了保证连梁与抗震墙节点处在弯曲屈服前不会出现剪切破坏和具有适当的刚度与承载能力，配筋砌块砌体抗震墙跨高比大于 2.5 的连梁宜采用钢筋混凝土连梁，其截面组合的剪力设计值和斜截面承载力，应按现行国家标准《混凝土结构设计标准》GB/T 50010 的有关规定计算。跨高比小于或等于 2.5 的连梁可采用配筋砌块砌体连梁。

（2）配筋砌块砌体连梁，应符合下列规定：

1）连梁的截面应满足下式的要求：

$$V_b \leqslant \frac{1}{\gamma_{RE}}(0.15f_gbh_0) \tag{7-21}$$

2）连梁的斜截面受剪承载力，应按下式计算：

$$V_b = \frac{1}{\gamma_{RE}}\left(0.56f_{vg}bh_0 + 0.7f_{yv}\frac{A_{sv}}{s}h_0\right) \tag{7-22}$$

式中　$V_b$——连梁的剪力设计值；

$b$——连梁的截面宽度；

$h_0$——连梁的截面有效高度；

$A_{sv}$——配置在同一截面内的箍筋各肢的全部截面面积；

$f_{yv}$——箍筋的抗拉强度设计值；

$s$——沿构件长度方向箍筋的间距。

## 7.4　砌体结构房屋抗震构造措施
### Seismic Structural Detailing of Masonry Buildings

由于地震发生的不确定性、结构材料的离散性和抗震计算的相对不精确性，在对房屋进行抗震设计时，除了要选择合理的结构体系，进行正确的抗震计算外，还需采取必要与合理的抗震构造措施，以保证房屋的整体性，提高房屋的总体抗震能力，符合我国"三水准、二阶段抗震设计"准则。

**7.4.1　多层砌体结构房屋的抗震构造措施**
**Seismic Structural Detailing of Multi-story Masonry Buildings**

1. 砖砌体房屋的构造柱

历次地震表明，合理设置构造柱的砌体结构房屋抗震能力和抗倒塌能力明显强于未设置构造柱的砌体结构房屋。这是因为构造柱和房屋中通常有的圈梁，对墙体有较大的约束，增大了墙体的塑性变形能力。因而，设置钢筋混凝土构造柱是多层砌体房屋的一项重要抗震构造措施。

（1）构造柱的设置

一般情况下构造柱的设置部位应符合表 7-13 的规定。对于外廊式和单面走廊式的房屋、横墙较少的房屋、错层房屋、蒸压灰砂普通砖和蒸压粉煤灰普通砖砌体房屋，以及房屋高度和层数接近表 7-1 限值的房屋，其构造柱的设置部位严于表 7-13 的规定。

砖砌体房屋构造柱设置要求　　　　　表 7-13

| 房 屋 层 数 | | | | 设 置 部 位 | |
|---|---|---|---|---|---|
| 6度 | 7度 | 8度 | 9度 | | |
| ≤五 | ≤四 | ≤三 | | 楼、电梯间四角，楼梯斜梯段上下端对应的墙体处；外墙四角和对应转角；错层部位横墙与外纵墙交接处；大房间内外墙交接处；较大洞口两侧 | 隔12m或单元横墙与外纵墙交接处；楼梯间对应的另一侧内横墙与外纵墙交接处 |
| 六 | 五 | 四 | 二 | | 隔开间横墙（轴线）与外墙交接处；山墙与内纵墙交接处 |
| 七 | 六、七 | 五、六 | 三、四 | | 内墙（轴线）与外墙交接处；内墙的局部较小墙垛处；内纵墙与横墙（轴线）交接处 |

注：1. 对于较大洞口，内墙指不小于2.1m的洞口；外墙在内外墙交接处已设置构造柱时允许适当放宽，但洞侧墙体应加强；

2. 当按规定确定的层数超出表7-13范围，构造柱设置要求不应低于表中相应烈度的最高要求且宜适当提高。

（2）构造柱的截面与连接

1）构造柱最小截面可为 180mm×240mm（墙厚 190mm 时为 180mm×190mm）。

2）构造柱的纵筋和箍筋设置，宜符合表 7-14 的要求。

3）构造柱与墙体、圈梁应有可靠连接。

4）构造柱可不单独设置基础，但应深入室外地面下 500mm，或与埋深小于 500mm 的基础圈梁相连。

构造柱的纵筋和箍筋设置要求　　　　　表 7-14

| 位置 | 纵 向 配 筋 | | | 箍 筋 | | |
|---|---|---|---|---|---|---|
| | 最大配筋率（%） | 最小配筋率（%） | 最小直径（mm） | 加密区范围（mm） | 加密区间距（mm） | 最小直径（mm） |
| 角柱 | 1.8 | 0.8 | 14 | 全高 | 100 | 6 |
| 边柱 | | | 14 | 上端700 | | |
| 中柱 | 1.4 | 0.6 | 12 | 下端500 | | |

2. 混凝土砌块房屋的芯柱

在混凝土砌块房屋的墙体中，将孔洞灌实形成钢筋混凝土芯柱，能起到钢筋混凝土构造柱的作用。一般情况下，应按表 7-15 的要求设置钢筋混凝土芯柱。对外廊式和单面走廊式的房屋、横墙较少的房屋、各层横墙很少的房屋以及错层房屋，其芯柱设置部位严于表 7-15 的要求。

混凝土砌块房屋芯柱设置要求

表 7-15

| 房 屋 层 数 | | | | 设 置 部 位 | 设 置 数 量 |
|---|---|---|---|---|---|
| 6度 | 7度 | 8度 | 9度 | | |
| ≤五 | ≤四 | ≤三 | | 外墙四角和对应转角；<br>楼、电梯间四角；<br>楼梯斜梯段上下端对应的墙体处；<br>大房间内外墙交接处；<br>错层部位横墙与外纵墙交接处；<br>隔12m或单元横墙与外纵墙交接处 | 外墙转角，灌实3个孔；<br>内外墙交接处，灌实4个孔；<br>楼梯斜梯段上下端对应的墙体处，灌实2个孔 |
| 六 | 五 | 四 | 一 | 同上；<br>隔开间隔墙（轴线）与外纵墙交接处 | |
| 七 | 六 | 五 | 二 | 同上；<br>各内墙（轴线）与外纵墙交接处；<br>内纵墙与横墙（轴线）交接处和洞口两侧 | 外墙转角，灌实5个孔；<br>内外墙交接处，灌实4个孔；<br>内墙交接处，灌实4～5个孔；<br>洞口两侧各灌实1个孔 |
| | 七 | 六 | 三 | 同上；<br>横墙内芯柱间距不宜大于2m | 外墙转角，灌实7个孔；<br>内外墙交接处，灌实5个孔；<br>内墙交接处，灌实4～5个孔；<br>洞口两侧各灌实1个孔 |

注：1. 外墙转角、内外墙交接处、楼、电梯间的四角等部位，应允许采用钢筋混凝土构造柱替代部分芯柱；
　　2. 当按规范规定确定的层数超出本表范围，芯柱设置要求不应低于表中相应烈度的最高要求且宜适当提高。

**3. 房屋的圈梁**

钢筋混凝土圈梁对房屋抗震有重要的作用，它不仅能和钢筋混凝土构造柱或芯柱对墙体及房屋产生约束作用，还可以加强纵横墙的连接，增强其整体性并可增强墙体的稳定性，另外，钢筋混凝土圈梁还可抑制地基不均匀沉降造成的破坏。

（1）装配式钢筋混凝土楼、屋盖或木屋盖的砖房，应按表7-16的要求设置圈梁；纵墙承重时，抗震墙上的圈梁间距应比表内要求适当加密。

多层砖砌体房屋现浇钢筋混凝土圈梁设置要求

表 7-16

| 墙类 | 设防烈度 | | |
|---|---|---|---|
| | 6、7度 | 8度 | 9度 |
| 外墙和内纵墙 | 屋盖处及每层楼盖处 | 屋盖处及每层楼盖处 | 屋盖处及每层楼盖处 |
| 内横墙 | 同上；<br>屋盖处间距不应大于4.5m；<br>楼盖处间距不应大于7.2m；<br>构造柱对应部位 | 同上；<br>各层所有横墙，且间距不大于4.5m；<br>构造柱对应部位 | 同上；<br>各层所有横墙 |

（2）现浇或装配整体式钢筋混凝土楼、屋盖与墙体有可靠连接的房屋，应允许不另设圈梁，但楼板沿抗震墙体周边均应加强配筋并应与相应的构造柱钢筋可靠连接。

（3）圈梁的截面：

1）圈梁应闭合，遇有洞口圈梁应上下搭接。圈梁宜与预制板设在同一标高处或紧靠板底。

2）圈梁在表 7-16 内要求的间距无横墙时，应利用梁或板缝中配筋替代圈梁。

3）圈梁的截面高度不应小于 120mm，配筋应符合表 7-17 的要求；增设基础圈梁时，截面高度不应小于 180mm，配筋不应少于 4$\Phi$12。

混凝土砌块砌体房屋圈梁配筋要求 表 7-17

| 配筋 | 设防烈度 | | |
| --- | --- | --- | --- |
| | 6、7 度 | 8 度 | 9 度 |
| 最小纵筋 | 4$\Phi$10 | 4$\Phi$12 | 4$\Phi$14 |
| 最大箍筋间距（mm） | 250 | 200 | 150 |

注：对砌块房屋，圈梁宽度不应小于 190mm，配筋不应少于 4$\Phi$12，箍筋间距不应大于 200mm。

4. 房屋的楼梯间

房屋中楼梯间的刚度一般较大，受到的地震作用往往比其他部位大。同时，其顶层的层高又较大，且墙体往往受嵌入墙内的楼梯段的削弱，楼梯间的震害往往比其他部位严重，所以楼梯间需要采取加强措施，且楼梯间不宜设在房屋的尽端或转角处。

5. 构件间的连接

砌体结构的整体性比钢筋混凝土弱，因此构件间的连接对房屋的整体抗震性能至关重要。

（1）房屋的楼（屋）盖与承重墙体的连接

一般情况下，地震剪力靠楼（屋）盖板和上层重力所产生的摩擦力以及楼（屋）盖下砂浆垫层的黏结力来传递。因此，楼（屋）盖板与墙体间的牢靠连接，是加强楼（屋）盖的刚度和提高房屋空间作用及抗震能力的重要措施。

（2）墙体间的连接

本书 4.3 节中所述墙体间的连接要求和措施是非常重要的。

**7.4.2 底框-抗震墙房屋的抗震构造措施**

**Seismic Structural Detailing of Podium Masonry Buildings**

针对底框-抗震墙房屋的结构特点，除注意房屋上部墙体、楼盖需采取相应的构造措施外，还应重视对房屋过渡层的楼盖、托梁、柱、墙体及房屋底部抗震墙在材料强度等级、截面尺寸及配筋等方面的要求与需采取的加强措施，以避免该结构体系在地震作用下产生薄弱层或薄弱部位，房屋的上、下部应有良好的协同抗震能力。

**7.4.3 配筋砌块砌体房屋的抗震构造措施**

**Seismic Structural Detailing of Reinforced Masonry Buildings**

1. 对灌孔混凝土的要求

配筋混凝土砌块砌体的芯柱浇捣质量对墙体的受力和抗震性能影响很大，必须保证芯柱混凝土浇捣密度，并采用全灌孔。灌孔混凝土应采用坍落度大、流动性及和易性好，并与混凝土小砌块结合良好的细石混凝土，且灌孔混凝土的强度等级不应低于 Cb20。应采用正确的施工方法，以保证砌筑和灌孔的施工质量。

2. 墙体的配筋

配筋砌块砌体抗震墙的水平和竖向分布钢筋应符合表 7-18 和表 7-19 的要求。此外，由于房屋的顶层受气候温度变化以及墙体材料收缩的影响较大，比较容易开裂，而房屋的底层则受地震作用的影响比较大，因此在配筋小型空心砌块房屋的顶层及墙段底部（高度不小于房屋高度的 1/6 且不小于二层高）以及受力比较复杂的楼梯间和电梯间、端山墙、内纵墙的端开间等部位，应按加强部位配置水平和竖向钢筋。

抗震墙水平分布钢筋的配筋构造　　　　　　　　表 7-18

| 抗震等级 | 最小配筋率（%） | | 最大间距（mm） | 最小直径（mm） |
|---|---|---|---|---|
| | 一般部位 | 加强部位 | | |
| 一级 | 0.13 | 0.15 | 400 | 8 |
| 二级 | 0.13 | 0.13 | 600 | 8 |
| 三级 | 0.11 | 0.13 | 600 | 8 |
| 四级 | 0.10 | 0.10 | 600 | 6 |

注：1. 水平分布钢筋宜双排布置，在顶层和底部加强部位，最大间距不应大于 400mm；

2. 双排水平分布钢筋应设不小于 Φ6 拉结筋，水平间距不应大于 400mm。

抗震墙竖向分布钢筋的配筋构造　　　　　　　　表 7-19

| 抗震等级 | 最小配筋率（%） | | 最大间距（mm） | 最小直径（mm） |
|---|---|---|---|---|
| | 一般部位 | 加强部位 | | |
| 一级 | 0.15 | 0.15 | 400 | 12 |
| 二级 | 0.13 | 0.13 | 600 | 12 |
| 三级 | 0.11 | 0.13 | 600 | 12 |
| 四级 | 0.10 | 0.10 | 600 | 12 |

注：竖向分布钢筋宜采用单排布置，直径不应大于 25mm，9 度时配筋率不应小于 0.2%。在顶层和底部加强部位，最大间距应适当减小。

讨论：为什么配筋混凝土砌块砌体抗震墙的最小构造配筋率比混凝土抗震墙的小？

钢筋混凝土要求相当大的最小配筋率，因为它在塑性状态浇筑，在水化过程中产生显著的收缩。而在砌体施工时，作为主要部分的块体，尺寸稳定，仅在砌体中加入了塑性的砂浆和灌孔混凝土。因此在砌体墙中可收缩的材料要比混凝土中少得多。这个最小配筋率要求，已被规定为混凝土的一半。但美国加利福尼亚建筑师办公室要求则高于这个数字，它规定，总的最小配筋率不小于 0.3%，任一方向不小于 0.1%（加利福尼亚是美国高烈度区和地震活跃区）。根据我国进行的较大数量的不同配筋率（竖向和水平）的伪静力墙片试验表明，配筋能明显提高墙体在水平反复荷载作用下的变形能力。也就是说在规范规定的这种最小配筋率情况下，墙体具有一定的延性，裂缝出现后不会立即发生剪切倒塌。

3. 对楼（屋）盖的要求

楼、屋盖除了承受竖向荷载作用之外，还是传递水平地震作用，协调各墙段共同工作的重要结构构件，对整栋房屋的整体性影响很大。因此配筋砌体房屋的楼（屋）盖在高层和 9 度时应采用整体性好的现浇钢筋混凝土板；在多层时宜采用现浇钢筋混凝土板。只有抗震等级为四级时，可采用装配整体式钢筋混凝土楼盖。

为保持房屋的整体性，提高房屋的抗震能力，各楼层的标高处均应设置现浇钢筋混凝土圈梁。

4. 对连梁的要求

配筋砌块砌体抗震墙之间的连梁也是墙与墙传递荷载和内力以及协调变形的重要构件之一，其本身就应具有良好的受力性能和变形能力。因此对于跨高比大于 2.5 的连梁宜采用现浇钢筋土连梁。当采用配筋砌块砌体连梁时，连梁的箍筋应沿梁长布置，并应符合表 7-20 的要求。

连梁箍筋的构造要求　　　　　　　　　　　　　　　　表 7-20

| 抗震等级 | 箍 筋 加 密 区 | | | 箍 筋 非 加 密 区 | |
| --- | --- | --- | --- | --- | --- |
| | 长度 | 箍筋最大间距（mm） | 直径 | 间距（mm） | 直径 |
| 一级 | 2h | 100mm，6d，1/4h 中的小值 | Φ10 | 200 | Φ10 |
| 二级 | 1.5h | 100mm，8d，1/4h 中的小值 | Φ8 | 200 | Φ8 |
| 三级 | 1.5h | 150mm，8d，1/4h 中的小值 | Φ8 | 200 | Φ8 |
| 四级 | 1.5h | 150mm，8d，1/4h 中的小值 | Φ8 | 200 | Φ8 |

注：h 为连梁截面高度；d 为钢筋直径；加密区长度不小于 600mm。

5. 抗震墙边缘构件

配筋砌块砌体抗震墙的边缘构件是指在墙片的两端设有经过加强的区段。根据试验研究，在配筋砌块砌体抗震墙结构中，墙片的边缘构件无论是提高墙体的强度还是变形能力，都是非常明显的。配筋砌块砌体抗震墙边缘构件的配筋，应符合表 7-21 的要求。

配筋砌块砌体抗震墙边缘构件的配筋要求　　　　　　表 7-21

| 抗震等级 | 每孔竖向钢筋最小量 | | 水平箍筋最小直径 | 水平箍筋最大间距（mm） |
| --- | --- | --- | --- | --- |
| | 底部加强部位 | 一般部位 | | |
| 一级 | 1Φ20（4Φ16） | 1Φ18（4Φ16） | Φ8 | 200 |
| 二级 | 1Φ18（4Φ16） | 1Φ16（4Φ14） | Φ6 | 200 |
| 三级 | 1Φ16（4Φ12） | 1Φ14（4Φ12） | Φ6 | 200 |
| 四级 | 1Φ14（4Φ12） | 1Φ12（4Φ12） | Φ6 | 200 |

注：1. 边缘构件水平箍筋宜采用横筋为双筋的搭接点焊网片形式；

2. 当抗震等级为二、三级时，边缘构件箍筋应采用 HRB400 级或 RRB400 级钢筋；

3. 表内括号中数字为混凝土边框柱时的配筋。

讨论：在配筋砌块砌体抗震墙端部设置水平箍筋的作用是什么？

在配筋砌块砌体抗震墙端部设置水平箍筋是为了提高对砌体的约束作用及墙端部混凝土的极限压应变，提高墙体的延性。根据工程经验，水平箍筋放置于砌体灰缝中，受灰缝高度限制（一般灰缝高度为 10mm），水平箍筋直径不小于 6mm，且不大于 8mm 比较合适；当箍筋直径较大时，将难以保证砌体结构灰缝的砌筑质量，会影响配筋砌块砌体强度；灰缝过厚则会给现场施工和施工验收带来困难，也会影响砌体的强度。抗震等级为一级的水平箍筋最小直径为Φ8，二～四级为Φ6。亦可采用其他等效的约束件，如等截面面积、厚度不大于5mm的一次冲压钢圈，对边缘构件，将具有更强的约束作用。

6. 对轴压比的要求

研究表明，当墙体的轴压比（重力荷载代表值与墙截面抗压承载能力之比）较高时，墙体的抗弯承载能力以及变形能力都会大幅度降低，墙体的破坏呈现明显的脆性性质，这是在结构的抗震设计中应该尽量避免的。为了保证在水平荷载和竖向荷载共同作用下配筋砌体的延性和强度得到合理的发挥，轴压比应满足下列要求：

（1）一般墙体的底部加强部位，一级（9度）不宜大于0.4，一级（8度）不宜大于0.5，二、三级不宜大于0.6，一般部位，均不宜大于0.6；

（2）短肢墙体全高范围，一级不宜大于0.50，二、三级不宜大于0.60；对于无翼缘的一字形短肢墙，其轴压比限值应相应降低0.1；

（3）各向墙肢截面均为$3b<h<5b$的独立小墙肢，一级不宜大于0.4，二、三级不宜大于0.5；对于无翼缘的一字形独立小墙肢，其轴压比限值应相应降低0.1。

## 7.5 计 算 例 题
### Examples

【例题7-1】某6层砌体结构住宅，屋面及楼面为预应力多孔板，纵横墙是两端设有构造柱的砌体抗震墙，平面见图7-10。房屋墙体采用MU10烧结普通砖，各层均采用M5

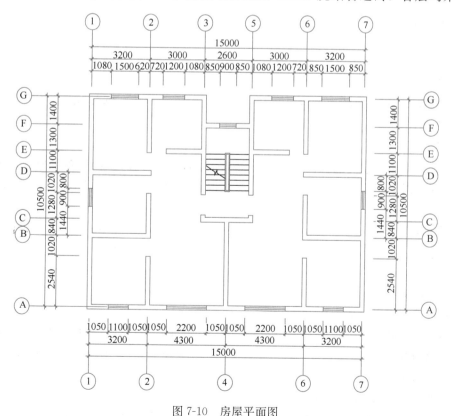

图 7-10  房屋平面图

水泥混合砂浆砌筑，墙厚240mm，施工质量控制等级为B级。底层计算层高3.4m，其余各层均为2.8m。该区域抗震设防烈度为7度（设计基本地震加速度为0.1g），场地土类别为Ⅳ类，设计地震分组为第三组。试验算该住宅墙体的截面抗震承载力。

【解】该住宅墙体的地震作用，采用底部剪力法。

1. 荷载资料

（1）屋面荷载

| | |
|---|---|
| 合成高分子防水蛭石保护层 | $0.1\text{kN/m}^2$ |
| 高聚物改性沥青防水卷材 | $0.5\text{kN/m}^2$ |
| 20mm厚水泥混合砂浆找平层 | $0.4\text{kN/m}^2$ |
| 35mm厚无溶剂聚氨硬泡保温层 | $0.14\text{kN/m}^2$ |
| 120mm厚预应力多孔板 | $2\text{kN/m}^2$ |
| 20mm厚粉刷层 | $0.32\text{kN/m}^2$ |
| 屋面恒载合计 | $\underline{3.46\text{kN/m}^2}$ |
| 屋面雪荷载 | $0.5\text{kN/m}^2$ |
| 层面活荷载 | $0.5\text{kN/m}^2$ |

（2）楼面荷载

| | |
|---|---|
| 10mm厚水磨石地面面层 | $0.25\text{kN/m}^2$ |
| 20mm厚水泥打底 | $0.4\text{kN/m}^2$ |
| 120mm厚预应力多孔板 | $2\text{kN/m}^2$ |
| 20mm厚粉刷层 | $0.32\text{kN/m}^2$ |
| 楼面恒载合计 | $\underline{2.97\text{kN/m}^2}$ |
| 楼面活荷载 | $2\text{kN/m}^2$ |

（3）墙体自重

| | |
|---|---|
| 双面粉刷240mm厚砖墙自重 | $5.2\text{kN/m}^2$ |

2. 荷载计算

（1）屋面荷载

由《建筑结构荷载规范》GB 50009—2012可知，不上人的屋面均布活荷载，可不与雪荷载和风荷载同时组合，故本例题中只考虑屋面雪荷载，屋面雪荷载组合系数为0.5，故有：

| | |
|---|---|
| 屋面总荷载 | $15\times10.5\times(3.46+0.5\times0.5)=584\text{kN}$ |
| 水箱重 | $\underline{150\text{kN}}$ |
| 总计 | $734\text{kN}$ |

（2）楼面荷载

楼面活荷载组合系数为0.5

| | |
|---|---|
| 楼面均布荷载 | $2.97+0.5\times2=3.97\text{kN/m}^2$ |
| 楼面总荷载 | $15\times10.5\times3.97=625\text{kN}$ |

（3）墙自重

2～6层②、⑥轴横墙自重

$$[(10.5-0.24)\times2.8-3\times0.9\times2.4]\times5.2=115.7\text{kN}$$

2~6层①、⑦轴横墙自重

$$[(10.5-0.24)\times2.8-0.9\times1.5]\times5.2=142.4\text{kN}$$

2~6层③、⑤轴横墙自重

$$[(6.1-0.24)\times2.8-1.0\times2.4]\times5.2=72.8\text{kN}$$

2~6层④轴横墙自重

$$(4.4-0.24)\times2.8\times5.2=60.6\text{kN}$$

2~6层Ⓖ轴外纵墙自重

$$[(6.2-0.24)\times2.8-1.5\times1.5-1.2\times1.5]\times5.2\times2=131.4\text{kN}$$

2~6层Ⓐ轴外纵墙自重

$$[(15-0.24)\times2.8-2\times1.1\times1.5-2\times2.19\times2.2]\times5.2=147.6\text{kN}$$

2~6层内纵墙自重

$$[(3.2-0.24)\times4\times2.8+(2.6-0.24)\times2\times2.8+(3.0-0.24)\times2\times2.8-0.9\times1.5-2$$
$$\times0.9\times2.4]\times5.2=292\text{kN}$$

1层②、⑥轴横墙自重

$$[(10.5-0.24)\times3.4-3\times0.9\times2.4]\times5.2=147.7\text{kN}$$

1层①、⑦轴横墙自重

$$[(10.5-0.24)\times3.4-0.9\times1.5]\times5.2=174.4\text{kN}$$

1层③、⑤轴横墙自重

$$[(6.1-0.24)\times3.4-1.0\times2.4]\times5.2=91.1\text{kN}$$

1层④轴横墙自重

$$(4.4-0.24)\times3.4\times5.2=73.5\text{kN}$$

1层Ⓖ轴外纵墙自重

$$[(6.2-0.24)\times3.4-1.5\times1.5-1.2\times1.5]\times5.2\times2=168.6\text{kN}$$

1层Ⓐ轴外纵墙自重

$$[(15-0.24)\times3.4-2\times1.1\times1.5-2\times2.19\times2.2]\times5.2=193.7\text{kN}$$

1层内纵墙自重

$$[(3.2-0.24)\times4\times3.4+(2.6-0.24)\times2\times3.4+(3.0-0.24)\times2\times3.4-0.9$$
$$\times1.5-2\times0.9\times2.4]\times5.2=360.9\text{kN}$$

(4) 各层重力荷载（图 7-11）

$$G_6=734+1/2(115.7\times2+142.4\times2+72.8\times2+60.6+131.4+147.6+292)$$
$$=734+1/2\times1293.4=1380.7\text{kN}$$

$$G_5=1293.4+625=1918.4\text{kN}$$

$$G_4=G_3=G_2=1918.4\text{kN}$$

$$G_1=1/2\times1293.4+1/2\times(147.7\times2+174.4\times2+91.1$$
$$\times2+73.5+168.6+193.7+360.9)+625$$
$$=2083.3\text{kN}$$

$$\sum G_i=11137.6\text{kN}$$

3. 底部总剪力及各层地震作用（图 7-12）

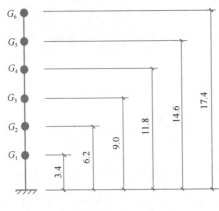

图 7-11　各层重力荷载（单位：m）　　　图 7-12　各层地震作用

(1) 结构总水平地震作用标准值

该区域抗震设防烈度为 7 度（设计基本地震加速度为 0.1g），场地土类别为Ⅳ类，设计地震分组为第三组，由表 7-8 可查得水平地震影响系数的最大值 $\alpha_{1\max}=0.08$。

$$F_{EK} = \alpha_{1\max}G_{eq} = 0.08 \times 11137.6 \times 0.85 = 757.4 kN$$

(2) 各层水平地震作用标准值

根据：

$$F_i = \frac{G_i H_i}{\sum\limits_{j=1}^{n} G_j H_j} F_{EK}$$

得：

$$F_6 = 164.4 kN$$
$$F_5 = 190.9 kN$$
$$F_4 = 154.5 kN$$
$$F_3 = 118.2 kN$$
$$F_2 = 81.0 kN$$
$$F_1 = 48.5 kN$$

4. 各层地震剪力标准值

$$V_6 = 164.4 kN$$
$$V_5 = 355.3 kN$$
$$V_4 = 509.8 kN$$
$$V_3 = 628.0 kN$$
$$V_2 = 709.0 kN$$
$$V_1 = 757.5 kN$$

按底部剪力法，各层的水平地震作用标准值 $F_i$、水平地震剪力标准值 $V_i$ 和设计值 $1.4V_i$ 的计算结果汇总于表 7-22。

| 层次 | $G_i$ (kN) | $H_i$ (m) | $G_iH_i$ | $\dfrac{G_iH_i}{\sum G_jH_j}$ | $F_i=\dfrac{G_iH_i}{\sum G_jH_j}F_{EK}$ (kN) | $V_i=\sum F_i$ (kN) | $1.4V_i$ (kN) |
|---|---|---|---|---|---|---|---|
| 6 | 1380.7 | 17.4 | 24024.18 | 0.217 | 164.4 | 164.4 | 230.2 |
| 5 | 1918.4 | 14.6 | 28008.64 | 0.252 | 190.9 | 355.3 | 497.4 |
| 4 | 1918.4 | 11.8 | 22637.12 | 0.204 | 154.5 | 509.8 | 713.7 |
| 3 | 1918.4 | 9 | 17265.6 | 0.156 | 118.2 | 628.0 | 879.2 |
| 2 | 1918.4 | 6.2 | 11894.08 | 0.107 | 81.0 | 709.0 | 992.6 |
| 1 | 2083.3 | 3.4 | 7083.22 | 0.064 | 48.5 | 757.5 | 1060.5 |
| 合计 | | | | | 110912.84 | | |

5. 各层抗剪墙净面积计算

(1) 墙净面积计算

6 层横墙净面积计算：

$$A_{61}=A_{67}=(10.5-0.24-0.9)\times0.24=2.2464\text{m}^2$$

$$A_{62}=A_{66}=(10.5-0.24-3\times0.9)\times0.24=1.8144\text{m}^2$$

$$A_{63}=A_{65}=(6.1-0.24-1.0)\times0.24=1.1664\text{m}^2$$

$$A_{64}=(4.4-0.24)\times0.24=0.9984\text{m}^2$$

$$A_{6横}=11.4528\text{m}^2$$

1~5 层横墙净面积计算同 6 层。

$$A_{6G}=(15-0.24-2.6-1.5\times2-1.2\times2)\times0.24=1.6224\text{m}^2$$

$$A_{6F}+A_{6E}+A_{6D}=(15-0.24-3\times0.9)\times0.24=2.8944\text{m}^2$$

$$A_{6C}+A_{6B}=(15-2\times3-0.24)\times0.24=2.1024\text{m}^2$$

$$A_{6A}=(15-0.24-2.2\times2-2\times1.1)\times0.24=1.9584\text{m}^2$$

$$A_{6纵}=8.5776\text{m}^2$$

1~5 层计算同 6 层。

(2) 各层的②轴墙段从属荷载面积的计算

$$A_{g,i2}=3.1\times10.5=32.55\text{m}^2$$

楼层总面积

$$A_{g,i}=15\times10.5=157.5\text{m}^2$$

6. 最不利墙段的地震剪力分配

(1) 被门窗隔断最多的横墙为最不利墙段，取各层的②轴横墙地震剪力分配（按墙净面积比和墙从属荷载面积比之和的平均值计算）

$$V_{i2}=\frac{1}{2}\left(\frac{A_{i2}}{A_i}+\frac{A_{g,i2}}{A_{g,i}}\right)\gamma_{Eh}V_i=\frac{1}{2}\times\left(\frac{1.8144}{11.4528}+\frac{32.55}{157.5}\right)\times1.4V_i=0.2556V_i$$

$$V_{12}=193.6\text{kN}$$

$$V_{22}=181.2\text{kN}$$

$$V_{32}=160.5\text{kN}$$

$$V_{42}=130.3\text{kN}$$

$$V_{52} = 90.8\text{kN}$$

$$V_{62} = 42.0\text{kN}$$

（2）外纵墙的窗间墙为不利墙段，各层Ⓐ轴纵墙地震剪力分配（按墙净面积比计算）

$$V_{iA} = \frac{A_{iA}}{A_i}\gamma_{\text{Eh}}V_i = \frac{1.9584}{8.5776} \times 1.4V_i = 0.3196V_i$$

$$V_{1A} = 242.1\text{kN}$$

$$V_{2A} = 226.6\text{kN}$$

$$V_{3A} = 200.7\text{kN}$$

$$V_{4A} = 162.9\text{kN}$$

$$V_{5A} = 113.6\text{kN}$$

$$V_{6A} = 52.5\text{kN}$$

7. 抗震承载力计算

$$V_{im} \leqslant \frac{f_{\text{vE}}A_{im}}{\gamma_{\text{RE}}}, \quad f_{\text{vE}} = \zeta_{\text{N}}f_{\text{V}}$$

（1）第6层②轴横墙截面抗震承载力验算

对应于重力荷载代表值的第6层横墙截面的平均压应力为：

$$\sigma_{0,62} = \frac{734 \times 10^3}{11.4528 \times 10^6} + \frac{115.7 \times 10^3}{2 \times 1.8144 \times 10^6} = 0.096\text{MPa}$$

由 M5，$f_{v0} = 0.11\text{MPa}$。

$\sigma_{0,62}/f_{v0} = 0.096/0.11 = 0.87$，查表得 $\zeta_{\text{N}} = 0.97$。

则 $f_{\text{vE}} = 0.97 \times 0.11 = 0.11\text{MPa}$

$[V_{im}] = \dfrac{f_{\text{vE}}A_{im}}{\gamma_{\text{RE}}}$，横墙是两端均设有构造柱的砌体抗震墙，取 $\gamma_{\text{RE}} = 0.9$。

$\dfrac{f_{\text{vE}}A}{\gamma_{\text{RE}}} = \dfrac{0.11 \times 1.8144 \times 10^3}{0.9} = 221.8\text{kN} > V_{62} = 42.0\text{kN}$，安全。

（2）第1层②轴横墙截面抗震承载力验算

②轴1m长的横墙上的重力荷载代表值为：

$$[(3.46 + 0.5 \times 0.5) + 5 \times (2.97 + 0.5 \times 2.0)] \times 3.1$$

$$+ (5 \times 2.8 \times 5.2 + 3.4 \times 5.2/2) = 154.68\text{kN}$$

对应于重力荷载代表值的砌体截面的平均压应力为：

$$\sigma_{0,12} = \frac{154.68 \times 10^3}{0.24 \times 1 \times 10^6} = 0.645\text{MPa}$$

由 M5，$f_{v0} = 0.11\text{MPa}$。

$\sigma_{0,12}/f_{v0} = 0.645/0.11 = 5.86$，查表得 $\zeta_{\text{N}} = 1.55$。

则 $f_{\text{vE}} = 1.55 \times 0.11 = 0.17\text{MPa}$

$\dfrac{f_{\text{vE}}A}{\gamma_{\text{RE}}} = \dfrac{0.17 \times 1.8144 \times 10^3}{0.9} = 342.7\text{kN} > V_{12} = 193.6\text{kN}$，安全。

其余各层②轴横墙验算结果如表7-23所示。

200

②轴横墙验算 表 7-23

| 分项 层数 | $V_{i2}$ (kN) | $\sigma_0$ (MPa) | $f_v$ (MPa) | $\zeta_N$ | $f_{vE}$ (MPa) | $A_{i2}$ (m²) | $[V_{i2}]$ (kN) | $[V_{i2}]/V_{i2}$ |
|---|---|---|---|---|---|---|---|---|
| 1 | 193.6 | 0.65 | 0.11 | 1.55 | 0.171 | 1.8144 | 344.7 | 1.78 |
| 2 | 181.2 | 0.50 | 0.11 | 1.42 | 0.156 | 1.8144 | 314.5 | 1.74 |
| 3 | 160.5 | 0.33 | 0.11 | 1.25 | 0.138 | 1.8144 | 278.2 | 1.73 |
| 4 | 130.3 | 0.27 | 0.11 | 1.18 | 0.130 | 1.8144 | 262.1 | 2.01 |
| 5 | 90.8 | 0.16 | 0.11 | 1.05 | 0.116 | 1.8144 | 233.9 | 2.58 |
| 6 | 40.2 | 0.10 | 0.11 | 0.97 | 0.107 | 1.8144 | 215.7 | 5.37 |

（3）各层Ⓐ轴纵墙验算结果（表 7-24）

表中纵墙是两端均设有构造柱的砌体抗震墙，取 $\gamma_{RE}=0.9$。

Ⓐ轴纵墙验算 表 7-24

| 分项 层数 | $V_{i2}$ (kN) | $\sigma_0$ (MPa) | $f_v$ (MPa) | $\zeta_N$ | $f_{vE}$ (MPa) | $A_{i2}$ (m²) | $[V_{i2}]$ (kN) | $[V_{i2}]/V_{i2}$ |
|---|---|---|---|---|---|---|---|---|
| 1 | 241.2 | 0.59 | 0.11 | 1.50 | 0.165 | 1.9584 | 359.0 | 1.49 |
| 2 | 226.6 | 0.46 | 0.11 | 1.38 | 0.152 | 1.9584 | 330.8 | 1.46 |
| 3 | 200.7 | 0.37 | 0.11 | 1.29 | 0.142 | 1.9584 | 309.0 | 1.54 |
| 4 | 162.9 | 0.28 | 0.11 | 1.19 | 0.131 | 1.9584 | 285.1 | 1.75 |
| 5 | 113.6 | 0.19 | 0.11 | 1.09 | 0.120 | 1.9584 | 261.1 | 2.30 |
| 6 | 52.5 | 0.12 | 0.11 | 1.01 | 0.111 | 1.9584 | 241.5 | 4.60 |

通过上述验算，该住宅楼各层均采用 M5 水泥混合砂浆砌筑，在设防烈度为 7 度（设计基本地震加速度为 0.1g）、场地土类别为Ⅳ类、设计地震分组为第三组时，房屋的纵、横墙均能满足抗震承载力的要求。

【例题 7-2】该工程地处某市中心地段，场地类别为中软场地土，Ⅱ类建筑场地；近震，抗震设防烈度 7 度，丙类建筑，设计地震分组为第一组，抗震等级为三级；为 15 层公寓，总长 37.50m，总宽 15.4m，底层层高 3.6m，其余各层层高为 2.8m，总高 42.8m，建筑总面积约 9000m²，建筑平面见图 7-13；城市基本风压 $w_0=0.4kN/m^2$，基本雪压 $s_0=0.45kN/m^2$。采用配筋砌块砌体剪力墙结构体系，所有承重墙均为 190mm 厚的全灌孔配筋砌块墙体（砌块 $\delta=0.46$）；楼面和屋面均采用现浇钢筋混凝土；持力层为中风化泥质粉砂岩层，采用桩基础。试验算墙体的抗震承载力。

【解】墙体的地震作用，采用振型分解反应谱法。

1. 荷载计算

（1）结构荷载

活荷载标准值：

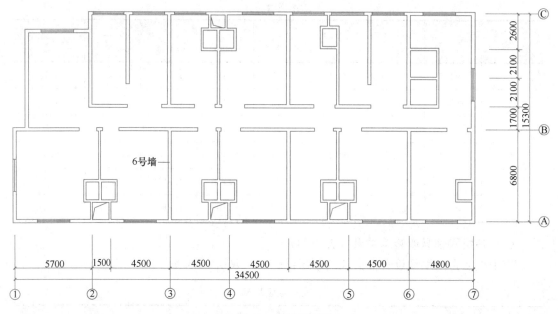

图 7-13　建筑平面图

| 楼面 | $2.0kN/m^2$ |
|---|---|
| 屋面 | $0.7kN/m^2$ |
| 厨房、厕所 | $2.0kN/m^2$ |
| 走廊、楼梯、门厅 | $2.0kN/m^2$ |
| 消防楼梯 | $3.5kN/m^2$ |
| 风荷载　城市基本风压 | $w_0 = 0.4kN/m^2$ |
| 雪荷载　基本雪压 | $s_0 = 0.45kN/m^2$ |

墙体自重：见表 7-25。

墙体自重（$kN/m^2$）　　　　　　　　　　　表 7-25

| 灌孔率 | 内　墙 | 外　墙 |
|---|---|---|
| 50% | 4.36 | — |
| 100% | 5.46 | 6.11 |

注：表中数值包括门窗重。

楼盖与屋盖自重：

楼板厚度为 120mm，面层的荷载取值为：水磨石地面 $3.5kN/m^2$，卧室木地板 $3.7kN/m^2$，卫生间 $5kN/m^2$，屋面 $4.96kN/m^2$。

地震作用设计参数：

近震，抗震设防烈度为 7 度，设计基本加速度为 $0.10g$，抗震设防类别为丙类，设计地震分组为第一组，抗震等级按三级考虑。

（2）每层结构重力荷载代表值

每层结构重力荷载代表值的计算结果，见表 7-26。

| 每层结构重力荷载代表值（kN） | | | | 表 7-26 |
|---|---|---|---|---|
| 结构层 | 1 | 2 | 3～14 | 15 |
| 每层结构重力荷载代表值（kN） | 7526.81 | 6528.65 | 6056.73 | 5941.78 |

2. 结构材料的选用

配筋砌块砌体剪力墙需要高强的砌块、砂浆材料，根据材料供应、工程经验，首先选定该结构的材料组配，为结构计算和设计提供依据。

配筋砌块砌体剪力墙：

根据地震区结构的反应特点，沿建筑高度选用不同等级的砌块材料组配，包括不同的灌孔率。配筋砌块砌体剪力墙砌体材料组配见表 7-27。

| 配筋砌块砌体剪力墙砌体材料组配 | | | | | | | 表 7-27 |
|---|---|---|---|---|---|---|---|
| 楼层 | 砌块 | 砂浆 | 灌孔混凝土 | 灌孔率（%） | 砌体计算指标（MPa） | | |
| | | | | | $f_g$ | $E = 2000 f_g$ | $f_{vg} = 0.2 f_g^{0.55}$ |
| 1～2 | MU20 | Mb15 | Cb30 | 100 | 9.63 | $1.926 \times 10^4$ | 0.695 |
| 3～8 | MU15 | Mb15 | Cb25 | 100 | 7.89 | $1.578 \times 10^4$ | 0.623 |
| 9～15 | MU10 | Mb10 | Cb20 | 100 | 5.44 | $1.088 \times 10^4$ | 0.508 |

楼盖、屋盖、板、圈梁：

采用现浇楼盖、屋盖，混凝土为 C20，$f_c = 9.6$MPa，$E_c = 2.55 \times 10^4$MPa，HRB400 级钢筋，$f_y = 360$MPa，楼盖圈梁为 190mm×400mm。

3. 墙体设计

（1）墙体构造配筋

配筋砌块砌体剪力墙配筋除按计算外，首先应满足规范规定的构造要求。构造配筋包括墙体竖向和水平方向的均匀配筋及墙端 600mm 范围内的竖向集中配筋。根据本工程的抗震等级为三级，选择墙体的配筋如表 7-28 所示。

| 墙体的配筋 | | | | | 表 7-28 |
|---|---|---|---|---|---|
| 层数 | 竖向配筋及配筋率 | | | | 水平配筋及配筋率 |
| | 墙端约束区配筋及配筋率 | | 墙端非约束区配筋及配筋率 | | |
| 1～2 | 3Φ16 | 0.53% | Φ14@600 | 0.135% | 2Φ10@600 | 0.137% |
| 3～13 | 3Φ14 | 0.41% | Φ14@600 | 0.135% | 2Φ10@600 | 0.137% |
| 14～15 | 3Φ14 | 0.41% | Φ14@600 | 0.135% | 2Φ10@600 | 0.137% |

（2）验算墙体的有关数据

取底层 6 号墙进行验算，其计算数据如下：

采用 PKPM 电算可知墙片截面内力为：$N = 2288.17$kN，$M = 983.45$kN·m，$V = 337.5$kN

墙片尺寸：$b \times h \times H = 190$mm×7000mm×3600mm

砌体组成材料的强度等级：混凝土砌块 MU20，砌块专用砂浆 Mb15，灌孔混凝土 Cb30，$f_c = 14.3$MPa。

竖向钢筋为 HRB400 级钢筋，强度设计值 $f_y = 360$MPa；水平钢筋为 HPB300 级钢筋，强度设计值 $f_y = 270\text{MPa}$。

三级抗震等级，加强区剪力调整系数为1.2；承载力抗震调整系数为0.85。该片墙的配筋情况：竖向受力钢筋：3Φ16（对称布置），其配筋率为0.53%；竖向分布钢筋：Φ14@600，其配筋率为0.135%；水平分布钢筋2Φ10@600，其配筋率为0.137%。需验算的墙片如图7-14所示。

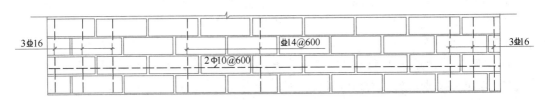

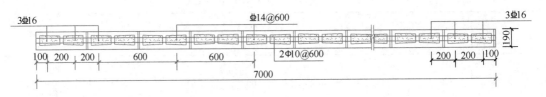

图 7-14 需验算的墙片配筋图

（3）混凝土灌孔砌块砌体的抗压强度设计值

由混凝土砌块 MU20，砌块专用砂浆 Mb15，混凝土砌块砌体的抗压强度设计值 $f = 5.68\text{MPa}$；因竖向分布钢筋间距为600mm，其灌孔率 $\rho = 100\%$，则：

$$\alpha = \delta\rho = 0.46 \times 1 = 0.46$$

$$f_g = f + 0.6\alpha f_c = 5.68 + 0.6 \times 0.46 \times 14.3 = 9.63\text{MPa} < 2f$$

（4）偏心受压时正截面抗震承载力验算（平面内）

轴向力的初始偏心距：

$$e = M/N = 983.45 \times 10^3 / 2288.17 = 429.8\text{mm}$$

$$\beta = H_0/h = 3.6/7.0 = 0.51$$

配筋砌体构件在轴向力作用下的附加偏心距：

$$e_a = \frac{\beta^2 h}{2200}(1 - 0.022\beta) = \frac{0.51^2 \times 7000}{2200} \times (1 - 0.022 \times 0.51) = 0.818\text{mm}$$

轴向力作用点到竖向受拉主筋合力点之间的距离：

$$e_N = e + e_a + (h/2 - a_s) = 429.8 + 0.818 + (7000/2 - 300) = 3630.6\text{mm}$$

假定为大偏压，对称配筋，则：

$$x = \frac{\gamma_{RE}N + f_{yw}\rho_w b h_0}{(f_g + 1.5 f_{yw}\rho_w)b} = \frac{0.85 \times 2288.17 \times 10^3 + 360 \times 0.00135 \times 190 \times 6700}{(9.63 + 1.5 \times 360 \times 0.00135) \times 190}$$

$$= \frac{2563622.5}{1968.21}$$

$$= 1302.5\text{mm} \quad \begin{array}{l} > 2a'_s = 2 \times 300 = 600\text{mm} \\ < \xi_b h_0 = 0.50 \times 6700 = 3350\text{mm} \end{array}$$

故该墙为大偏心受压。

$$Ne_N = 2288.17 \times 3630.6 \times 10^{-3} = 8307.4\text{kN} \cdot \text{m}$$

$$\Sigma f_{yi} A_{si} = 0.5 f_{yw} \rho_w b (h_0 - 1.5x)^2$$
$$= [0.5 \times 360 \times 0.00135 \times 190 \times (6700 - 1.5 \times 1302.5)^2] \times 10^{-6}$$
$$= 1040.1 \text{kN} \cdot \text{m}$$

$$\frac{1}{\gamma_{RE}} \left[ f_g b x \left( h_0 - \frac{x}{2} \right) + f'_y A'_s (h_0 - a'_s) - \Sigma f_{yi} A_{si} \right]$$
$$= \frac{1}{0.85} \{ [9.63 \times 190 \times 1302.5 \times (6700 - 1302.5/2) + 360 \times 603 \times (6700 - 300)]$$
$$\times 10^{-6} - 1040.1 \}$$
$$= 17370.0 \text{kN} \cdot \text{m} > Ne_N = 8307.4 \text{kN} \cdot \text{m}$$

（5）偏心受压时斜截面抗震受剪承载力验算

1）截面复核

剪跨比 $\lambda = M/Vh_0 = 983.45 \times 10^3 / (337.5 \times 6700) = 0.43 < 1.5$，取 $\lambda = 1.5$。

$$\frac{1}{\gamma_{RE}} 0.15 f_g b h_0 = \frac{1}{0.85} \times 0.15 \times 9.63 \times 190 \times 6700 \times 10^{-3} = 2163.3 \text{kN}$$
$$> V_W = 1.2V = 1.2 \times 337.5 = 405 \text{kN}$$

2）斜截面承载力

$0.2 f_g b h = 0.2 \times 9.63 \times 190 \times 7000 \times 10^{-3} = 2561.6 \text{kN} > N = 2288.17 \text{kN}$

正应力贡献 $N$ 取 2288.17kN。
$$f_{vg} = 0.2 f_g^{0.55} = 0.2 \times 9.63^{0.55} = 0.695 \text{MPa}$$

$$\frac{1}{\gamma_{RE}} \left[ \frac{1}{\lambda - 0.5} \left( 0.48 f_{vg} b h_0 + 0.10 N \frac{A_w}{A} \right) + 0.72 f_{yh} \frac{A_{sh}}{s} h_0 \right]$$
$$= \frac{1}{0.85} \times [(0.48 \times 0.695 \times 190 \times 6700 + 0.1 \times 2288.17 \times 10^3) + 0.72$$
$$\times 270 \times \frac{2 \times 78.5}{600} \times 6700] \times 10^{-3}$$
$$= 1169.8 \text{kN} > V = 337.5 \text{kN}$$

计算结果表明，材料及配筋设计满足要求，而且结构配筋（图 7-14）有较大的富余度。

（6）墙端约束区计算：

验算是否需要配置约束箍筋，墙片最大压应力 $\sigma = \frac{N}{A} + \frac{M}{W}$，$A = 190 \times 7000 = 1330 \times 10^3 \text{mm}^2$，则：

$$W = \frac{1}{6} \times 190 \times 7000^2 = 1551.7 \times 10^6 \text{mm}^3$$

$$\sigma = \frac{2288.17 \times 10^3}{1330 \times 10^3} + \frac{983.45 \times 10^6}{1551.7 \times 10^6} = 1.72 + 0.63 = 2.35 \text{MPa} < 0.5 f_g = 4.81 \text{MPa}$$

从计算得到可以不设约束箍筋，但建议设计时在底部两层加强层中设置约束箍筋以提高墙体的抗震性能和抗弯能力。

思考题与习题<br>Questions and Exercises

7-1 砌体结构房屋主要有哪几种类型？不同类型房屋在地震作用下的破坏形态是什么样的？

7-2 为什么要限制多层砌体结构房屋的高度、层数和高宽比？如果不限制会带来什么样的后果？

7-3 《建筑抗震设计标准（2024 年版）》GB/T 50011—2010 对砌体结构结构房屋体系布置原则有哪些要求？

7-4 为什么要控制横墙最大间距？

7-5 试述抗震设防地区多层砌体结构房屋墙体抗震承载力计算的步骤。

7-6 水平地震剪力的分配主要与哪些因素有关？层间水平地震剪力求得后怎样分配到各片墙上，又怎样分配到各墙肢上？

7-7 影响配筋混凝土砌块砌体结构抗震墙正截面抗震承载力的因素有哪些？

7-8 多层砌体结构房屋的抗震构造措施包括哪些方面？简述圈梁和构造柱对砌体结构的抗震作用及相应的规定。

7-9 配筋砌块砌体剪力墙结构有什么突出的优点？根据抗震设防烈度的不同，对这种结构类型房屋的构造有哪些主要要求？

7-10 在配筋砌块砌体剪力墙房屋设计中，为什么要控制墙体的轴压比？

7-11 例题 7-1 中若抗震设防烈度为 8 度（设计基本地震加速度为 $0.2g$），设计地震分组为第一组，Ⅱ类场地。试验算墙体的抗震承载力。

7-12 某采用混凝土砌块砌筑的剪力墙，截面尺寸为 190mm×3800mm，高度为 2.8m，砌块强度等级为 MU20，砌筑砂浆强度等级为 Mb15，灌芯混凝土采用 C30。施工质量控制等级为 B 级。设计的抗震设防烈度为 7 度（设计基本地震加速度为 $0.1g$），设计地震分组为第三组，场地土Ⅳ类，丙类建筑，建筑结构安全等级为二级，抗震等级为三级。试对该剪力墙进行受剪承载力的验算。

# 参 考 文 献

［1］ 施楚贤. 砌体结构理论与设计［M］. 3 版. 北京：中国建筑工业出版社，2014.

［2］ 旋楚贤，徐建，刘桂秋. 砌体结构设计与计算［M］. 北京：中国建筑工业出版社，2003.

［3］ 中华人民共和国住房和城乡建设部. 工程结构可靠性设计统一标准：GB 50153—2008［S］. 北京：中国计划出版社，2009.

［4］ 中华人民共和国住房和城乡建设部. 砌体结构设计规范：GB 50003—2011［S］. 北京：中国计划出版社，2012.

［5］ 中华人民共和国住房和城乡建设部. 建筑抗震设计标准：GB/T 50011—2010(2024 年版)［S］. 北京：中国建筑工业出版社，2024.

［6］ 中华人民共和国住房和城乡建设部. 建筑结构荷载规范：GB 50009—2012［S］. 北京：中国建筑工业出版社，2012.

［7］ 中华人民共和国住房和城乡建设部. 混凝土结构设计标准：GB/T 50010—2010(2024 年版)［S］. 北京：中国建筑工业出版社，2024.

［8］ 中华人民共和国住房和城乡建设部. 砌体基本力学性能试验方法标准：GB/T 50129—2011［S］. 北京：中国计划出版社，2012.

［9］ 中华人民共和国住房和城乡建设部. 砌体结构工程施工质量验收规范：GB 50203—2011［S］. 北京：中国建筑工业出版社，2012.

［10］ 中华人民共和国住房和城乡建设部. 工程结构通用规范：GB 55001—2021［S］. 北京：中国建筑工业出版社，2021.

［11］ 中华人民共和国住房和城乡建设部. 建筑与市政工程抗震通用规范：GB 55002—2021［S］. 北京：中国建筑工业出版社，2021.

［12］ 中华人民共和国住房和城乡建设部. 砌体结构通用规范：GB 55007—2021［S］. 北京：中国建筑工业出版社，2021.

［13］ 中华人民共和国住房和城乡建设部. 混凝土结构通用规范：GB 55008—2021［S］. 北京：中国建筑工业出版社，2022.

［14］ 中华人民共和国住房和城乡建设部. 建筑碳排放计算标准：GB/T 51366—2019［S］. 北京：中国建筑工业出版社，2019.

［15］ 黄靓. 砌体结构［M］. 长沙：湖南大学出版社，2020.

［16］ 施楚贤，施宇红. 砌体结构疑难释义［M］. 4 版. 北京：中国建筑工业出版社，2013.

［17］ 施楚贤，梁建国. 砌体结构学习辅导与习题精解［M］. 北京：中国建筑工业出版社，2006.

［18］ Drysdale R G，Hamid A A. Masonry Structures Behavior and Design［M］. Third Edition. Boulder：The Masonry Society，2008.

［19］ Hendry A W. Structural Brickwork［M］. New York：John Wiley and Sons.，Inc.，1981.

［20］ Paulay T，Priestley M J N. Seismic Design of Reinforced Concrete and Masonry Buildings［M］. New York：John Wiley and Sons，Inc.，1992.

［21］ Taly N. Design of Reinforced Masonry Structures［M］. New York：McGraw-Hill，Inc.，2001.